面向新工科普通高等教育系列教材

Android 应用程序开发

主　编　赵峻颖　郑书朋
副主编　张　宇　李洪波　付　强　李海波
参　编　杜　勇　贾银江　宋伟先　孙亚秀
　　　　张迅航　邓铭辉　朱文龙

机械工业出版社

本书从实用的角度出发，介绍了 Android 应用开发应具备的基础知识，包括 Android 开发环境和框架、Android 四大核心组件的基本概念和原理、Android 的数据存储方法以及 Android 项目开发必备技术和案例；从 Android 开发环境和框架开始，围绕 Android 四大核心组件，采用主流的 Android 开发平台 Android Studio，结合具体的实例详细介绍了各组件的基本原理和开发方法；介绍了 Android 应用界面设计、网络开发技术、几种典型的 Android 传感器开发方法，以及 Android 应用的性能优化方法。

每章均配有习题，以指导读者深入地进行学习。

本书既可作为高等学校计算机软件技术课程的配套教材，也可作为 Android 项目开发人员的技术参考书。

本书配有授课电子课件，需要的教师可登录 www.cmpedu.com 免费注册，审核通过后下载，或联系编辑索取（微信：13146070618，电话：010-88379739）。

图书在版编目（CIP）数据

Android 应用程序开发 / 赵峻颖，郑书朋主编.
北京：机械工业出版社，2024.10. -- （面向新工科普通高等教育系列教材）. -- ISBN 978-7-111-76823-4

Ⅰ. TN929.53

中国国家版本馆 CIP 数据核字第 20247VQ151 号

机械工业出版社（北京市百万庄大街 22 号　邮政编码 100037）
策划编辑：郝建伟　　　　　　责任编辑：郝建伟　侯　颖
责任校对：肖　琳　李　杉　　责任印制：张　博
北京雁林吉兆印刷有限公司印刷
2024 年 12 月第 1 版第 1 次印刷
184mm×260mm・15.25 印张・386 千字
标准书号：ISBN 978-7-111-76823-4
定价：65.00 元

电话服务　　　　　　　　　　　网络服务
客服电话：010-88361066　　　　机　工　官　网：www.cmpbook.com
　　　　　010-88379833　　　　机　工　官　博：weibo.com/cmp1952
　　　　　010-68326294　　　　金　书　网：www.golden-book.com
封底无防伪标均为盗版　　　　　机工教育服务网：www.cmpedu.com

前言

Android 是基于 Linux 内核的开源移动操作系统，主要应用于移动、嵌入式设备，如智能手机、平板计算机、智能电视、数码相机、游戏机、智能手表、智能汽车等。2005 年，Google 公司收购成立仅 22 个月的高科技企业 Android 公司，并于 2008 年推出 Android 1.0 版本，持续更新，至 2024 年，推出 Android 15 版，成为中国移动应用市场的重要角色。

Android 应用程序开发是一种基于 Android 操作系统的软件开发技术。开发者需要了解 Android 操作系统的基本知识和应用程序开发的基本流程。本书在此背景下介绍了 Android 应用系统的实用开发技术。从 Android 开发环境的搭建和开发框架的构成讲起，围绕四大核心组件，由浅入深，介绍各组件的基本原理、开发方法和开发步骤。为适应教学改革的新要求，"拓展阅读"中适当引入信息技术方面的思政教学内容，着重培养学生正确认识问题、分析问题和解决问题的能力；激励学生奋发图强、科技报国的家国情怀和使命担当。在知识层面，力争做到循序渐进；使读者看得懂、学得会；教师易于教学，学生能寓学于练、寓学于用。

本书共 12 章，其中第 1 章为绪论，综述 Android 应用开发的现状及开发环境的搭建；第 2 章介绍 Android 应用项目的开发框架；第 3、5、6 章及第 8 章介绍了 Android 的核心组件；其他各章涉及数据存储、应用界面设计、网络开发、传感器及性能优化技术。作为教材，每章均附有习题，以指导学生深入地进行学习。各章所述开发流程、案例及课后习题均采用 Google 推出的集成开发工具 Android Studio 进行了调试，在 Windows 10 及 Android Studio IDE 171.4408382 环境下调试运行通过。从应用程序的设计到应用程序的发布，读者可以按照书中所讲述内容实施。

本书由赵峻颖、郑书朋担任主编，编写分工见下表。

章　节	编　写　者	章　节	编　写　者
第 1 章	张宇	第 7 章	郑书朋
第 2 章	付强、李洪波	第 8 章	邓铭辉、郑书朋
第 3 章	李海波	第 9 章	赵峻颖
第 4 章	李洪波	第 10 章	贾银江、赵峻颖
第 5 章	朱文龙、郑书朋	第 11 章	宋伟先、李洪波
第 6 章	张迅航、赵峻颖	第 12 章	杜勇、孙亚秀

周炳琪、丛睿参与了资料收集、排版和习题整理的工作。全书由张喜海主审。

为方便教师教学和学生学习，本书还提供了教学课件、习题答案、源代码。读者可登录机工教育服务网（http://www.cmpedu.com/）免费注册、审核通过后下载。希望本书对读者学习 Android 应用开发有所帮助。由于时间仓促，书中难免存在不妥之处，请读者批评指正，并提出宝贵意见。

编　者

目录

前言
第1章 绪论 ··· 1
  1.1 Android 简介 ·· 1
    1.1.1 智能手机操作系统 ·· 1
    1.1.2 Android 系统的起源 ··· 2
    1.1.3 Android 系统的发展 ··· 2
    1.1.4 Android 系统的特征 ··· 3
    1.1.5 Android 系统架构 ·· 4
  1.2 Android 的应用领域 ·· 5
  1.3 Android 应用的开发概况 ·· 6
  1.4 Android 开发环境搭建 ··· 6
    1.4.1 系统要求 ·· 6
    1.4.2 软件开发工具 ·· 6
    1.4.3 JDK 的下载 ·· 7
    1.4.4 JDK 的安装与配置 ··· 8
    1.4.5 Android 集成开发环境的下载 ··· 12
    1.4.6 Android 集成开发环境的安装 ··· 14
  1.5 Android Studio 的基本配置 ··· 17
  1.6 开发第一个 Android 应用——HelloWorld ·· 21
  1.7 小结 ··· 23
  1.8 习题 ··· 23
第2章 Android 应用项目的开发框架 ··· 25
  2.1 Android 项目的组成 ·· 25
  2.2 Android 项目开发的关键文件 ·· 26
  2.3 扩展 HelloWorld 项目 ··· 30
  2.4 Android 应用开发常用的包 ··· 33
  2.5 Android 应用程序的构成 ·· 34
    2.5.1 Activity ·· 34
    2.5.2 Service ··· 34
    2.5.3 BroadcastReceiver ·· 34
    2.5.4 ContentProvider ··· 34
    2.5.5 Intent ··· 35
  2.6 Android SDK ··· 35
    2.6.1 Android SDK 目录结构 ··· 35
    2.6.2 android.jar 文件 ··· 36

2.6.3　Android SDK 文档及查询方法 ……………………………………… 37
　2.7　Android 项目的开发流程 …………………………………………………… 38
　2.8　小结 …………………………………………………………………………… 39
　2.9　习题 …………………………………………………………………………… 39

第 3 章　Android 核心组件——Activity …………………………………………… 40
　3.1　Activity 的基本概念 ………………………………………………………… 40
　3.2　创建、配置和注册 Activity ………………………………………………… 40
　　3.2.1　Activity 基类 ………………………………………………………… 40
　　3.2.2　创建 Activity ………………………………………………………… 40
　　3.2.3　Activity 界面显示与应用程序逻辑 ………………………………… 46
　　3.2.4　注册 Activity ………………………………………………………… 49
　3.3　启动 Activity ………………………………………………………………… 49
　　3.3.1　显式启动 ……………………………………………………………… 50
　　3.3.2　隐式启动 ……………………………………………………………… 50
　3.4　销毁 Activity ………………………………………………………………… 51
　3.5　Activity 的生命周期与加载模式 …………………………………………… 52
　　3.5.1　Activity 返回栈 ……………………………………………………… 52
　　3.5.2　Activity 状态 ………………………………………………………… 52
　　3.5.3　Activity 的生命周期 ………………………………………………… 53
　3.6　小结 …………………………………………………………………………… 58
　3.7　习题 …………………………………………………………………………… 58

第 4 章　Android 组件纽带——Intent …………………………………………… 60
　4.1　Intent 概述 …………………………………………………………………… 60
　4.2　Intent 的功能 ………………………………………………………………… 60
　4.3　Intent 的属性 ………………………………………………………………… 61
　　4.3.1　Component 属性 ……………………………………………………… 61
　　4.3.2　Action 属性 …………………………………………………………… 62
　　4.3.3　Category 属性 ………………………………………………………… 64
　　4.3.4　Data 属性 ……………………………………………………………… 67
　　4.3.5　Extra 属性 ……………………………………………………………… 69
　　4.3.6　Flag 属性 ……………………………………………………………… 70
　4.4　Intent 对象解析 ……………………………………………………………… 71
　　4.4.1　Intent-Filter …………………………………………………………… 71
　　4.4.2　Intent-Filter 和 Intent 的匹配 ……………………………………… 72
　4.5　小结 …………………………………………………………………………… 73
　4.6　习题 …………………………………………………………………………… 73

第 5 章　Android 核心组件——BroadcastReceiver ……………………………… 75
　5.1　广播机制简介 ………………………………………………………………… 75
　5.2　广播的处理流程 ……………………………………………………………… 75
　5.3　发送与接收自定义广播 ……………………………………………………… 76

    5.3.1　发送与接收标准广播 ·············· 76
    5.3.2　发送与接收有序广播 ·············· 78
  5.4　接收系统广播 ································ 80
    5.4.1　开机自动运行应用程序 ·········· 81
    5.4.2　接收电池电量提示 ·················· 82
    5.4.3　接收短信提醒 ························· 83
  5.5　使用本地广播 ································ 84
  5.6　小结 ·· 85
  5.7　习题 ·· 86
第6章　Android核心组件——Service ··· 87
  6.1　Service简介 ··································· 87
  6.2　Service的功能和特点 ···················· 88
  6.3　以启动方式运行Service ················ 88
    6.3.1　创建Service ······························· 88
    6.3.2　启动和停止Service ···················· 90
    6.3.3　Service的运行模式 ···················· 92
  6.4　以绑定方式运行Service ················ 92
    6.4.1　创建Service ······························· 92
    6.4.2　绑定Service ······························· 94
  6.5　Service的生命周期 ······················· 95
  6.6　Service与多线程 ··························· 97
    6.6.1　线程的基本用法 ························ 97
    6.6.2　异步消息处理机制 ···················· 98
  6.7　IntentService ··································· 99
  6.8　Service的优先级 ························· 101
  6.9　使用系统提供的Service ·············· 102
  6.10　小结 ·· 103
  6.11　习题 ·· 103
第7章　Android的数据存储 ··············· 105
  7.1　数据持久化简介 ···························· 105
  7.2　SharedPreferences存储 ················ 105
    7.2.1　将数据存储到SharedPreferences中 ··· 105
    7.2.2　从SharedPreferences中读取数据 ···· 107
  7.3　文件存储 ······································ 108
    7.3.1　读/写应用程序数据目录内的文件 ···· 109
    7.3.2　读/写SD卡存储的文件 ············ 111
  7.4　数据库存储 ·································· 113
    7.4.1　SQLite简介 ······························ 114
    7.4.2　创建和更新数据库 ·················· 115
    7.4.3　添加数据库记录 ······················ 120

7.4.4	更新数据库记录	121
7.4.5	删除数据库记录	123
7.4.6	查询数据库记录	124
7.5	小结	126
7.6	习题	126

第8章 Android 核心组件——ContentProvider 128

8.1	ContentProvider 简介	128
8.2	ContentProvider 的共享数据模型	129
8.3	URI	129
8.4	ContentResolver	130
8.5	创建 ContentProvider	130
8.5.1	定义 ContentProvider 子类	131
8.5.2	配置 ContentProvider	133
8.6	使用 ContentResolver	134
8.7	访问系统内置的 ContentProvider	135
8.8	实例练习——掌上个人图书管理系统	138
8.9	小结	146
8.10	习题	147

第9章 Android 应用界面设计 148

9.1	UI 控件简介	148
9.1.1	View 类	148
9.1.2	ViewGroup 类	149
9.1.3	使用 XML 布局文件控制 UI	149
9.2	布局管理器	150
9.2.1	线性布局	150
9.2.2	相对布局	154
9.2.3	表格布局	157
9.2.4	网格布局	159
9.2.5	帧布局	162
9.2.6	绝对布局	163
9.3	列表视图	165
9.3.1	以 ListActivity 使用 ListView	165
9.3.2	以 UI 控件使用 ListView	167
9.3.3	Adapter 接口	168
9.4	常用 Widget 组件	169
9.4.1	文本框	169
9.4.2	按钮	171
9.4.3	文本编辑框	172
9.4.4	图片显示框	174
9.4.5	进度条	176

9.4.6 提示框 180
9.4.7 单选按钮和复选框 181
9.4.8 拖动条 183
9.5 菜单 184
9.6 活动栏 187
9.7 对话框 189
9.8 小结 190
9.9 习题 190

第10章 Android 网络开发技术 192
10.1 Android 网络通信简介 192
  10.1.1 Socket 通信简介 192
  10.1.2 HTTP 通信简介 193
  10.1.3 蓝牙通信简介 194
  10.1.4 WiFi 通信简介 194
10.2 WebView 195
10.3 HTTP 通信 197
  10.3.1 HttpURLConnection 简介 197
  10.3.2 使用 HttpURLConnection 198
10.4 Socket 通信 200
  10.4.1 基于 TCP 的 Socket 通信 200
  10.4.2 基于 UDP 的 Socket 通信 203
10.5 蓝牙通信 203
10.6 WiFi 通信 206
10.7 小结 208
10.8 习题 208

第11章 Android 传感器开发 210
11.1 Android 传感器框架 210
  11.1.1 标识传感器 211
  11.1.2 传感器事件处理 212
11.2 Android 运动传感器的开发 213
  11.2.1 加速度传感器 213
  11.2.2 重力传感器 214
  11.2.3 陀螺仪 215
11.3 Android 位置传感器的开发 216
  11.3.1 磁场传感器 216
  11.3.2 方位传感器 216
  11.3.3 距离传感器 218
11.4 Android 环境传感器的开发 219
  11.4.1 温度传感器 219
  11.4.2 光线传感器 219

11.4.3	压力传感器	219
11.5	传感器应用开发综合案例	220
11.6	小结	222
11.7	习题	223

第12章 Android 应用的性能优化 224

12.1	性能优化技术简介	224
12.2	布局优化	224
12.2.1	Android UI 渲染机制	225
12.2.2	避免过度绘制	225
12.2.3	优化布局层级	225
12.3	内存优化	228
12.3.1	Android 的内存	228
12.3.2	内存优化方法	229
12.4	使用 TraceView 工具优化 App 性能	230
12.4.1	生成 TraceView 日志	230
12.4.2	打开 TraceView 日志	231
12.4.3	分析 TraceView 日志	232
12.5	小结	233
12.6	习题	233

参考文献 234

第 1 章 绪论

Android 系统已经成为全球使用最广泛的智能手机操作系统。本章先简要介绍 Android 平台的发展、特征、系统架构和应用领域；重点讲解如何搭建和配置 Android 应用开发环境，包括安装和配置 JDK、安装 Android Studio 集成开发环境，以及配置 Android SDK 和 Android 模拟器；最后介绍 Android 新项目的创建和运行的方法。

1.1 Android 简介

1.1.1 智能手机操作系统

智能手机的操作系统有 Android、iOS、Windows Mobile、Windows Phone、BlackBerry OS 和 Linux。2015 年和 2022 年各智能手机操作系统的市场份额对比如图 1-1 所示。

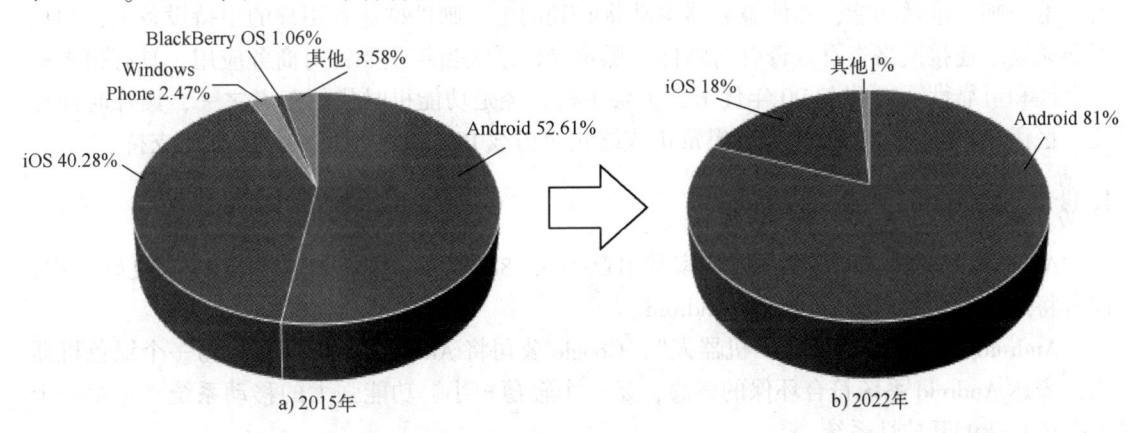

图 1-1　2015 年和 2022 年各智能手机操作系统的市场份额对比

下面简单介绍一下几种主要的智能手机操作系统。

1. Android

Android 是 Google 公司发布的基于 Linux 内核的专门为移动设备应用开发的平台，它包含了操作系统、中间件和核心应用等。Android 是一个完全免费的平台，它可以支持用户的完全定制。由于 Android 的底层使用了开源的 Linux 操作系统，同时也提供了应用程序开发工具，这使得所有程序开发人员都能够在统一、开放的平台上进行开发，从而保证了 Android 应用程序的可移植性。

Android 使用 Java 作为主要的应用程序开发语言，因此不少 Java 开发人员都能轻松地加入到 Android 开发阵营，这无疑加快了 Android 系统的发展速度。

2. iOS

iOS 的原始名称是 iPhone OS，是苹果公司开发的移动操作系统，主要应用在 iPhone、iPad 及 Apple TV 等产品上。iOS 使用 Objective C 和 Swift 作为应用程序开发语言，并且苹果公司为 iOS 应用程序开发、测试、运行和调试提供了一系列工具。iOS 系统架构和 Android 的一样，也分为 4 个模块，从底层到上层分别为 Core OS、Core Services、Cocoa Touch 和 Media，而且这 4 个模块跟 Android 的 4 个模块所实现的功能几乎是一一对应的。

3. Windows Phone

Windows Phone 是微软于 2010 年 10 月 21 日正式发布的一款手机操作系统，初始版本命名为 Windows Phone 7.0。它基于 Windows CE 内核，采用了一种称为 Metro 的用户界面（UI），并将微软旗下的 Xbox Live、Xbox Music 与独特的视频体验集成其中。2012 年 6 月 21 日，微软正式发布 Windows Phone 8，它舍弃了老旧的 Windows CE 内核，采用了与 Windows 系统相同的 Windows NT 内核，能够支持更新的移动设备特性。2017 年，微软承诺 Windows 10 会集成所有设备，使用 Windows Phone 8.1 的用户均可升级至 Windows 10 Mobile，但后来微软宣布只限部分型号手机才可获得官方正式升级。在 2017 年的第一季度，Windows Phone 的市场份额仅有 0.1%；2018 年，Windows Phone 的市场份额接近于 0。微软首席执行官纳德拉表示微软的移动战略已失败。

4. BlackBerry OS

BlackBerry（黑莓）OS 是由加拿大 RIM 公司推出的与黑莓手机配套使用的操作系统。它提供了文字短信、互联网传真、网页浏览及其他无线信息服务功能。其最主要的特色就是支持电子邮件推送功能，邮件服务器主动将收到的电子邮件推送到用户的手持设备上，用户不必频繁地连接网络查看是否有新邮件。黑莓操作系统当年主要针对商务应用，具有很高的安全性和可靠性。20 世纪 90 年代末，黑莓手机曾经是功能机时代的王者之一，巅峰时拥有近一亿用户。2022 年 1 月 4 日，黑莓正式终止对搭载 BlackBerry OS 的设备提供支持。

1.1.2 Android 系统的起源

Android 一词最先出现在法国作家利尔亚当在 1886 年发表的科幻小说《未来夏娃》中，作者将外表像人类的机器起名为 Android。

Android 一词的本义是指"机器人"，Google 公司将 Android 的标识设计为一个绿色机器人，表达 Android 系统符合环保的概念，是一个轻薄短小、功能强大的移动系统，是第一个为手机打造的开放性系统。

Android 操作系统最初是由安迪·鲁宾（Andy Rubin）开发出来的，2005 年被 Google 公司收购，Android 系统也开始由 Google 开发团队接手研发。

Google 于 2007 年 11 月 5 日正式向外界展示了名为 Android 的操作系统。同时组建了一个开放手机联盟组织，该组织由 34 家手机制造商、软件开发商、电信运营商及芯片制造商共同组成，他们共同开发 Android 系统的源代码。该平台由操作系统、中间件、用户界面和应用软件组成，号称是首个为移动终端打造的真正开放和完整的移动软件。

1.1.3 Android 系统的发展

Google 公司于 2007 年 11 月 5 日发布了 Android 1.0，这个版本并没有赢得广泛的市场支持。直到 2009 年 4 月 30 日，Google 发布了 Android 1.5 版本，它以非常漂亮的用户界面和蓝牙连接支持吸引了大量开发者的目光。之后几年中，Android 版本加快了更新速度，几乎每半年就发布一个新的版本。

迄今为止，在 Android 的发展过程中，已经经历了十多个主要版本的迭代。从 Android 1.5 开始，每个版本的代号都是以甜点来命名的，并且按照 26 个英文字母排序。Android 已发布的主要版本及其发布时间见表 1-1。

表 1-1　Android 的主要版本

版 本 号	别　　名	发 布 时 间
1.5	Cupcake（纸杯蛋糕）	2009 年 4 月 17 日
1.6	Donut（甜甜圈）	2009 年 9 月 15 日
2.0	Éclair（松饼）	2009 年 12 月 3 日
2.2	Froyo（冻酸奶）	2010 年 1 月 12 日
2.3	Gingerbread（姜饼）	2011 年 1 月 1 日
3.0	Honeycomb（蜂巢）	2011 年 2 月 24 日
4.0	Ice Cream Sandwich（冰淇淋三明治）	2011 年 10 月 19 日
4.1	Jelly Bean（果冻豆）	2012 年 6 月 28 日
4.4	KitKat（奇巧）	2013 年 7 月 24 日
5.0	Lollipop（棒棒糖）	2014 年 6 月 25 日
6.0	Marshmallow（棉花糖）	2015 年 5 月 28 日
7.0	Nougat（牛轧糖）	2016 年 5 月 18 日
8.0	Oreo（奥利奥）	2017 年 8 月 22 日
9.0	Pie（馅饼）	2018 年 8 月 6 日
10.0	Android 10	2019 年 9 月 3 日
11.0	Android 11	2020 年 9 月 9 日
12.0	Android 12	2021 年 10 月 5 日
13.0	Android 13（提拉米苏）	2022 年 2 月 11 日
14.0	翻转蛋糕	2023 年 5 月 11 日
15.0	香草冰淇淋	2024 年 2 月 15 日

1.1.4　Android 系统的特征

作为一种开源的操作系统，Android 在智能手机操作系统的市场占有率已经超过了 70%。Android 操作系统如此受欢迎的主要原因在于其具有如下特征。

（1）开放性

开放性是 Android 系统最显著的特征。Android 开发平台允许任何移动终端厂商加入到 Android 联盟中来，其拥有更多的开发者。

（2）丰富的硬件支持

得益于 Android 平台的开放性，更多的移动设备厂商能够根据自身需求推出丰富的硬件设备。虽然这些硬件设备存在功能和性能上的差异，但这并不会影响 Android 系统中数据的同步和应用软件的兼容。

（3）可以无缝结合 Google 应用

作为互联网巨头，Google 公司提供了丰富的互联网服务，例如，搜索引擎、地图、邮件等，已成为连接用户和互联网的重要纽带。基于 Android 平台开发的应用程序能够无缝地集成、使用这些优秀的互联网服务。

1.1.5 Android 系统架构

Android 系统采用分层架构，由高到低分为 4 层，依次是应用程序层（Applications）、应用程序框架层（Application Framework）、核心类库（Libraries）和 Linux 内核（Linux Kernel），如图 1-2 所示。

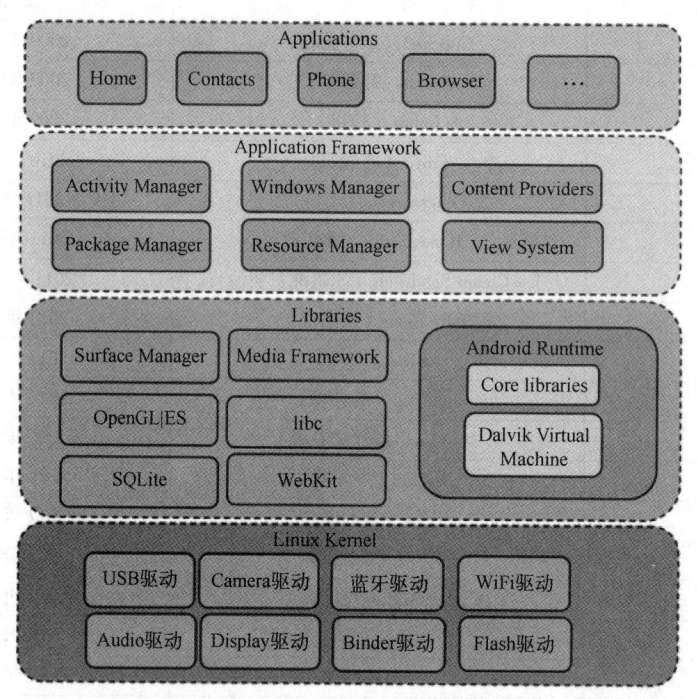

图 1-2 Android 体系结构

1. 应用程序层

Android 会将同一系列核心应用程序包一起发布，该应用程序包包括 Email 客户端、SMS 短消息程序、日历、地图、浏览器和联系人管理程序等。所有的应用程序都是使用 Java 语言编写的。

2. 应用程序框架层

开发人员可以访问核心应用程序所使用的应用程序框架。应用程序的框架设计简化了组件的重用，任何一个应用程序都可以发布它的功能块，并且任何其他的应用程序也可以使用其所发布的功能块（不过需要遵循框架的安全性限制）。同样，应用程序重用机制也使用户可以方便地替换程序组件。

3. 核心类库

（1）程序库

Android 包含一些 C/C++ 库，这些库能被 Android 系统中不同的组件使用。它们通过 Android 应用程序框架为开发者提供服务。

（2）Android 运行库

Android 包含一个核心库，该核心库提供了 Java 编程语言的大多数功能。每一个 Android

应用程序都在它自己的进程中运行，都拥有一个独立的 Dalvik 虚拟机实例。Dalvik 被设计成可以同时高效地运行多个虚拟系统。Dalvik 虚拟机执行 .dex 执行文件，该格式文件针对小内存使用做了优化。同时，虚拟机是基于寄存器的，所有的类都经由 Java 编译器编译，然后通过 SDK 中的 dx 工具转换成 .dex 格式由虚拟机执行。Dalvik 虚拟机依赖于 Linux 内核的一些功能，如线程机制和底层内存管理机制。

4. Linux 内核

Android 的核心系统服务依赖于 Linux 2.6 内核，如安全性、内存管理、进程管理、网络协议栈和驱动模型。Linux 内核也同时作为硬件和软件栈之间的抽象层。

1.2 Android 的应用领域

Android 作为移动设备的开发平台，不仅可以用作手机的操作系统，还可以用作可穿戴设备和 Android 电视等的操作系统。

1. Phones/Tablets（手机/平板计算机）

如图 1-3 所示，Phones/Tablets 是 Google 为智能手机/平板计算机打造的操作系统。它是一个完全免费的开放平台，允许第三方厂商加入和定制。目前，采用 Android 平台的手机厂商主要包括 HTC、Samsung、LG、Sony、华为、联想、小米和 OPPO 等。

2. Android Wear（智能手表）

如图 1-4 所示，Android Wear 是 Google 为智能手表等可穿戴设备打造的智能平台。与 Android 相同，Android Wear 也是一种开放平台，它允许第三方厂商加入进来，生产各式各样的 Android Wear 兼容设备。

图 1-3　Android Tablets　　　　　图 1-4　Android Wear

3. Android TV（智能电视）

如图 1-5 所示，Android TV 可以理解为 Google TV（谷歌电视）的优化版本。经过 Google 精心优化的 Android TV 支持 Google Now 语音输入和 D-Pad 遥控，甚至可以连接和匹配游戏手柄。另外，Android TV 完美地集成了 Google 服务于一体，尤其是 Google Play 上的多媒体内容，Google Play 中成千上万的电影、电视节目和音乐是 Android TV 的基础内容。

4. Android Auto（智能车载）

如图 1-6 所示，Android Auto 是 Google 推出的专门为汽车设计的 Android 系统，它需要连接 Android 手机使用。它的目的是取代汽车制造商的原生车载系统来执行 Android 应用与服务，并用于访问和存取 Android 手机的内容。

图 1-5　Android TV　　　　图 1-6　Android Auto

1.3　Android 应用的开发概况

目前，Android 应用开发主要分为 3 类：为企业开发应用、通用应用开发（放到 Android 商店或者其他 App 商店销售），以及游戏开发（放到 Android 商店或者其他 App 商店销售）。

第一类的开发者一般是规模较大的公司，这些公司主要为自有品牌或其他品牌设计手机或者平板计算机的总体方案。除了根据需求对系统进行定制外，更多的工作是为这些系统编写定制的应用。

第二类的开发者一般是创业型公司或者独立开发者，他们的赢利方式主要有两种：为其他公司进行外包开发，或者是 Google 的移动广告（AdMob）点击分成。

第三类的开发者与第二类的开发者相同。受益于 Android 平台对中、小型游戏开发的完善支持，有大量的创业型公司或者独立开发者积极投身于 Android 游戏开发。

1.4　Android 开发环境搭建

1.4.1　系统要求

要进行 Android 应用开发，需要有合适的系统环境。在 Windows、macOS 和 Linux 操作系统上都能够进行 Android 应用开发。表 1-2 列出了开发 Android 应用对操作系统版本和计算机硬件配置的最低要求。

表 1-2　Android 开发对系统环境的最低要求

操作系统	环境要求		
	系统版本	内存	屏幕分辨率
Windows	Windows10（32 位或 64 位）或更高	最小 4 GB，推荐 8 GB	1280×800
macOS	macOS X 10.8.5 或更高	最小 4 GB，推荐 8 GB	1280×800
Linux	Linux GNOME 或 KDE	最小 4 GB，推荐 8 GB	1280×800

1.4.2　软件开发工具

要进行 Android 应用开发，除了要满足对系统环境的最低要求之外，还需要有相应的软件开发工具。图 1-7 所示是 Android 应用开发所需的开发工具。其中，Android Studio 是一个基于 IntelliJ IDEA 的 Android 集成开发环境，它提

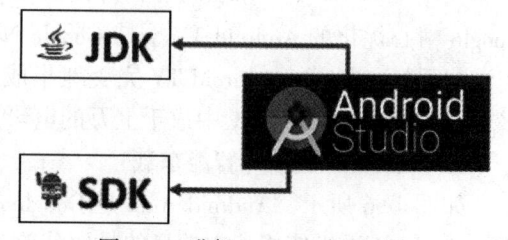

图 1-7　进行 Android 应用开发所需的软件开发工具

供了开发和构建 Android 应用的所有工具,包括智能代码编辑器、布局编辑器、代码分析和调试工具、应用构建系统、模拟器及性能分析工具。Android SDK 是 Google 提供的 Android 开发工具包,当开发 Android 应用程序时,需要引入该工具包才能使用 Android 相关的 API。JDK 是 Java 语言的开发工具包,它包含了 Java 的运行环境、工具集合、基础类库等。Android Studio 2.2 之后的版本需要使用 JDK 8.0 以上的版本。

1.4.3 JDK 的下载

JDK 原是 Sun 公司的产品,因 Sun 公司已经被 Oracle 公司收购,所以需要到 Oracle 公司的官网(https://www.oracle.com/cn/java/)下载 JDK。截至 2024 年 4 月,JDK 的最新版本是 JDK 22。下面将以 JDK 17 为例,介绍 JDK 的下载方法。具体操作步骤如下。

1)打开 Web 浏览器,在地址栏输入 https://www.oracle.com/cn/java/,按〈Enter〉键打开 Oracle 的官方主页,如图 1-8 所示。将鼠标移动到页面右上角,单击"下载 Java"按钮打开软件下载页面。

图 1-8 JDK 下载入口

2)软件下载页面中罗列出所有可下载的 JDK 版本,单击"JDK 17"标签,根据操作系统平台的不同,单击相应的下载链接,可将 JDK 下载保存到本地计算机。图 1-9 所示为适用于 Windows 系统的 x64 安装包。

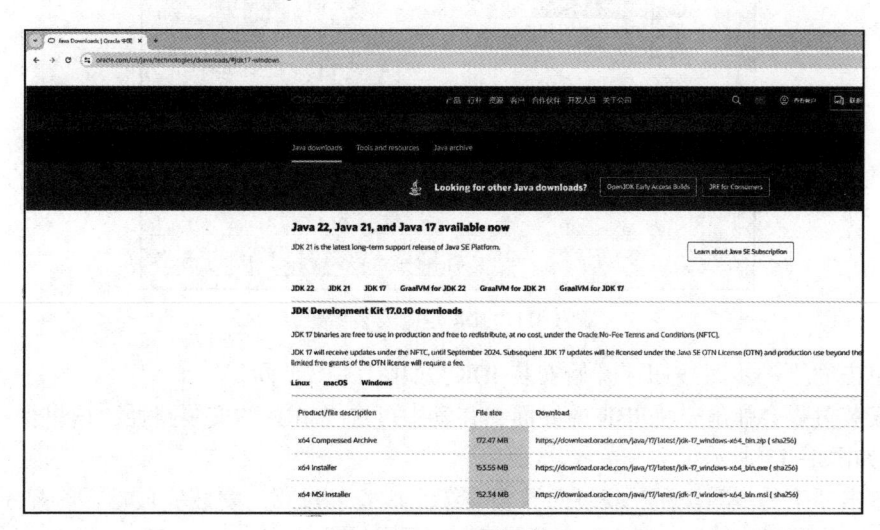

图 1-9 JDK 下载页面

1.4.4 JDK 的安装与配置

1. JDK 的安装

下载完 JDK 之后，就可以对 JDK 进行安装了。下面将以上面下载的 JDK 17 为例，介绍 JDK 的安装方法。

1）双击 JDK 安装文件，弹出图 1-10 所示的欢迎界面。

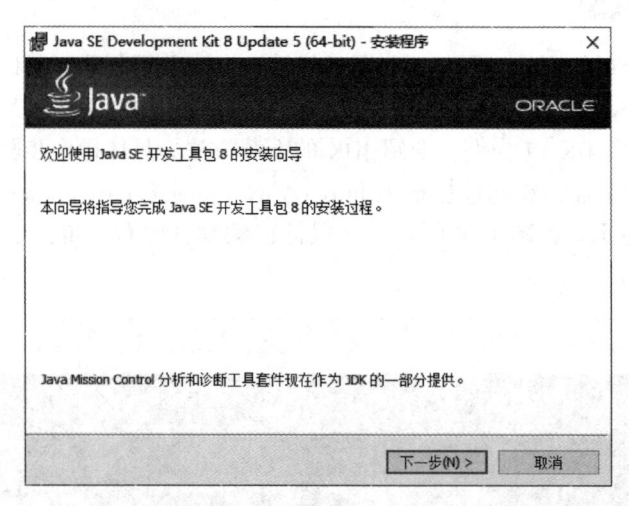

图 1-10　JDK 安装欢迎界面

2）单击"下一步"按钮，进入"定制安装"界面。在其中可选择需要安装的功能组件和安装路径，这里保持默认配置不变，如图 1-11 所示。

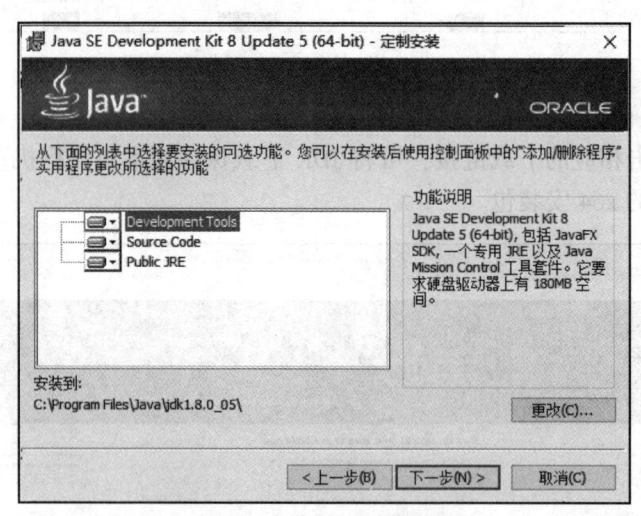

图 1-11　JDK 定制安装界面

3）单击"下一步"按钮，开始安装 JDK，如图 1-12 所示。

4）安装过程会弹出安装 JRE 的界面，在其中可选择 JRE 的安装路径，这里保持默认配置不变，如图 1-13 所示。

5）单击"下一步"按钮，安装向导会继续完成安装过程。安装完成后，将显示图 1-14 所示的安装成功界面。单击"关闭"按钮即可完成 JDK 的安装。

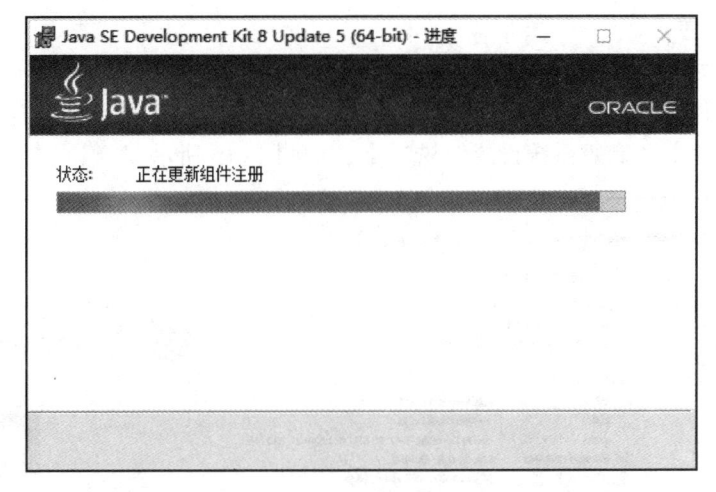

图 1-12 JDK 安装进度界面

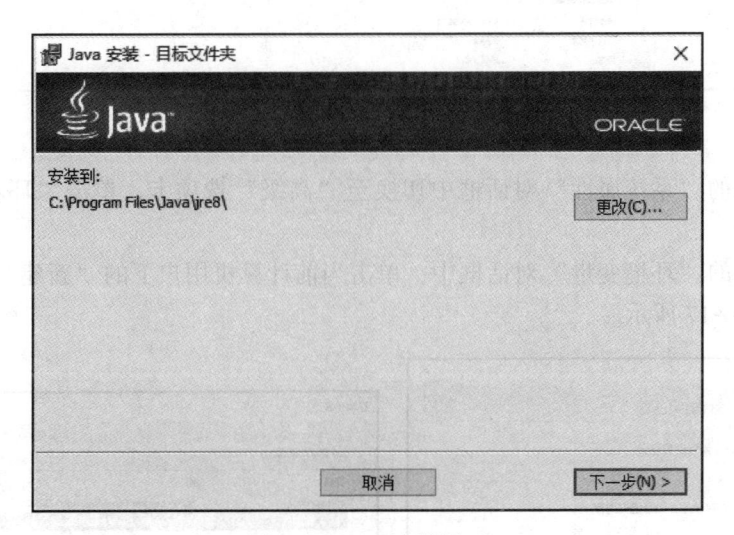

图 1-13 JRE 安装界面

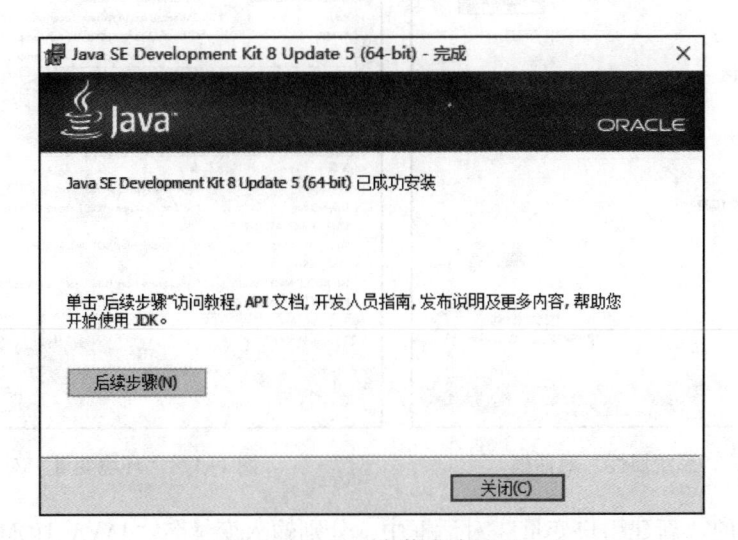

图 1-14 JDK 安装成功界面

2. JDK 的配置

安装完 JDK 之后，还需要在系统的环境变量中对 JDK 进行配置，具体步骤如下。

1）在计算机桌面的"此电脑"图标上右击，在弹出的快捷菜单中选择"属性"命令。在弹出的窗口中单击"高级系统设置"选项卡，如图 1-15 所示。

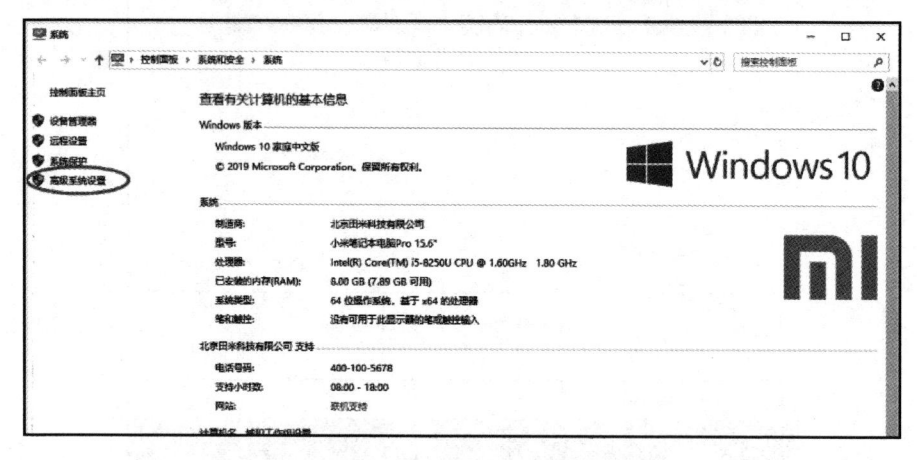

图 1-15 "高级系统设置"选项卡

2）在弹出的"系统属性"对话框中切换至"高级"选项卡，单击"环境变量"按钮，如图 1-16 所示。

3）在弹出的"环境变量"对话框中，单击当前计算机用户下的"新建"按钮，创建新的变量，如图 1-17 所示。

图 1-16 "系统属性"对话框　　　　图 1-17 "环境变量"对话框

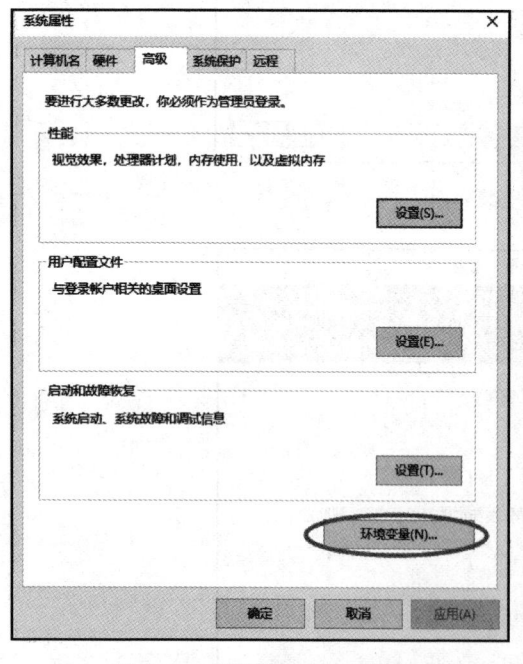

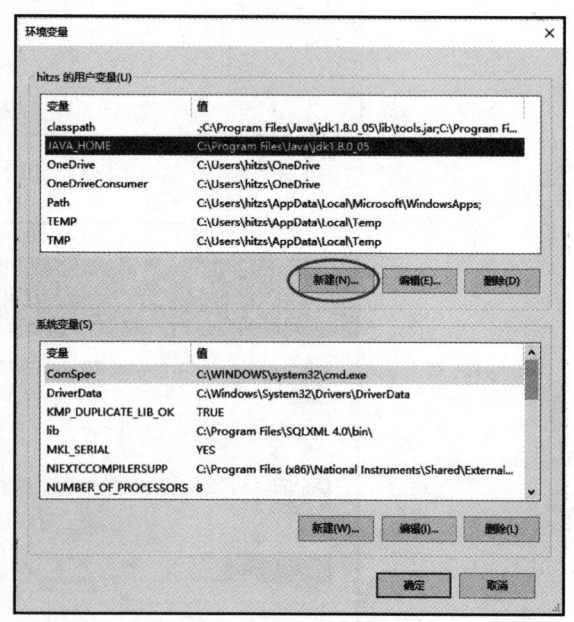

4）在弹出的"新建用户变量"对话框中，分别输入变量名"JAVA_HOME"和变量值，如图 1-18 所示。其中，变量值是 JDK 的安装路径，需要根据实际的计算机环境进行修改。

图 1-18 创建 JAVA_HOME 环境变量

5）单击"确定"按钮关闭该对话框。重复第 3）步，在弹出的"新建用户变量"对话框中，分别输入变量名"classpath"和变量值。其中，变量值为 JDK 的工具包、链接库和辅助工具软件所在的路径".;%JAVA_HOME%\lib\tools.jar;%JAVA_HOME%\lib\dt.jar;%JAVA_HOME%\bin"，如图 1-19 所示。

图 1-19 创建 classpath 环境变量

6）单击"确定"按钮返回图 1-17 所示的"环境变量"对话框，选中"Path"变量，然后单击用户变量下的"编辑"按钮，弹出"编辑环境变量"对话框。在编辑框中添加 JDK 辅助工具软件所在的路径，如图 1-20 所示。

图 1-20 设置 Path 环境变量

7）JDK 安装成功后必须确认环境变量配置是否正确。打开 Windows 控制台窗口，然后在命令提示符下输入"java -version"命令，并按〈Enter〉键。如果输出图 1-21 所示的 JDK 编译器信息，则说明 JDK 环境变量已配置成功；否则，重复上述步骤重新检查环境变量是否配置正确。

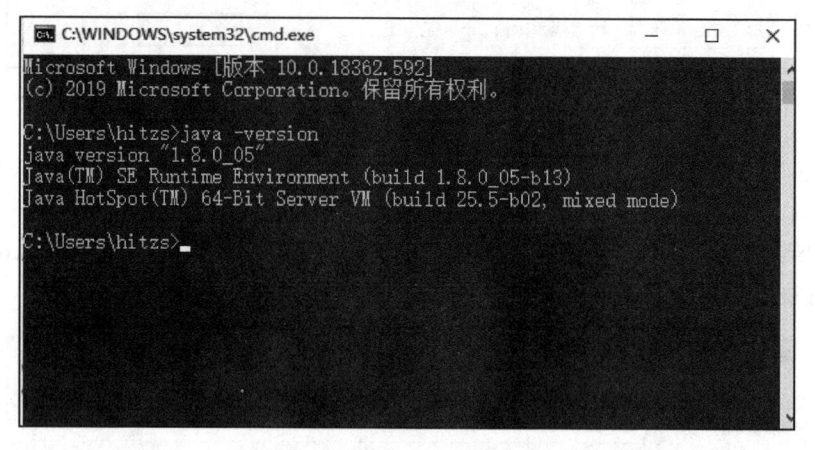

图 1-21　验证环境变量配置

1.4.5　Android 集成开发环境的下载

在 Android 发布初期，Google 推荐使用的集成开发工具是 Eclipse。2015 年，Android Studio 正式版推出，标志着 Google 推荐使用的 Android 集成开发工具已从 Eclipse 变更为 Android Studio。Android 官网提供了 Android 集成开发环境的工具包。它不仅包含了集成开发工具 Android Studio，还包含了新版本的 Android SDK。下载并安装该工具包后，就可以成功地搭建 Android 集成开发环境。

Android 集成开发环境的下载步骤如下。

1）打开 Web 浏览器，在地址栏输入 https://developer.android.google.cn，进入 Android Studio 的官网主页，如图 1-22 所示。

图 1-22　Android Studio 的官网主页

2）单击"下载 Android Studio"按钮，进入 Android Studio 下载页面，滚动页面，将显示内容切换至 Android Studio 下载列表处，这里按操作系统平台列出所有 Android Studio 的安装版本。截至 2024 年 4 月，Android Studio 的最新版本是 2023.2.1.24。这里单击"android-studio-2023.2.1.24-windows.exe"超链接，下载适用于 Windows（64 位）平台的软件，如图 1-23 所示。

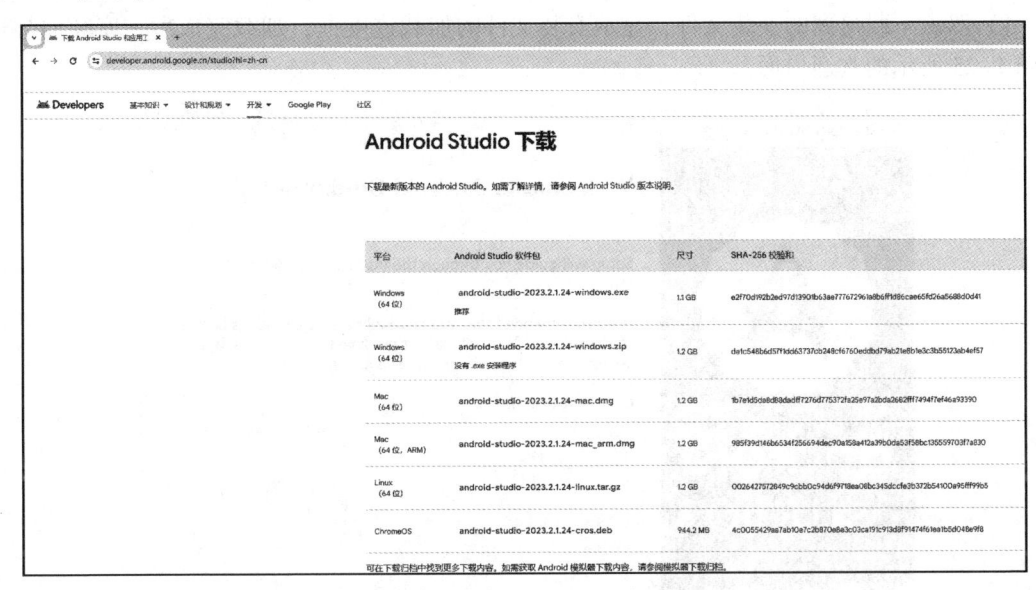

图 1-23　Android Studio 下载页面

3）在弹出的版权确认窗口中，选中"我已阅读并同意上述条款及条件"复选框，然后单击"下载"按钮开始下载软件，如图 1-24 所示。

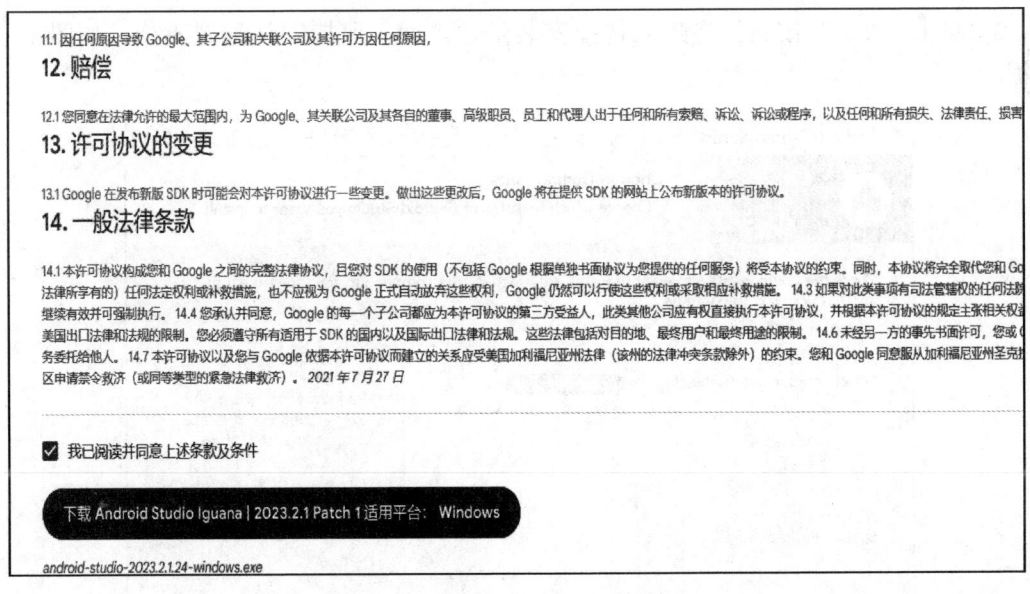

图 1-24　Android Studio 版权确认窗口

4）文件下载完成后，将得到一个名为"android-studio-2023.2.1.24-windows"的安装文件。

1.4.6　Android 集成开发环境的安装

在安装 Android Studio 之前，应先检测计算机 BIOS 中的 Intel Virtualization Technology 选项是否启用。如果没有启用，则需要提前启用该选项。Android Studio 集成开发环境的安装步骤如下。

1）双击下载得到的安装文件，显示安装文件的加载进度框，加载完成后，安装向导进入图 1-25 所示的欢迎界面。

图 1-25　Android Studio 安装欢迎界面

2）单击"Next"按钮，将进入选择安装组件界面。保持默认配置不变，如图 1-26 所示。

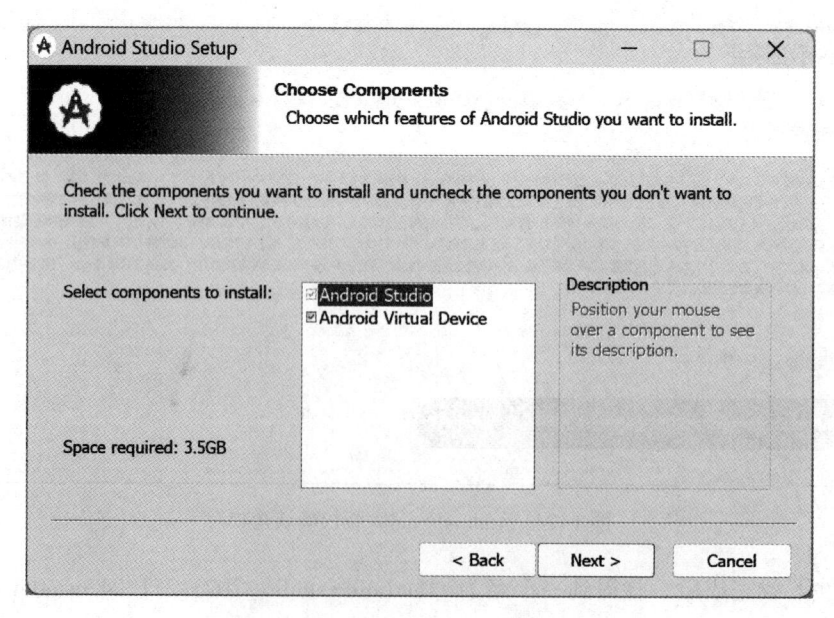

图 1-26　Android Studio 安装组件界面

3）单击"Next"按钮，进入安装路径设置界面。可在其中指定 Android Studio 的安装路径，如图 1-27 所示。

图 1-27　Android Studio 安装路径设置界面

4）单击"Next"按钮，进入选择是否创建开始菜单文件夹界面。保持默认设置不变，单击"Install"按钮后，将显示图 1-28 所示的安装进度界面。

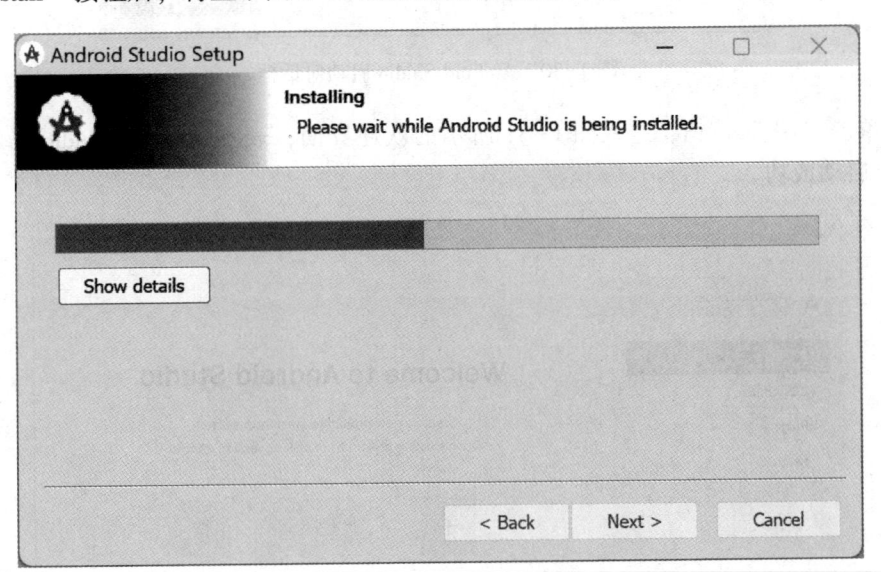

图 1-28　Android Studio 安装进度界面

5）安装完成后，显示图 1-29 所示的安装完成界面。单击"Next"按钮，即可完成 Android Studio 的安装。

6）启动 Android Studio，首先会显示闪屏窗口，然后弹出图 1-30 所示的启动对话框。该对话框用于指定是否从以前版本的 Android Studio 导入应用配置。默认选中第二个单选按钮，不导入以前的应用配置。

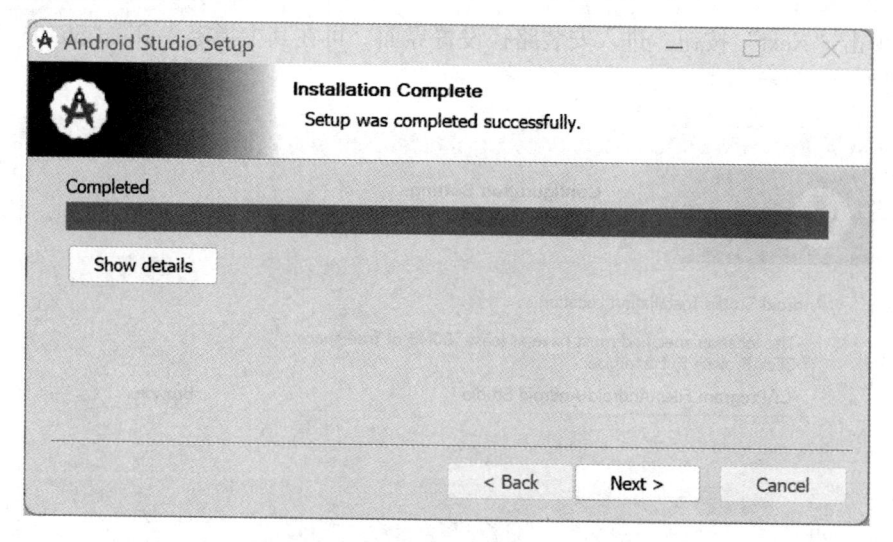

图 1-29　Android Studio 安装完成界面

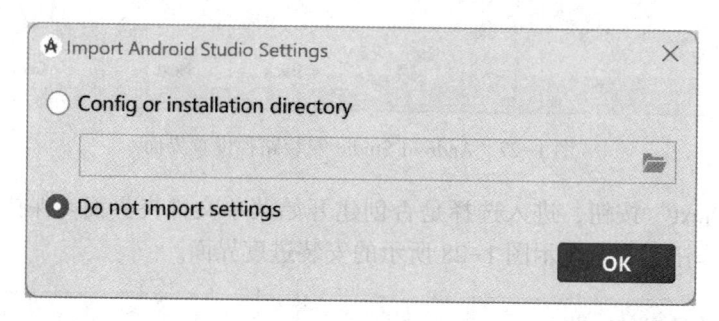

图 1-30　Android Studio 启动对话框

7）单击"OK"按钮，进入图 1-31 所示的欢迎界面，表示 Android Studio 已经安装完毕，并且启动成功。

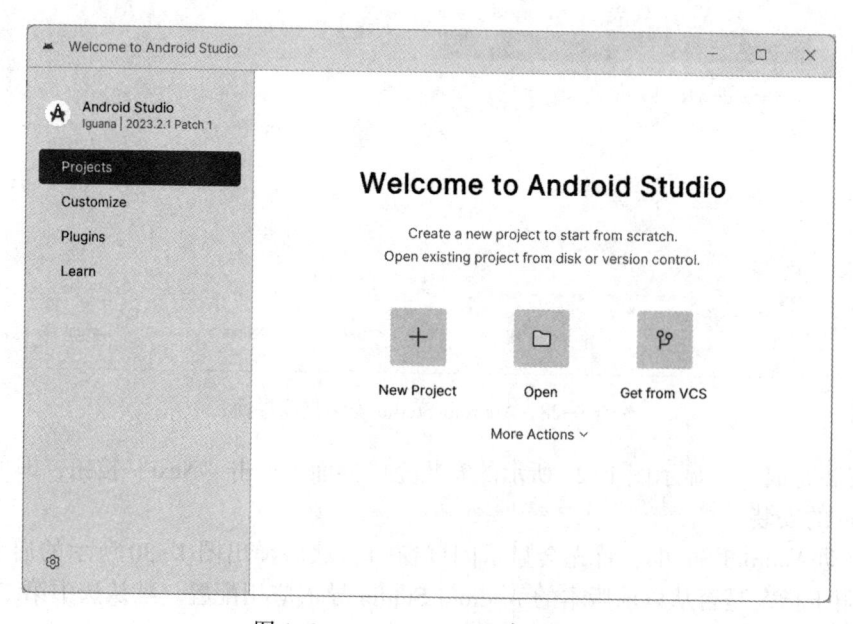

图 1-31　Android Studio 欢迎界面

1.5 Android Studio 的基本配置

Android Studio 安装完成后，需要对其进行一系列的基本配置，这样才能编译、运行新开发的项目。

1. 安装、配置 Android SDK

1）在 Android Studio 的欢迎界面中单击"More Actions"下拉按钮，在弹出的菜单项中选择"SDK Manager"命令，将弹出 SDK Manager 设置界面，如图 1-32 所示。

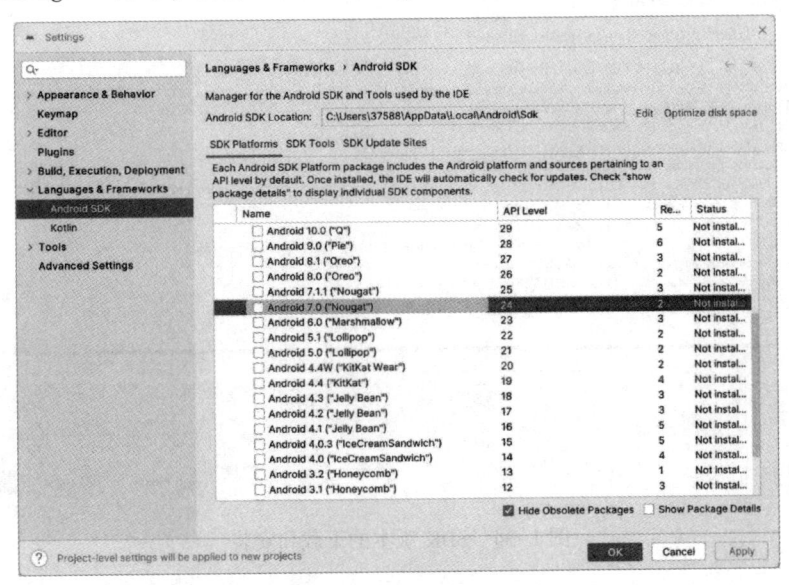

图 1-32 SDK Manager 设置界面

2）选择"SDK Platforms"选项卡，列表框中列出了所有的 Android SDK 版本。已安装的 SDK 版本及其支持的 Android 平台将以"√"显示，如图 1-33 所示。

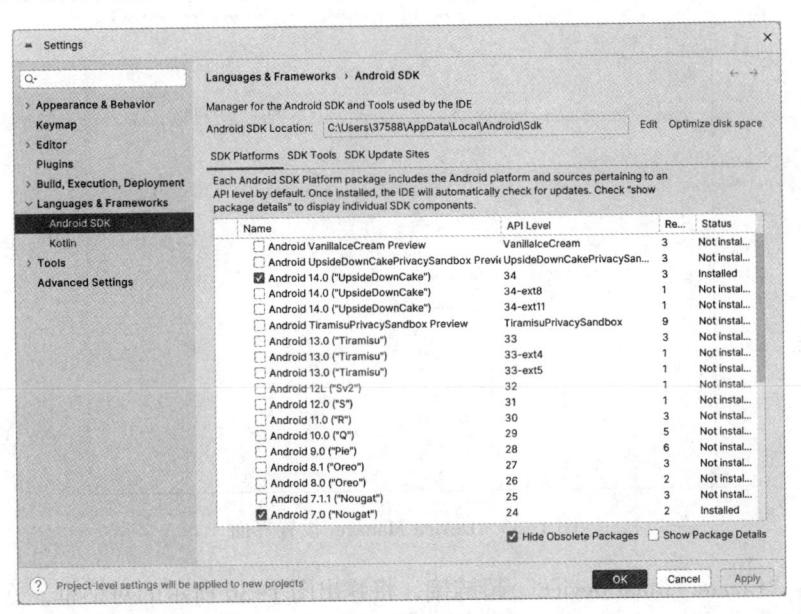

图 1-33 SDK 版本信息

3）根据应用开发的需要，选择需安装的 SDK 版本，然后单击"Apply"按钮，将弹出从 Google 网站下载和安装相应 SDK 版本的窗口，安装完成后如图 1-34 所示。

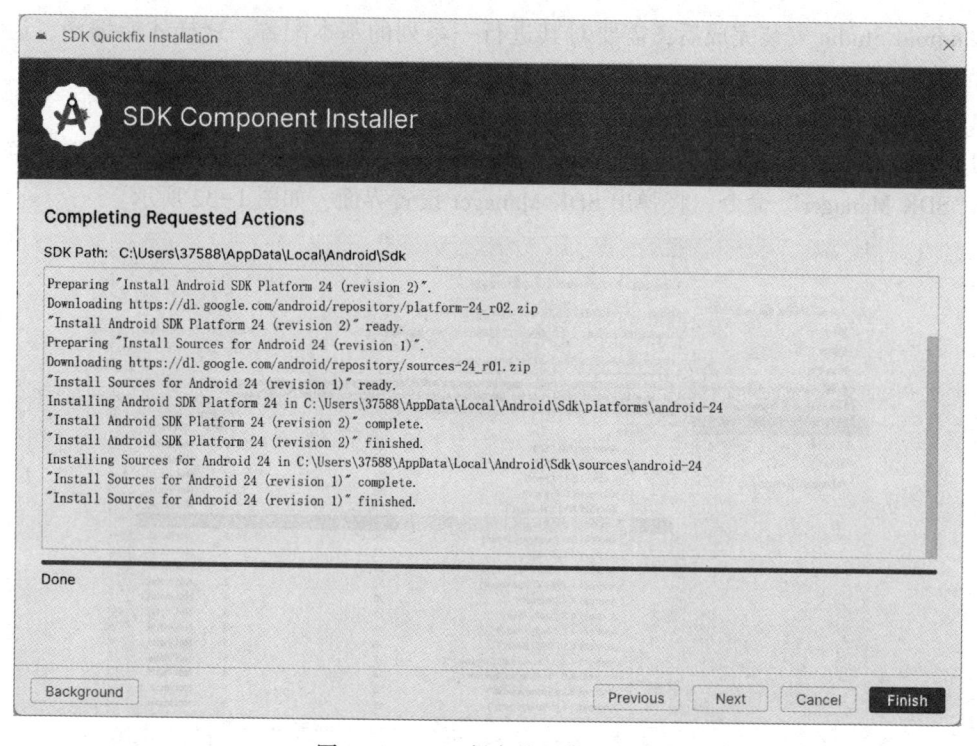

图 1-34　SDK 版本的下载和安装

2. 创建 Android 虚拟设备（AVD）

1）在 Android Studio 的欢迎界面中单击"More Actions"下拉按钮，在弹出的菜单项中选择"Virtual Device Manager"命令，将弹出 Device Manager 设置界面，如图 1-35 所示。

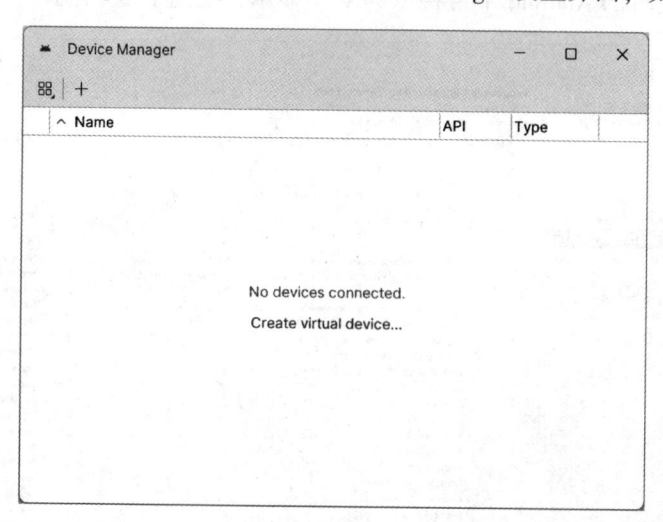

图 1-35　Device Manager 设置界面

2）单击"Create Virtual device"超链接，将弹出图 1-36 所示的对话框。在其中可依次选择"Category"和预定义的屏幕分辨率，即可为 Android 模拟器设定硬件配置。

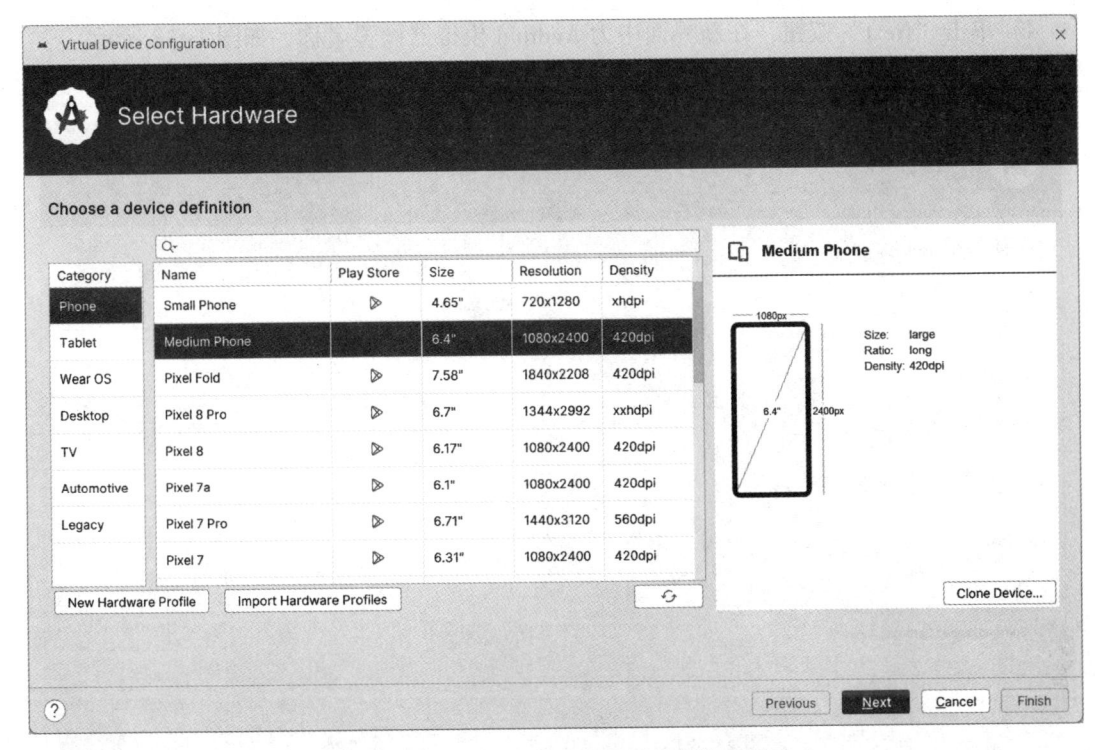

图 1-36　设定 Android 模拟器的硬件配置

3）单击"Next"按钮，在新界面中为 Android 模拟器选择运行的 Android 版本号，如图 1-37 所示。

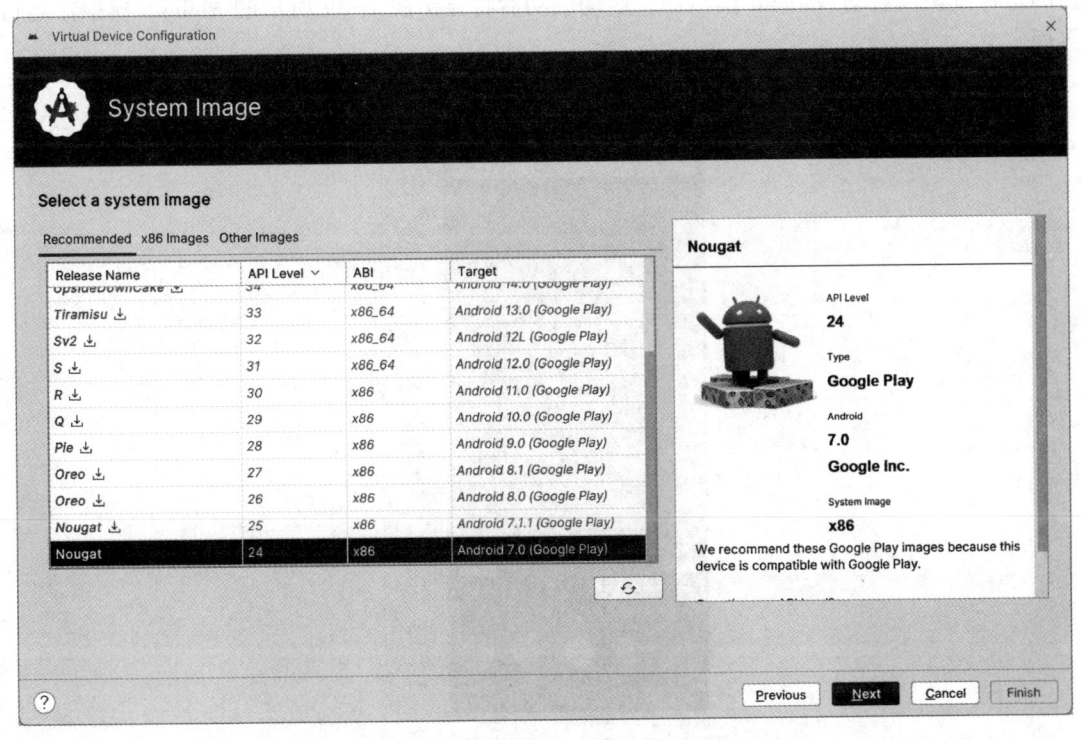

图 1-37　选择 Android 模拟器运行的 Android 版本号

4）单击"Next"按钮，在新界面中为 Android 模拟器设置名称，如图 1-38 所示。

图 1-38　设置 Android 模拟器的名称

5）单击"Finish"按钮，即可在 VD Manager 窗口看到新创建的模拟器。单击模拟器右边的运行按钮以启动 Android 模拟器。启动成功后将显示图 1-39 所示的 Android 模拟器运行界面。

图 1-39　Android 模拟器运行界面

1.6　开发第一个 Android 应用——HelloWorld

经过对 Android Studio 的基本设置，接下来就可以开发第一个 Android 应用程序了。该应用程序的功能是在屏幕上输出一行简单的文字——"HelloWorld"。开发流程如下。

1）在 Android Studio 的欢迎界面中单击"New Project"按钮（见图 1-40），启动创建新项目向导。

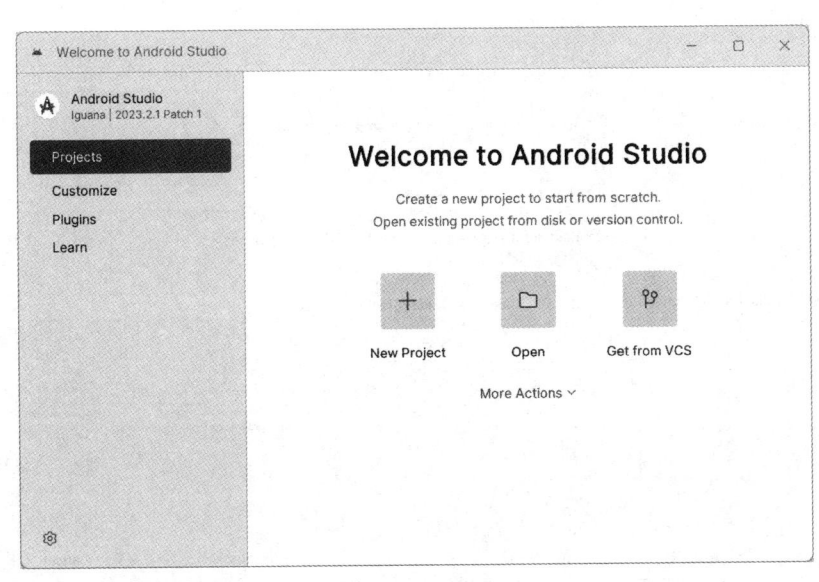

图 1-40　启动创建新项目向导

2）在弹出的向导对话框中，选择新项目的运行设备类型及启动界面的模板样式，如图 1-41 所示。

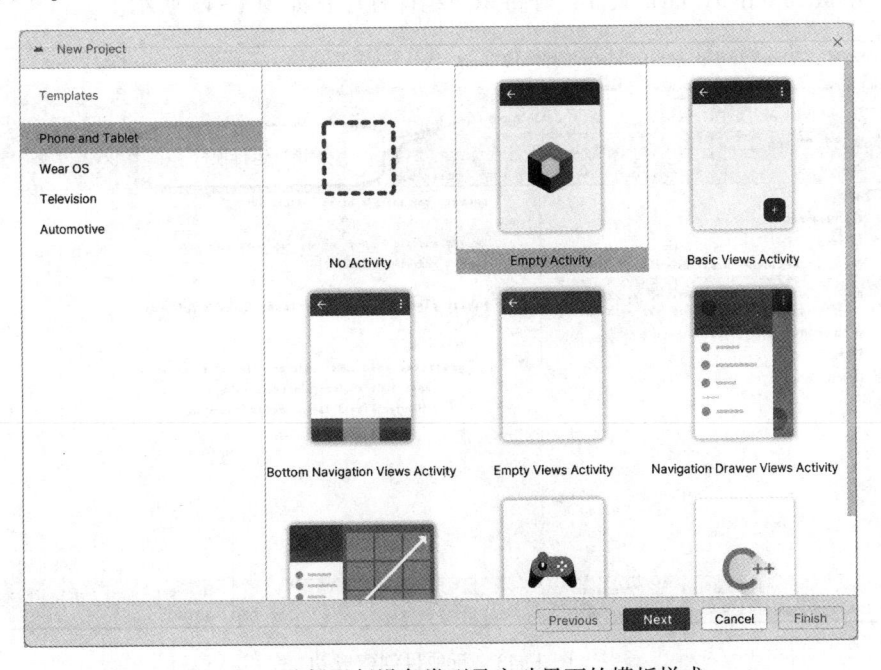

图 1-41　选择运行设备类型及启动界面的模板样式

3）单击"Next"按钮进入新界面，输入项目名称和包名，并指定它对最低 Android SDK 版本的要求，最后指定新项目文件的存放目录，如图 1-42 所示。

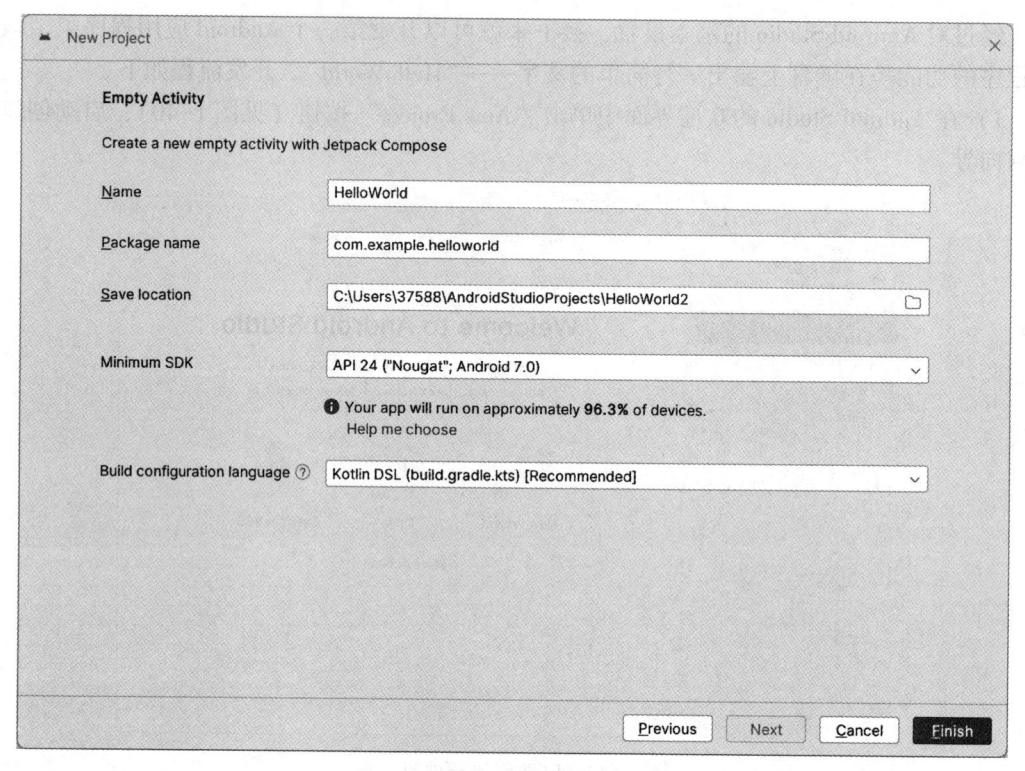

图 1-42　设置新项目

4）单击"Finish"按钮，Android Studio 将自动创建应用程序的相关代码。创建完成后会自动打开 MianActivity.java 文件，等待用户编译程序，如图 1-43 所示。

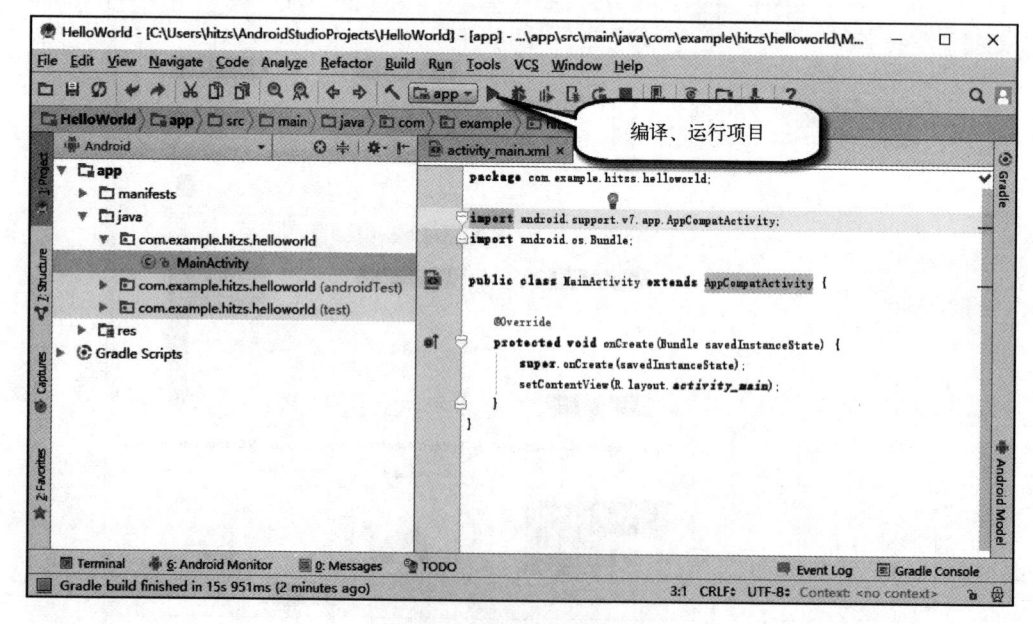

图 1-43　新项目创建成功

5）单击工具栏中的"运行"按钮，在弹出的界面中选择目标模拟器，等待模拟器启动完成后，即可在模拟器中显示应用程序的运行结果，如图 1-44 所示。

图 1-44　模拟器上的运行结果

1.7　小结

本章简要地介绍了常见的智能手机操作系统和 Android 操作系统的发展及其特点，着重介绍了如何下载和安装 Android 应用开发环境，以及如何使用 Android Studio 创建和运行项目。本章讲解的内容是 Android 最基础的知识，初学者应熟练掌握这些知识，为后面的学习做好铺垫。

1.8　习题

一、填空题

1. Android 系统采用分层架构，由高到低分为 4 层，依次是：_____、_____、_____ 和 _____。

2. Android 应用开发所需的开发工具有：_____ 和 _____。

二、判断题

1. Dalvik 中的 Dx 工具会把部分 .class 文件转换成 .dex 文件。（　　）

2. Android 系统采用分层架构，分别是应用程序层、应用程序框架层、核心类库和 Linux 内核。（　　）

3. 每个 Dalvik 虚拟机实例都是一个独立的进程空间。（　　）

4. Android 应用程序的主要语言是 Java。（　　）

三、选择题

1. Dalvik 虚拟机是基于（　　）的架构。

A. 栈　　　　　　B. 堆　　　　　　C. 寄存器　　　　　　D. 存储器

2. Dalvik 虚拟机属于 Android 系统架构中的（　　）层。
   A. 应用程序　　　　　　　　　B. 应用程序框架
   C. 核心类库　　　　　　　　　D. Linux 内核
3. 短信、联系人管理、浏览器等属于 Android 系统架构中的（　　）层。
   A. 应用程序　　　　　　　　　B. 应用程序框架
   C. 核心类库　　　　　　　　　D. Linux 内核

四、简答题

1. 简述 Android 系统的特征。
2. 简述 Android 系统体系架构的层次划分及各层的特点。
3. 简述如何搭建 Android 开发环境。

拓展阅读

Android 早期团队的发展历程

- Be成立（1990）
- Palm成立（1992）
- WebTV成立（1996）
- 微软收购WebTV（1998）
- Danger成立（2000）
- Palm收购Be（2002）
- Android成立（2004）
- 谷歌收购Android（2006）

㊀ 选自《安卓传奇》（Android 缔造团队回忆录）。

第 2 章 Android 应用项目的开发框架

Android Studio 是 Google 推出的 Android 应用开发环境，它拥有强大的功能和高效的性能。本章将基于 Android Studio 应用开发环境，重点讲解 Android 应用项目的开发框架，包括应用项目的目录结构、关键文件及构成组件等。此外，还将对 Android 应用开发中会用到的 SDK 进行系统的介绍。

2.1 Android 项目的组成

Android Studio 提供了多种不同类型的项目显示结构（如 Android、Project 和 Packages 等），默认以 Android 结构类型显示，如图 2-1 所示。

以第 1 章开发的 HelloWorld 项目为例，该项目的 Android 结构类型视图下主要包含如下文件和文件夹。

1）app/manifests/AndroidManifest.xml 文件。该文件是 Android 项目的配置文件，它主要用来保存项目的全局配置数据。

2）app/java 文件夹。该文件夹用于存放项目包含的所有 Java 源代码和测试代码，其中 Activity 类的定义文件为 MainActivity.java，类似于 Java 项目中的主类。

3）app/res 文件夹。该文件夹用于存放项目包含的所有资源文件。它包含下述子文件夹。

- drawable 文件夹。该文件夹主要保存项目使用到的图标文件（如 *.jpg、*.bmp 和 *.png 等文件）。
- layout 文件夹。该文件夹主要保存项目中的界面布局文件。界面布局文件主要用于设计和编辑用户界面。在使用界面布局的 Activity 类中可通过 setContentView( ) 方法显示界面布局。
- mimap 文件夹。该文件夹主要保存项目中使用的启动图标。为保证良好的用户体验，需要为不同屏幕分辨率提供不同的图片，并且分别将其保存在不同的子文件夹内。一般情况下，Android Studio 会自动创建 mipmap-xxxhdpi（超超超高分辨率）、mipmap-xxhdpi（超超高分辨率）、mipmap-xhdpi（超高分辨率）、mipmap-hdpi（高分辨率）

图 2-1 项目以 Android 结构类型显示

和 mipmap-mdpi（一般分辨率）5 个子文件夹，并且会自动创建对应于这 5 种分辨率的启动图标文件（ic_launcher.png）。
- values 文件夹。该文件夹主要保存项目中使用的各种类型的数据。在开发国际化应用程序时，这种方式尤为方便。Android Studio 通常会使用不同名称的 XML 文件保存不同类型的数据。例如，string.xml 文件保存字符串类型的数据，colors.xml 文件保存与颜色相关的数据，dimens.xml 文件保存与 UI 控件大小相关的数据，styles.xml 文件保存与样式风格相关的数据。

4）Gradle Scripts 文件夹。该文件夹主要保存 Gradle 编译的相关脚本。其中，build.gradle 用于描述 App 工程的编译规则，proguard-rules.pro 文件用于描述 Java 文件的代码混淆规则，gradle.properties 文件用于配置编译工程的命令行参数，settings.gradle 文件用于配置共同编译的模块，local.properties 文件是在项目编译时自动生成的，它用于描述开发者本机的环境配置。

2.2　Android 项目开发的关键文件

仍然以第 1 章的 HelloWorld 项目为例，介绍 Android 项目开发中涉及的关键文件：MainActivity.java 主界面文件、activity_main.xml 主界面布局文件和 AndroidManifest.xml 配置文件。

1. MainActivity.java 主界面文件

MainActivity.java 文件类似于 Java 项目的主类，可以将其理解为一个 UI 控件的容器类，它是 Android 应用的启动 Activity。展开 Android 视图下的 app/java 文件夹，双击打开 MainActivity.java 文件，会看到下面的代码。

```
package com.example.hitzs.helloworld;              //定义应用程序所在的包
import android.support.v7.app.AppCompatActivity;   //导入 Activity 的支持类
import android.os.Bundle;                          //导入 Android 的支持包
//定义 MainActivity 类
public class MainActivity extends AppCompatActivity {
//重写父类的同名方法
    @Override
    protected void onCreate(Bundle savedInstanceState) {
        super.onCreate(savedInstanceState);        //调用父类的同名方法
        setContentView(R.layout.activity_main);    //调用显示布局文件
    }
}
```

代码解释：

MainActivity 类是 helloworld 应用程序的主界面类，该类包含与用户交互的属性和方法。MainActivity 类从 Android SDK 提供的 AppCompatActivity 继承而来，它通过重写父类的 onCreate()方法完成对 Activity 的初始化。可在 onCreate()方法中调用 setContentView()方法将 activity_main.xml 布局文件定义的界面显示出来。

2. activity_main.xml 主界面布局文件

activity_main.xml 文件主要用于定义和配置屏幕上显示的 UI（用户界面）。展开 Android 视图下的 app/src/layout 文件夹，双击打开 activity_main.xml 文件，会看到下面的代码。

```
<?xml version="1.0" encoding="utf-8"?>
<RelativeLayout xmlns:android="http://schemas.android.com/apk/res/android"
```

```
        xmlns:tools = "http://schemas.android.com/tools"
        android:id = "@+id/activity_main"
        android:layout_width = "match_parent"
        android:layout_height = "match_parent"
        android:paddingBottom = "@dimen/activity_vertical_margin"
        android:paddingLeft = "@dimen/activity_horizontal_margin"
        android:paddingRight = "@dimen/activity_horizontal_margin"
        android:paddingTop = "@dimen/activity_vertical_margin"
        tools:context = "com.example.hitzs.helloworld.MainActivity" >
<TextView
        android:layout_width = "wrap_content"
        android:layout_height = "wrap_content"
        android:text = "Hello World!" />
</RelativeLayout>
```

代码解释：

该段代码使用 XML 语言定义了一个采用相对布局的 UI，在该 UI 内只有一个文本框控件，它显示的文字内容是"Hello World!"。

activity_main.xml 布局文件中重要的元素及其说明见表 2-1。

表 2-1 activity_main.xml 布局文件中的重要元素及其说明

元　　素	说　　明
RelativeLayout	声明布局管理器
xmlns:android	声明包的命名空间，默认属性值表示 Android 中的各种标准属性都能使用
xmlns:tools	声明布局默认的工具
android:layout_width	指定 UI 控件在屏幕上所占的宽度
android:layout_height	指定 UI 控件在屏幕上所占的高度
TextView	声明文本框控件
android:text	设置文本框显示的内容

如图 2-2 所示，单击 XML 布局文件编辑器左侧的"Design"选项卡，可打开界面布局预览窗口。该窗口内的显示控件与 XML 布局文件定义的控件标签一一对应。在界面布局预览窗口中不仅可以使用拖拽的方式从控件面板中选择合适的控件添加到 UI，还可以使用鼠标单击的方式选择某个 UI 控件，然后在右侧的属性面板设置 UI 控件的显示属性，大大提高了界面布局的开发效率。

在 Android 项目内，有两个 XML 文件与界面布局文件紧密相关，即 dimens.xml 和 strings.xml。Android Studio 将 dimens.xml 文件保存在项目的 values 文件夹内，双击打开该文件，会看到下面的代码。

```
<resources>
<!-- Default screen margins, per the Android Design guidelines. -->
<dimen name = "activity_horizontal_margin">16dp</dimen>
<dimen name = "activity_vertical_margin">16dp</dimen>
</resources>
```

该段代码定义了 UI 布局的默认屏幕边距。在 Android 系统中，可使用下述表示大小的单位来设置 UI 控件的显示属性。

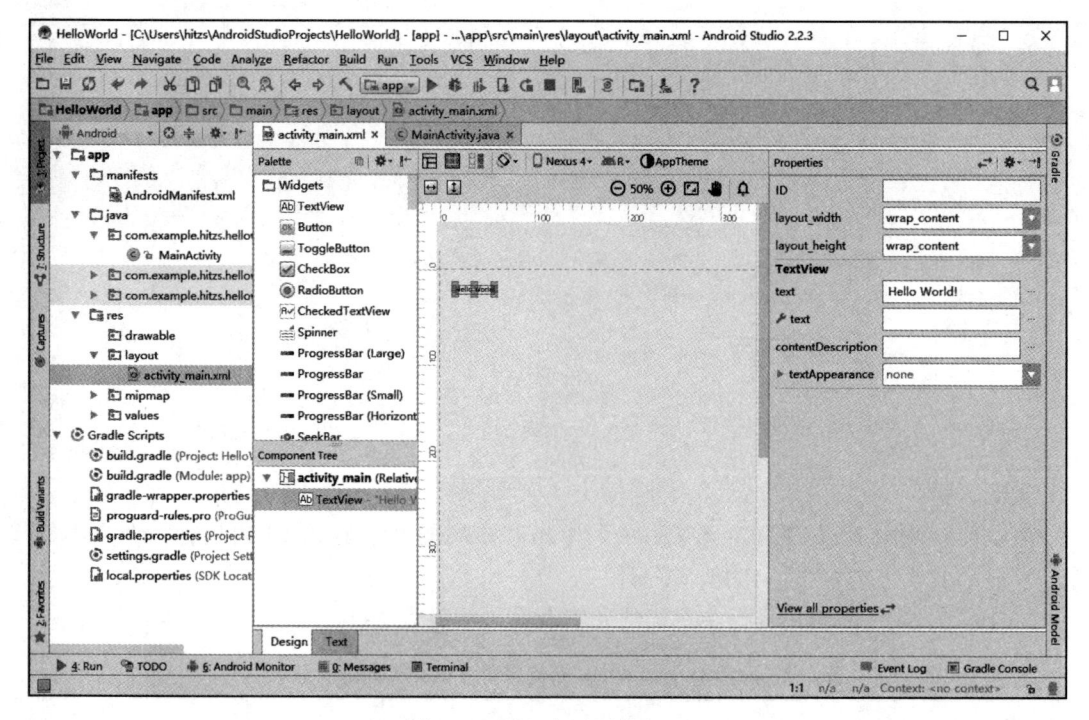

图 2-2 界面布局预览窗口

1) px（Pixels，像素）：该单位以屏幕上的实际像素点数量表示 UI 控件的大小。例如，分辨率为 320×480 的显示屏幕，表示在横向有 320 个像素，纵向有 480 个像素。

2) in（Inches，英寸）：该单位用于表示显示屏幕的物理长度，$1\,in \approx 2.54\,cm$。

3) dp（与密度无关的像素）：逻辑长度单位，在 160 dpi 的屏幕上，$1\,dp = 1\,px = 1/160\,in$。

4) dip（设备独立像素）：与 dp 相同，多见于 Google 提供的示例代码。

5) sp：与 dp 类似，它可以根据用户定义的字体大小进行缩放。

在 Android 项目中，一般使用 dp 作为设置控件显示大小的单位、sp 作为设置文字显示大小的单位。

项目的 values 文件夹内还有一个 strings.xml 文件，打开该文件后，会看到下面的代码。

```
<resources>
<string name="app_name">HelloWorld</string>
</resources>
```

该段代码使用 XML 的<string>标签定义了一个字符串变量 app_name，其变量值为 HelloWorld。当需要为 Android 项目添加新的字符串变量时，可在<resources>标签下添加新的<string>子标签。

3. AndroidManifest.xml 配置文件

每个应用程序都必须有一个 AndroidManifest.xml 配置文件，它保存了关于应用的基本信息。例如，要开发 Activity、Broadcast、Service 等应用都需要在 AndroidManifest.xml 中进行定义；要使用系统自带的服务（如拨号、短信、时间等）也必须在 AndroidManifest.xml 中声明权限。

AndroidManifest.xml 文件在 Android 应用中的作用如下。

1) 命名应用程序的 Java 包，该包名用于唯一标识应用程序。

2) 描述应用程序的组件,包括 Activity、Service、BroadcastReceiver 和 ContentProvider 等,以及向 Android 系统声明实现各个组件的功能实现类。这些声明能够使 Android 系统了解应用程序的各个组件应在什么条件下启动。

3) 决定应用程序的各个组件运行在哪个进程中。

4) 声明应用程序必须具备的系统权限,以访问 Android 受保护的系统功能。

5) 声明应用程序必须具备的系统权限,以与其他应用程序的组件进行交互。

6) 列举测试设备 Instrumentation 类,以提供应用程序运行时所需要的环境配置信息。

AndroidManifest.xml 文件中的重要元素及其说明见表 2-2。

表 2-2 AndroidManifest.xml 文件中的重要元素及其说明

元 素	说 明
manifest	根节点,描述了 package 中所有的内容
xmlns:android	声明包的命名空间,默认属性值表示 Android 中的各种标准属性都能使用
package	声明应用程序的包
application	application 级别组件声明的根节点
android:icon	声明应用程序图标
android:label	指定应用程序的名称
android:theme	声明应用程序采用的主题
activity	声明应用程序的一个 UI
intent-filter	配置 Intent 过滤器
category	配置 Intent 过滤器的 category 属性
action	配置 Intent 过滤器的 action 属性

Android Studio 将 AndroidManifest.xml 文件保存在项目的 app/manifests/ 文件夹内,双击打开该文件,会看到下面的代码。

```
<?xml version="1.0" encoding="utf-8"?>
<manifest xmlns:android="http://schemas.android.com/apk/res/android"
    package="com.example.hitzs.helloworld">
<application
        android:allowBackup="true"
        android:icon="@mipmap/ic_launcher"
        android:label="@string/app_name"
        android:supportsRtl="true"
        android:theme="@style/AppTheme">
<activity android:name=".MainActivity">
<intent-filter>
<action android:name="android.intent.action.MAIN" />
<category android:name="android.intent.category.LAUNCHER" />
</intent-filter>
</activity>
</application>
</manifest>
```

代码解释:

该段代码使用 <application> 标签声明了 Android 应用程序 UI 的相关属性。可在

<application>标签下通过添加子标签<activity>和<intent-filter>将前文定义的 MainActivity 类声明为应用程序的启动界面类。

2.3 扩展 HelloWorld 项目

下面通过为 HelloWorld 项目的主界面增加一个文本框控件和一个按钮控件的方法扩展该项目，以说明 Activity 类和界面布局文件之间的关系。

（1）修改界面布局文件 activity_main.xml

增加一个文本框控件和一个按钮控件。

```xml
<?xml version="1.0" encoding="utf-8"?>
<RelativeLayout xmlns:android="http://schemas.android.com/apk/res/android"
    xmlns:tools="http://schemas.android.com/tools"
    android:id="@+id/activity_main"
    android:layout_width="match_parent"
    android:layout_height="match_parent"
    android:paddingBottom="@dimen/activity_vertical_margin"
    android:paddingLeft="@dimen/activity_horizontal_margin"
    android:paddingRight="@dimen/activity_horizontal_margin"
    android:paddingTop="@dimen/activity_vertical_margin"
    tools:context="com.example.hitzs.helloworld.MainActivity" >

<TextView
    android:id="@+id/textView1"
    android:layout_width="wrap_content"
    android:layout_height="wrap_content"
    android:text="Hello World!" />
<TextView
    android:id="@+id/textView2"
    android:layout_width="wrap_content"
    android:layout_height="wrap_content"
    android:layout_below="@id/textView1"
    android:layout_centerHorizontal="true"
    android:layout_marginTop="20dp"
    android:text="Extended Text"/>
<Button
    android:id="@+id/addbutton"
    android:layout_width="match_parent"
    android:layout_height="wrap_content"
    android:layout_alignLeft="@id/textView1"
    android:layout_alignParentBottom="true"
    android:layout_marginBottom="260dp"
    android:text="Added Button"/>
</RelativeLayout>
```

代码解释：

用粗体标记的代码给出了添加 UI 控件的方法。通过为<RelativeLayout>标签添加<TextView>子标签并配置子标签相关属性的方法来增加一个文本框控件，通过为<RelativeLayout>标签添加<Button>子标签并配置子标签相关属性的方法来增加一个按钮控件。子标签相关属性的含义及设置值请参考 Android SDK 文档。

编译并运行程序，修改后的程序界面如图 2-3 所示。

除了可以采用向 XML 布局文件中输入代码的方式添加 UI 控件之外，还可以采用在布局预览窗口中拖拽的方式达到相同的目的，操作步骤如下。

1) 双击打开 activity_main.xml 文件，选择"Design"选项卡，进入布局预览窗口，如图 2-4 所示。

2) 在控件栏中选择要加入的 UI 控件，将其拖拽至右侧虚拟的手机屏幕中。可在虚拟的屏幕中采用同样的拖拽方法调整 UI 控件的位置。还可以单击 UI 控件后，在虚拟屏幕右侧的属性面板设置控件的文本显示内容。

3) 选择"Text"选项卡，将布局设计切换至文件编辑窗口，会看到 Android Studio 自动为新添加的 UI 控件生成相应的 XML 标签。

（2）修改 strings.xml 文件

增加两个字符串变量，然后，在 XML 布局文件中对这两个变量进行引用。

图 2-3　修改后的程序界面

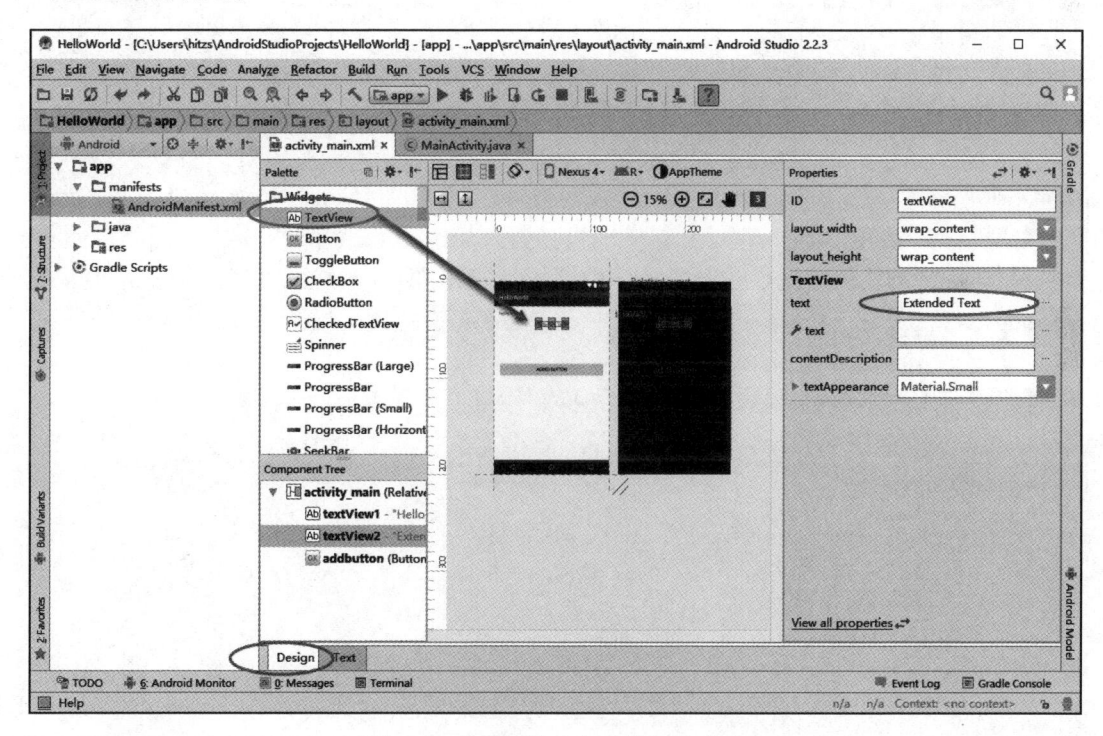

图 2-4　使用拖拽的方式添加 UI 控件

修改后的 strings.xml 文件如下。

```
<resources>
    <string name="app_name">HelloWorld</string>
    <string name="tvtxt">textView2_New</string>
    <string name="btntxt">Added Buttonew</string>
</resources>
```

代码解释：

用粗体标记的代码给出了为 XML 布局文件增加字符串变量的方法。可使用<string>标签定义新增加的字符串变量：tvtxt 和 btntxt。

打开 activity_main.xml 文件，找到<TextView>和<Button>标签，将 android:text 属性修改为下述用粗体标记的代码。

```xml
<?xml version="1.0" encoding="utf-8"?>
<RelativeLayout xmlns:android="http://schemas.android.com/apk/res/android"
    ...>
    ...
<TextView
        android:id="@+id/textView2"
        android:layout_width="wrap_content"
        android:layout_height="wrap_content"
        android:layout_below="@id/textView1"
        android:layout_centerHorizontal="true"
        android:layout_marginTop="20dp"
        android:text="@string/tvtxt"/>
<Button
        android:id="@+id/addbutton"
        android:layout_width="match_parent"
        android:layout_height="wrap_content"
        android:layout_alignLeft="@id/textView1"
        android:layout_alignParentBottom="true"
        android:layout_marginBottom="260dp"
        android:text="@string/btntxt"/>
</RelativeLayout>
```

代码解释：

用粗体标记的代码给出了在布局文件中引用字符串变量的方法。可使用 android:text="@string/xxx" 的方法引用 strings.xml 文件中定义的字符串变量。

(3) 修改 MainActivity.java 文件

使用编写 Java 代码的方法调整文本框控件和按钮控件的文本显示内容。

```java
public class MainActivity extends AppCompatActivity {
    private TextView tv;
    private Button btn;
    @Override
    protected void onCreate(Bundle savedInstanceState) {
        super.onCreate(savedInstanceState);
        setContentView(R.layout.activity_main);
        tv = (TextView) super.findViewById(R.id.textView2);
        btn = (Button) super.findViewById(R.id.addbutton);
        tv.setText("Java_txt");
        btn.setText("Java_Button");
    }
}
```

代码解释：

用粗体标记的代码给出了使用 Java 代码调整 UI 控件显示属性的方法。在 Activity 类重写的 onCreate() 函数中，可首先使用 findViewById() 方法获得对 UI 控件的引用；然后，再调用控件的 setText() 方法设置控件的文本显示内容。

编译并重新运行程序，如图 2-5 所示，可看到文本框控件和按钮控件的显示文字已经更改为由 Java 代码设置的文字。

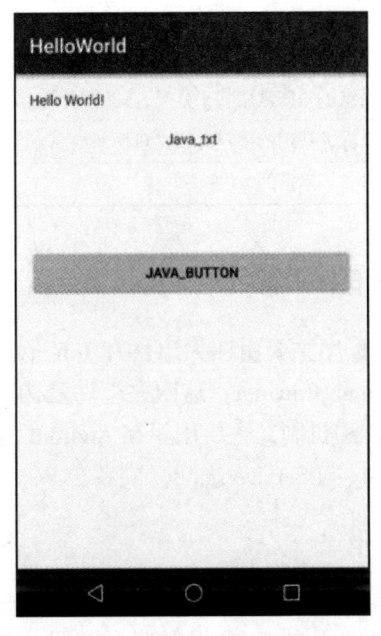

图 2-5　修改后的程序界面

2.4　Android 应用开发常用的包

Android 应用开发使用的是 Java 语言，除了需要熟悉 Java 语言的基础知识外，还应该了解 Android 提供的扩展 Java 功能。Android 提供了一些扩展的 Java 类库，这些类库被划分为若干个包，每个包又包含了若干个类。Android SDK 共包含了 40 多个包和 700 多个类，这些包为编写 Android 应用程序提供了功能丰富的 API。

表 2-3 列出了 Android 应用开发经常使用的包。

表 2-3　Android 应用开发常用的包

包　　名	功　　能
android.app	实现了 Android 的应用程序模型，为应用程序提供了基本运行环境
android.bluetooth	包含了实现蓝牙通信功能的类
android.content	包含了对设备上数据进行访问和发布的类
android.database	包含了对数据库进行访问的类
android.database.sqlite	包含了对 SQLite 数据库进行访问的类
android.graphics	底层的图形库，包含画布、颜色、点和图形等
android.graphics.drawable	实现绘制协议和背景图像，支持可绘制对象动画
android.graphics.drawable.shapes	实现各种形状
android.location	提供与地图定位相关的服务
android.media	提供管理音频和视频中各种媒体接口的类
android.net	提供实现网络访问功能的辅助类

(续)

包　名	功　能
android. net. WiFi	提供实现 WiFi 访问功能的辅助类
android. os	提供处理文本的类
android. util	提供了一些常用的工具类，如时间操作类
android. view	提供了基础的用户界面接口框架
android. widget	提供了丰富的 UI 控件

2.5　Android 应用程序的构成

一般情况下，Android 应用程序主要由四大组件和 Intent 构成。四大组件包括：Activity、Service、BroadcastReceiver 和 ContentProvider。这四大组件是构成 Android 应用程序的基础，而 Intent 在 Android 中是一种消息传递机制，主要用于在 Android 应用程序的各个组件之间传递消息，例如在 Activity 之间、Activity 与 Service 之间，或者在 Service 与 Activity 之间传递消息。

2.5.1　Activity

Activity 是最基本的 Android 应用组件。在应用程序中，一个 Activity 通常就是一屏单独显示的界面。每个 Activity 都是继承自 Activity 基类，并且实现为一个独立的子类。Activity 将显示由 UI 控件组成的用户接口，并对用户的操作事件做出响应。

大多数的应用程序都是由多个屏幕显示组成的。例如，一个用于发送信息的应用，它的第一个屏幕显示联系人列表，第二个屏幕显示编写文本消息和选择收件人的界面，第三个屏幕则可以查看历史消息或者进行消息的设置操作等。其中，每一个屏幕都是一个 Activity。Android 系统会把每一个打开的应用程序保留在栈中，当打开一个新的显示屏幕时，之前的显示屏幕就会被压入 Activity 栈。用户既可以通过回退操作返回到以前打开过的屏幕，也可以选择性地移去一些不需要显示的屏幕。

2.5.2　Service

Service 是 Android 应用程序中具有较长生命周期的、但是没有用户界面的组件。它驻留在应用程序的后台运行，并且不能与用户进行交互。一个典型的 Service 应用是带有播放列表的音乐播放器。在音乐播放器中，可能会有一个或多个 Activity，供用户选择和操作播放的歌曲；但是，音乐文件的解码播放由后台 Service 负责处理。

2.5.3　BroadcastReceiver

BroadcastReceiver 用于接收来自系统或其他应用程序的广播消息。这些广播消息可以是系统级的，如网络状态变化、电池电量变化等，也可以是应用级的，如自定义的广播事件。BroadcastReceive 通过监听特定的广播 Intent，并在接收到匹配的广播时执行相应的操作，如更新 UI、执行后台任务等。

2.5.4　ContentProvider

ContentProvider 提供了多个不同应用间共享数据的一种方式。ContentProvider 类实现了一组标准的方法，这使得一个应用程序可以将自身允许被访问的数据暴露给外部应用使用。外部应用程序无须了解共享数据的存储细节，即可对暴露的共享数据进行读/写操作，这大大提高了 Android 中数据共享的安全性。

2.5.5　Intent

Intent 用于描述应用程序想要执行的工作。它是一种运行时的绑定机制，能够在程序的运行过程中连接两个不同的组件。通过使用 Intent，应用程序可以向 Android 系统发出某种请求，Android 系统则根据 Intent 的内容选择合适的组件执行对 Intent 的响应。

与 Intent 相关的两个类分别是 IntentFilter 和 IntentReceiver。IntentFilter 用于描述一个 Activity 或 BroadcastReceiver 能够响应哪些 Intent 的请求。而 IntentReceiver 可以使应用程序响应外部应用发出的 Intent 请求。

Intent 对象有两个重要的组成部分：动作和数据。典型的动作有查看（View）、选取（Pick）和编辑（Edit）等。数据则表示动作执行时携带的信息，通常用 URI 资源封装。

2.6　Android SDK

Android SDK（Software Development Kit）指的是专用于 Android 系统的，被软件开发工程师用于为特定的软件包、软件框架、硬件平台和操作系统等建立应用软件的开发工具的集合。通过 SDK 提供的编译工具可以将应用软件打包生成运行在 Android 平台的 .apk 文件，然后可使用 SDK 中的模拟器工具测试应用软件的运行效果。

2.6.1　Android SDK 目录结构

打开安装后的 Android SDK 文件夹，其目录结构如图 2-6 所示。

名称	修改日期	类型
add-ons	2016/12/1 9:33	文件夹
build-tools	2020/2/21 16:35	文件夹
docs	2016/12/1 9:34	文件夹
emulator	2020/2/21 16:35	文件夹
extras	2016/12/1 9:33	文件夹
licenses	2020/2/21 16:46	文件夹
patcher	2020/2/21 16:34	文件夹
platforms	2020/2/27 16:53	文件夹
platform-tools	2020/2/21 16:36	文件夹
skins	2020/2/21 16:44	文件夹
sources	2020/2/27 16:51	文件夹
system-images	2016/12/1 9:33	文件夹
tools	2020/2/21 16:35	文件夹
.knownPackages	2020/2/27 16:53	KNOWNPACKA...
AVD Manager.exe	2016/12/1 9:34	应用程序
SDK Manager.exe	2016/12/1 9:34	应用程序

图 2-6　Android SDK 的目录结构

- add-ons 文件夹。该文件夹包含了 Android 官方提供的附加 API 包。其中，最重要的是 Map 的 API 文件。
- docs 文件夹。该文件夹包含了 Android SDK 的官方帮助文档和说明文件。

- platforms 文件夹。该文件夹包含了各个 Android 版本的应用程序开发 API 及示例文件。
- tools 文件夹。该文件夹包含了 Android 开发经常用到的工具软件。
- AVD Manager.exe。该软件是 Android 手机模拟配置工具，它用于创建、配置和管理 Android 模拟器。
- SDK Manager.exe。该软件是 Android SDK 管理器，它支持对各版本 Android SDK 的下载、更新和删除操作。

2.6.2　android.jar 文件

在 platforms 文件夹下是与各个 Android 版本一一对应的子文件夹，每个子文件夹中都包含一个 android.jar 文件。如图 2-7 所示，Android 7.0 版本（API Level 24）对应的子文件夹中包含一个 android.jar 文件。

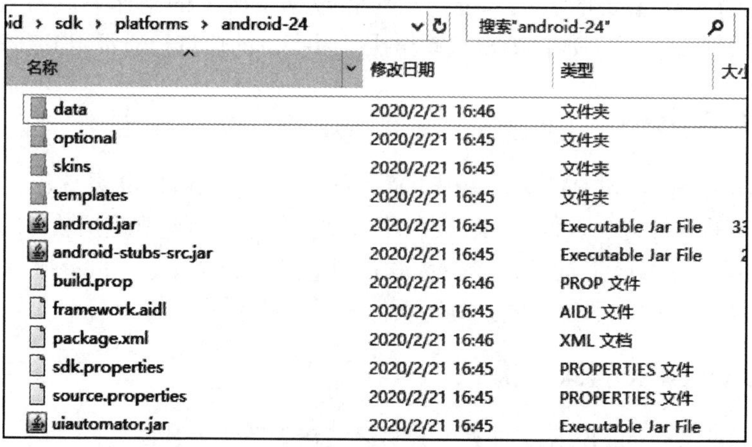

图 2-7　android.jar 文件所在的子文件夹

android.jar 文件是一个标准的 Java 压缩包，将其解压后可看到其目录结构如图 2-8 所示。

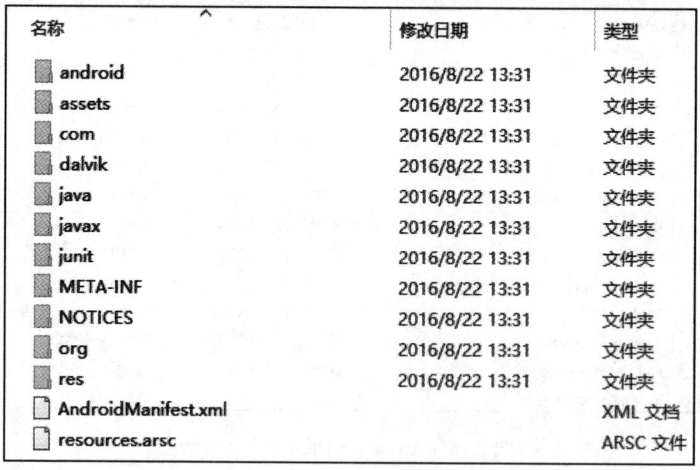

图 2-8　android.jar 文件的目录结构

双击打开 android 子文件夹，可以看到图 2-9 所示的 API 目录结构。从 API 目录结构可以看出，Android SDK 对 API 包进行了详细的划分，只要理解了 API 的模块划分，就可以很容易地通过 SDK 帮助文档查询相应的 API 帮助文档。

图 2-9　Android API 目录结构

2.6.3　Android SDK 文档及查询方法

如果要深入理解 Android SDK 提供的各种 API 及其具体使用方法，就必须学会查找、阅读 SDK 文档。

可使用 Web 浏览器打开 docs 文件夹下的 index.html 文件，如图 2-10 所示。

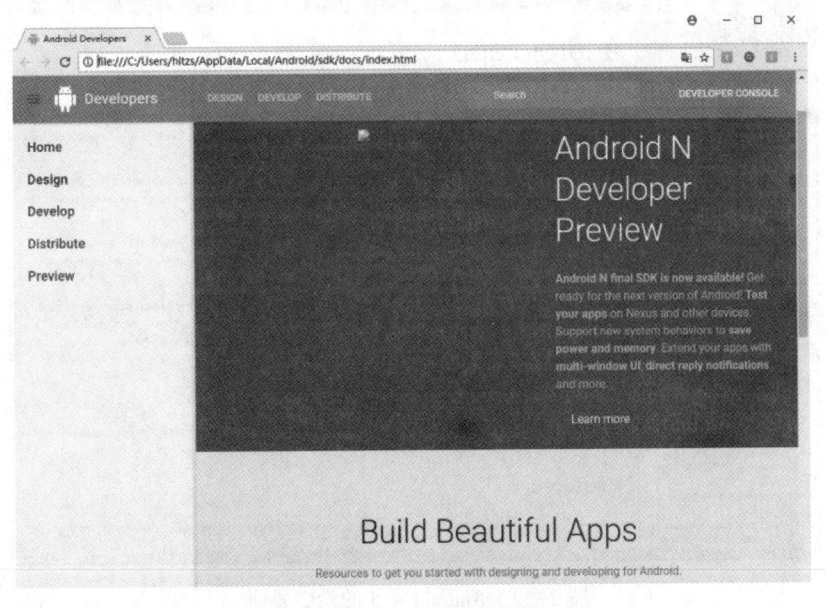

图 2-10　Android SDK 文档的主页

在图 2-10 所示主页的左侧和顶端的导航栏按类型列出了 Android 应用开发需要了解的各方面知识，包括 Android 应用程序的设计理念、开发方法和 App 分发方法等。这些 SDK 帮助文档对初学者非常重要，可以有助于解决很多常见的 Android 应用开发问题。

单击左侧导航栏的 Develop 超链接，即可进入图 2-11 所示的界面。

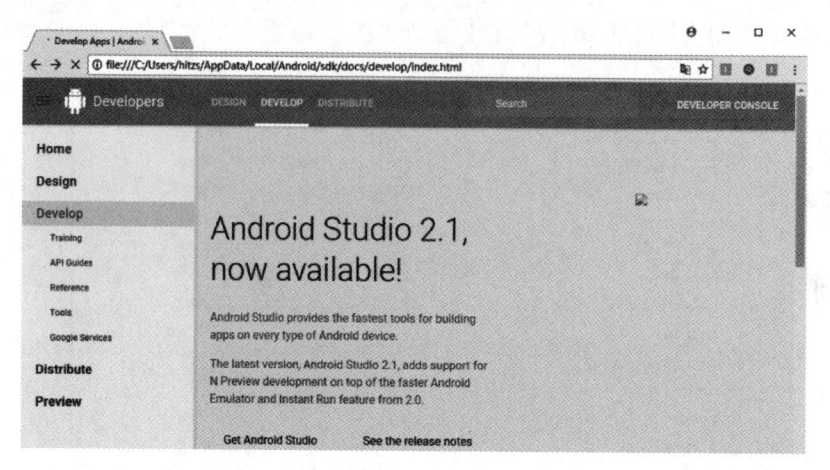

图 2-11　Android 应用开发文档的主页

该界面包含了 Training、API Guides、Reference、Tools 和 Google Services 等超链接。由 Training 和 API Guides 超链接打开的内容包含了 Android 应用开发的基础知识，可将其作为 Android 开发的入门学习资料。由 Reference 超链接打开的内容则是以包为单位将其包含的接口和类的帮助文件组织在一起的索引界面，如图 2-12 所示。单击左侧目录索引的某个超链接后，可以在右侧界面显示选择内容的帮助信息。

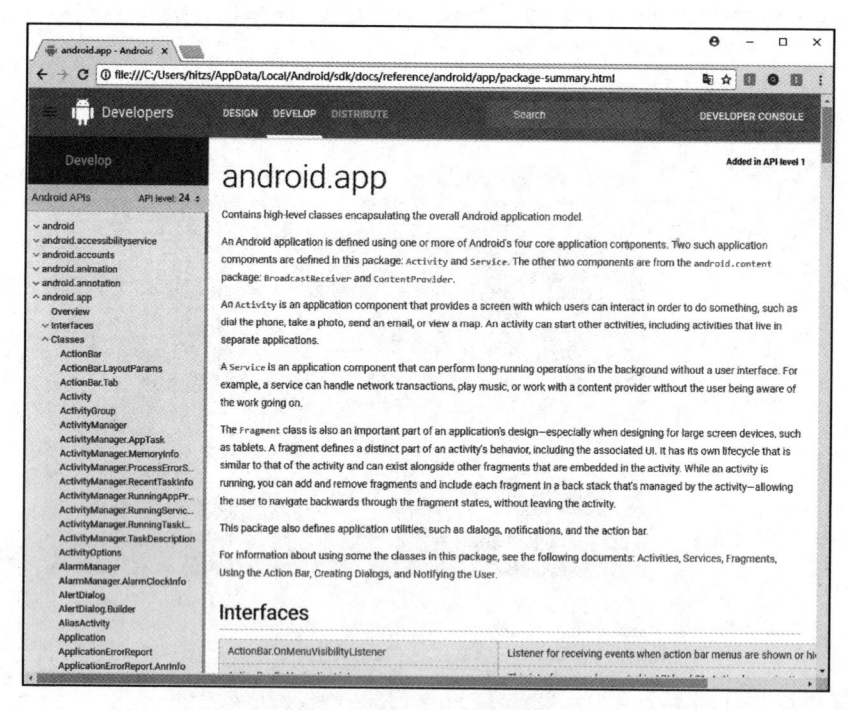

图 2-12　Android API 的索引界面

2.7　Android 项目的开发流程

根据软件工程理论，一个典型 Android 应用的开发通常应遵循下述流程。

1）项目分析：该阶段主要是了解应用项目的基本功能，包括有哪些必需的 UI 及它们之间的跳转关系、应用程序需要的数据及其来源、是否需要服务器支持,以及是否需要后台服务等。

2) 架构设计:分解项目的功能模块,包括需要设计的 Activity 有哪些、什么功能由 Service 实现,以及采用什么样的持久数据存储技术等。

3) 界面设计:确定应用程序的主界面及各功能模块的界面。

4) 数据操作和存储:确定项目需要的数据来源、存储方法及读取方法。

5) 代码编写:对分解而成的各个功能模块进行代码编写,包括控件、事件和页面跳转等。

6) 代码生成、程序测试与优化。

2.8 小结

本章主要介绍了 Android 应用项目的开发框架,包括应用项目的目录结构、关键文件及构成组件。此外,还对 Android 应用开发中会用到的 SDK 进行了系统的介绍,包括 SDK 目录结构、API 目录结构及 SDK 帮助文档的使用方法等。最后,对 Android 应用的开发流程进行了必要的说明。通过本章的学习,读者应初步掌握使用 Android Studio 开发 Android 应用的基本方法。

2.9 习题

一、选择题

1. Android 项目中的图标文件,通常放在(　　)目录下。

A. res/drawable　　　B. res/layout　　　C. res/values　　　D. assets

2. 下列关于 AndroidManifest.xml 文件的说法中,错误的是(　　)。

A. 它是整个程序的配置文件

B. 可以在该文件中配置程序所需的权限

C. 可以在该文件中注册程序用到的组件

D. 该文件可以设置 UI 布局

3. 在 Android 系统中安装、运行的应用软件是(　　)格式。

A. .exe　　　　　　B. .java　　　　　C. .apk　　　　　D. .jar

二、简答题

1. 简述 Android 项目开发的关键文件。
2. 简述 Android 应用程序的构成。
3. Android 项目的开发流程。

📖 拓展阅读

2016 年 6 月 20 日,德国法兰克福国际超算大会(ISC)公布了新一期全球超级计算机 TOP 500 榜单,由中国国家并行计算机工程技术研究中心研制的"神威·太湖之光"以超第二名近三倍的运算速度夺得第一。这是国产超级计算机的应用课题首次入围"戈登贝尔奖"。这一重大突破标志着我国超级计算机的应用能力达到了世界先进水平。

第 3 章 Android 核心组件——Activity

Activity 是 Android 应用为方便用户操作而提供的一种可视化界面。它是 Android 应用程序的重要组成部分，也是 Android 应用开发的核心组件之一。本章将在对 Activity 基本概念进行介绍的基础上，重点讲解 Activity 的创建、注册、启动和销毁等方法，最后，详细分析 Activity 的生命周期。

3.1 Activity 的基本概念

Activity 是一种 Android 应用组件，它为用户提供一种交互窗口，如拨打电话、照相、发送电子邮件或者浏览地图等。在 Android 应用中，交互窗口内显示什么样的信息，支持用户进行什么方式的交互操作，以及应用程序如何对用户操作进行响应都需要使用 Activity 进行开发。一般而言，Activity 通常是全屏窗口，铺满整个屏幕。此外，还可以用浮动窗口的方式将 Activity 呈现给用户。

Android 应用程序通常由多个彼此松散绑定的 Activity 组成。通常，应用程序都会指定其中的一个 Activity 为主 Activity，在首次启动应用程序时将主 Activity 提供给用户。然后，每个 Activity 可以启动其他 Activity 来执行不同的操作。当一个新的 Activity 启动后，前一个 Activity 都会被暂停运行，并被系统保留在后台的堆栈（简称"后堆栈"）中。

3.2 创建、配置和注册 Activity

3.2.1 Activity 基类

与开发 Java 应用类似，创建自定义 Activity 需要根据应用功能的要求，选择并继承自不同的 Activity 基类。例如，当交互内容在一个屏幕内无法完整显示时，可考虑将自定义的 Activity 类从 ListActivity 类继承；而如果交互界面需要实现标签页效果，则应考虑将自定义的 Activity 类从 TabActivity 类继承。

图 3-1 所示是 Android SDK 25.0.3 版本中 Activity 类的继承关系。可以看出，所有 Activity 类都直接或间接继承自 Context、ContextWrapper 和 ContextThemeWrapper 这 3 个基类。

3.2.2 创建 Activity

当完成了对某个 Activity 类的定义后，何时实例化这个类的对象、何时调用它所包含的系统运行方法，由 Android 系统自动通过对相关函数的调用完成，这大大降低了 Android 应

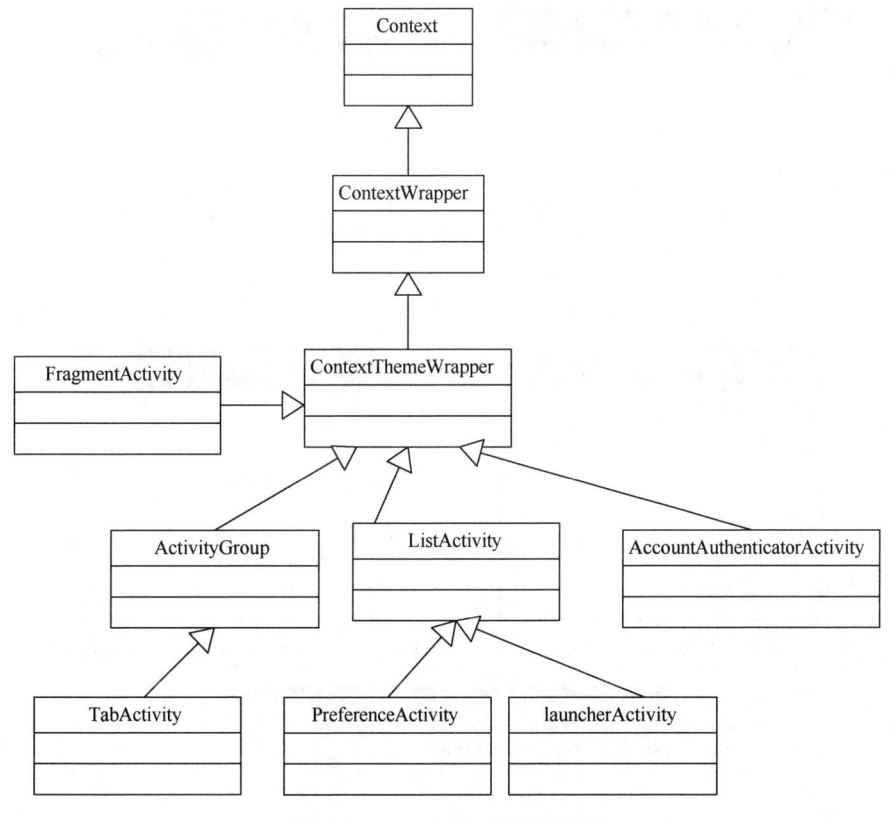

图 3-1　Activity 类的继承关系

用的开发难度。为了让 Activity 对象能够响应用户发出的交互请求，创建自定义 Activity 类时要覆写或实现 Activity 基类中的多个方法。在这些方法中，常用到的一个是 onCreate（Bundle savedInstanceState）。当 Activity 对象被应用程序创建时，它是第一个被 Android 系统调用的方法。在覆写该方法时，可使用 setContentView（View view）函数关联 Activity 对象的显示窗口，进一步地，可使用 findViewById（int id）函数获得显示窗口中的子控件对象，从而对子控件的属性进行读/写。

下面来创建一个包含 3 个 Activity 的 Android 应用程序，以说明 Activity 的创建方法。

本例只包含 3 个用户界面（Activity）。MainActivity 是应用程序的启动界面（见图 3-2），它有 2 个按钮：BUTTON_1 和 BUTTON_2。单击 BUTTON_1 按钮后，用户界面将跳转至 FirstActivity，并显示"This is First Activity！"提示文字（见图 3-3）；单击 BUTTON_2 按钮后，用户界面将跳转至 SecondActivity，该界面有一个输入框和一个"确定"按钮（见图 3-4）。当用户单击 SecondActivity 中的"确定"按钮之后，将关闭该窗口，并将输入框中输入的文字回传到 MainActivity 中，由 MainActivity 将回传的内容显示在 BUTTON_2 按钮下面（见图 3-5）。

创建步骤如下。

1）打开 Android Studio，单击"Start a new Android Studio project"超链接，如图 3-6 所示。

2）在"New Project"界面中输入新建项目的名称，如图 3-7 所示。

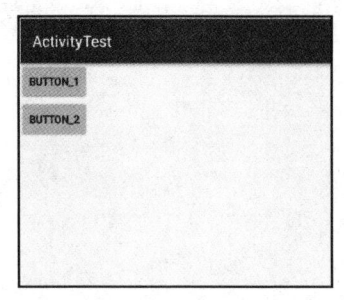

图 3-2　MainActivity

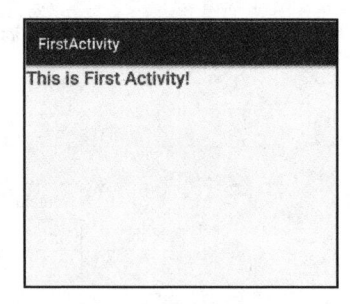

图 3-3　FirstActivity

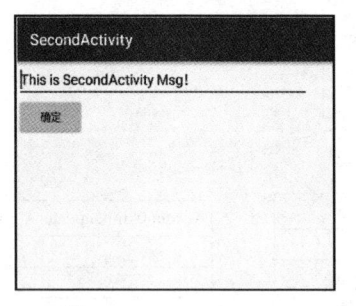

图 3-4　SecondActivity

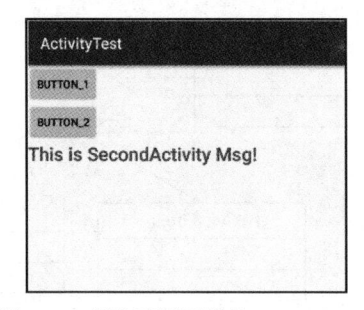

图 3-5　获取了返回值的 MainActivity

图 3-6　新建 Android 项目

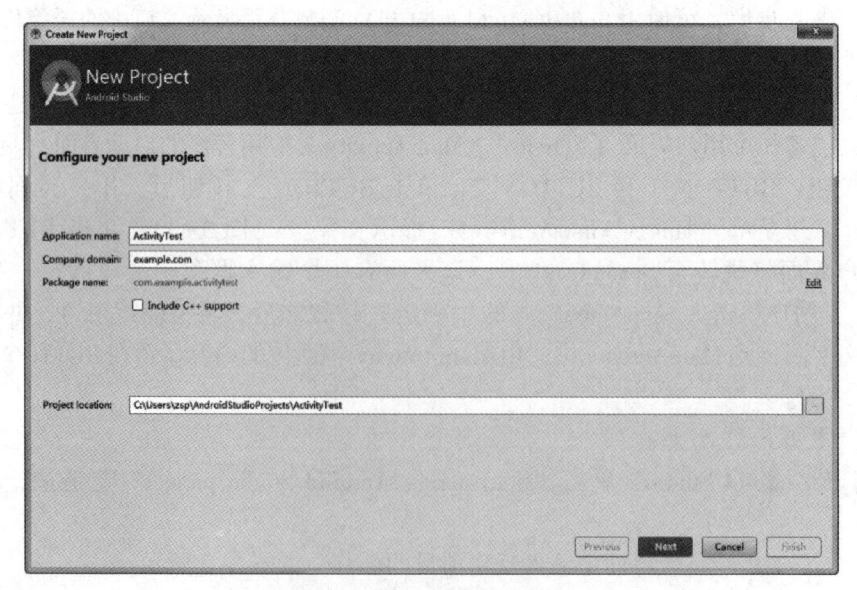

图 3-7　输入新建项目名称

3）单击"Next"按钮进入"Target Android Devices"界面。选中"Phone and Tablet"复选框，并选择兼容的 SDK 版本，如图 3-8 所示。

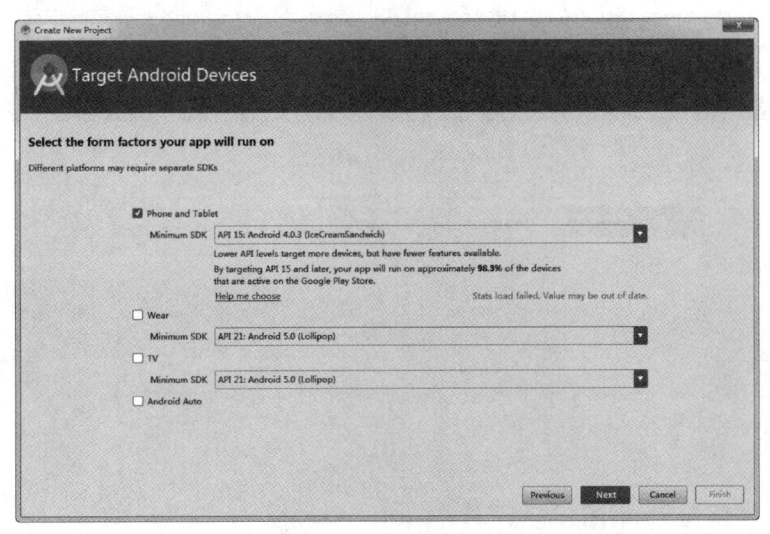

图 3-8　配置运行平台

4）单击"Next"按钮进入"Add an Activity to Mobile"界面。选择空白模板，单击"Finish"按钮，如图 3-9 所示。

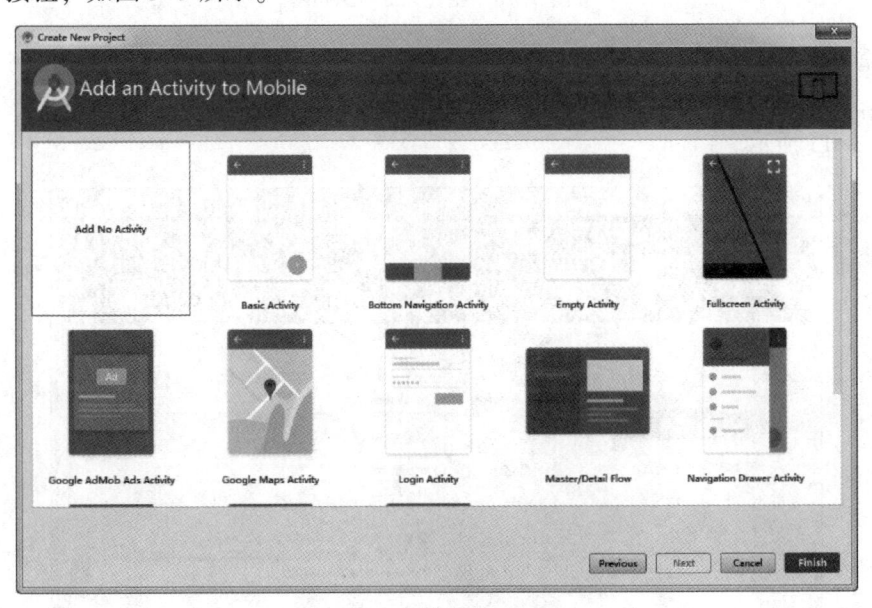

图 3-9　新增空白 Activity

5）右击左侧目录列表中的 app/src/main/java/com.example.activitytest，在弹出的菜单中选择"New"→"Activity"→"Empty Activity"命令，弹出创建 Activity 对话框。将 Activity 命名为 MainActivity，并选中"Generate Layout File""Launcher Activity"和"Backwards Compatibility（AppCompat）"这 3 个复选框，如图 3-10 所示。

选中"Generate Layout File"表示 Android Studio 自动为 MainActivity 创建相应的布局文件，选中"Launcher Activity"表示 MainActivity 会被设置成当前项目的启动界面，选中"Backwards Compatibility（AppCompat）"表示应用程序启用向下兼容模式。最后，单击

"Finish"按钮完成 MainActivity 的创建。

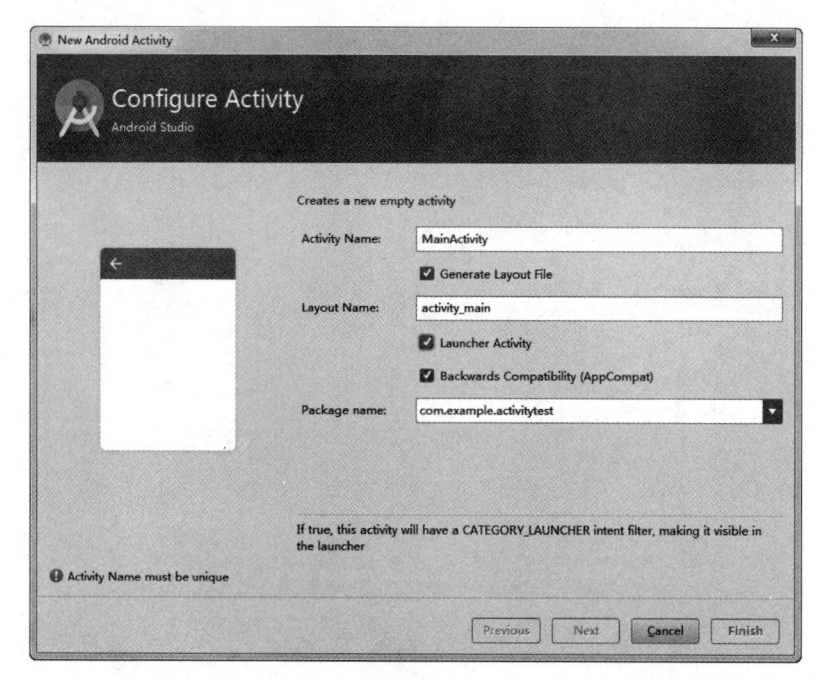

图 3-10　创建 MainActivity

6）重复步骤 5），将"Activity Name"和"Layout Name"分别修改为 FirstActivity 和 activity_first，选中"Generate Layout File"复选框，同时取消选中"Launcher Activity"复选框，如图 3-11 所示。

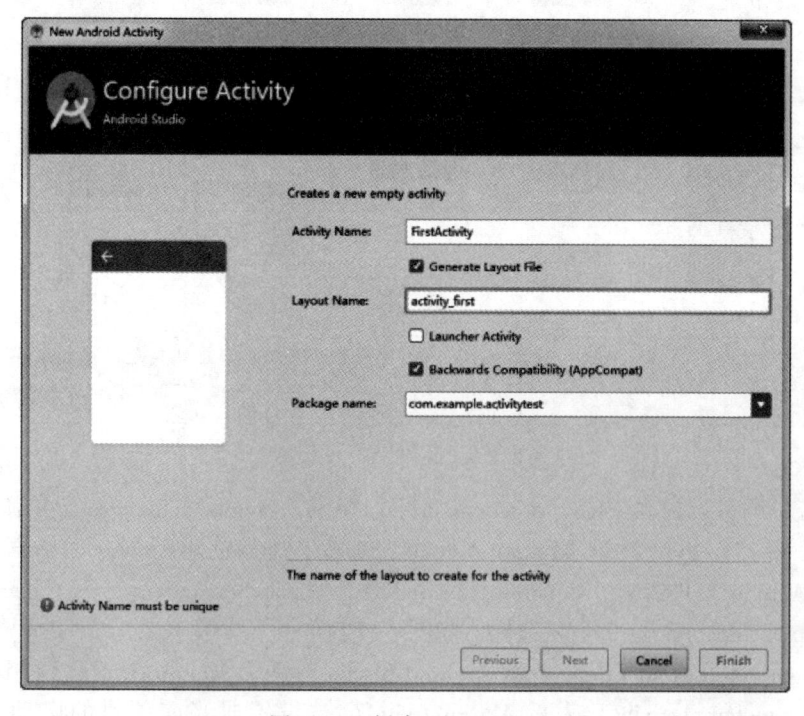

图 3-11　创建 FirstActivity

7)重复步骤 6)将"Activity Name"和"Layout Name"分别修改为 SecondActivity 和 activity_second,如图 3-12 所示。

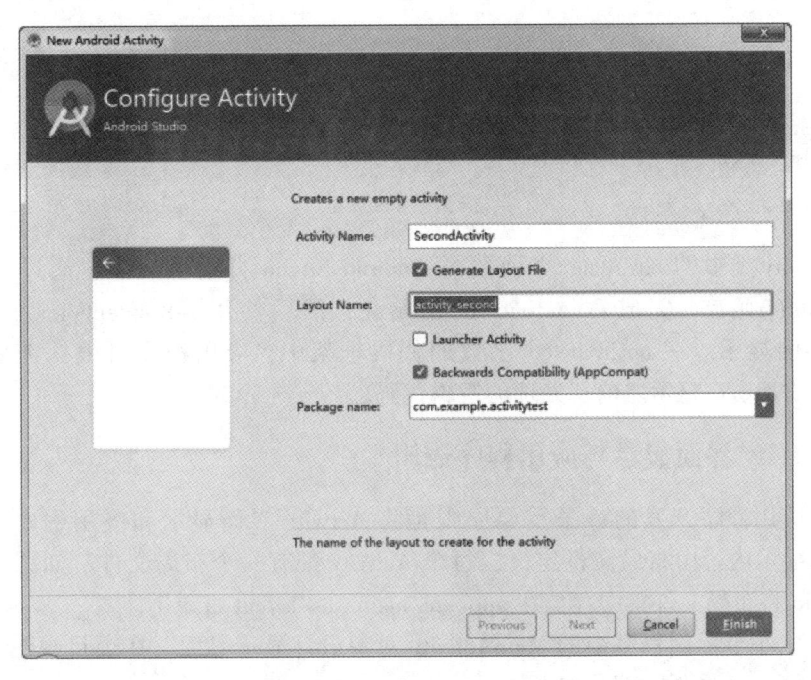

图 3-12　创建 SecondActivity

上述 3 个 Activity 创建完成后,示例程序的项目视图如图 3-13 所示。

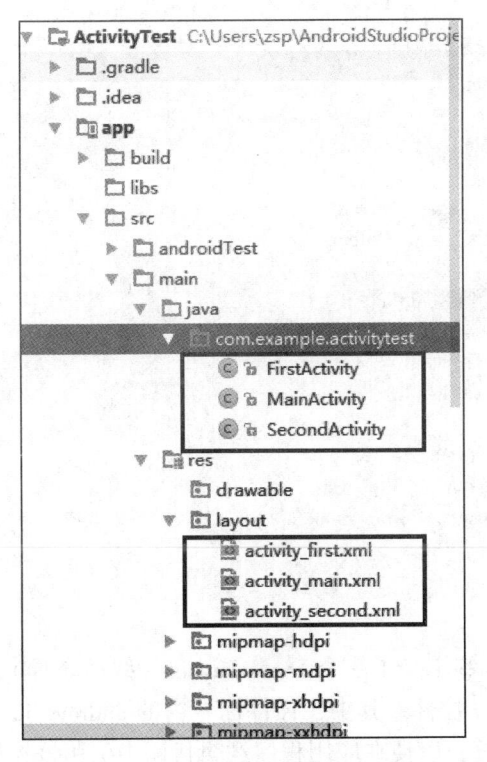

图 3-13　示例程序的项目视图

在项目视图中，双击打开 Android Studio 为第一个 Activity 生成的 MainActivity.java 文件，代码框架如下：

```java
public class MainActivity extends AppCompatActivity {
    @Override
    protected void onCreate(Bundle savedInstanceState) {
    super.onCreate(savedInstanceState);
        setContentView(R.layout.activity_main);
    }
}
```

MainActivity 类中的 onCreate() 函数由 Android Studio 自动生成，它通过调用父类的 super.onCreate() 函数，完成对 Activity 的初始化；然后使用 setContentView() 函数设置 Activity 的界面显示。在 onCreate() 函数的代码框架中，应用程序可根据需要灵活地向 Activity 对象添加窗口显示之前待处理的逻辑代码。

3.2.3　Activity 界面显示与应用程序逻辑

Android 应用程序开发的一条重要原则是将 Activity 界面显示和应用程序逻辑分离。Activity 界面显示内容由布局文件定义，每个 Activity 都有一个布局文件。如图 3-13 所示，Android Studio 将布局文件集中存放在 app/src/main/res/layout 目录下。

1）为上一小节示例程序中的 MainActivity 对象设计显示界面。在项目视图中，双击打开 activity_main.xml 文件，编写如下代码。

```xml
<?xml version="1.0" encoding="utf-8"?>
<LinearLayout xmlns:android="http://schemas.android.com/apk/res/android"
        android:orientation="vertical"
        android:layout_width="fill_parent"
        android:layout_height="fill_parent" >
<Button
        android:id="@+id/button_1"
        android:text="Button_1"
        android:layout_width="wrap_content"
        android:layout_height="wrap_content" />
<Button
        android:id="@+id/button_2"
        android:text="Button_2"
        android:layout_width="wrap_content"
        android:layout_height="wrap_content" />
<TextView
        android:id="@+id/msgRcv"
        android:layout_width="fill_parent"
        android:layout_height="wrap_content"
        android:textSize="30dp" />
</LinearLayout>
```

代码解释：

该代码段使用 XML 标签定义了一个 LinearLayout（线性布局），并在布局中加入了两个 Button 控件和一个 TextView 控件。其中，控件标签内的 android:id="@+id/xxx" 表示为控件指定一个名为 xxx 的标识符，以便在应用程序逻辑代码中引用该控件；android:text="xxx" 指定控件内的显示文字；android:textSize="xx dp" 指定控件内显示文字的大小；android:layout_ width="xxx"和android:layout_height="xxx"分别指定控件的长度和高度。

2) 编写MainActivity对象的应用程序逻辑。在项目视图中,双击打开MainActivity.java文件,找到onCreate()方法,添加如下代码。

```java
protected void onCreate(Bundle savedInstanceState) {
    super.onCreate(savedInstanceState);
    //设置布局文件为activity_main.xml
    setContentView(R.layout.activity_main);
    //得到两个Button控件
    Button button1 = (Button)findViewById(R.id.button_1);
    Button button2 = (Button)findViewById(R.id.button_2);
    //为Button_1绑定单击事件
    button1.setOnClickListener(new View.OnClickListener() {
        @Override
        public void onClick(View v) {
            Intent intent2FirstActivity = new Intent(MainActivity.this, FirstActivity.class);
            startActivity(intent2FirstActivity);
        }
    });
    //为Button_2绑定单击事件
    button2.setOnClickListener(new View.OnClickListener() {
        @Override
        public void onClick(View v) {
            Intent intent2SecondActivity = new Intent(MainActivity.this, SecondActivity.class);
            startActivityForResult(intent2SecondActivity, 1);
        }
    });
}
```

代码解释:

该代码段首先使用Android SDK提供的setContentView()方法将页面布局activity_main与MainActivity对象相关联;然后,调用findViewById()方法查找到页面布局中定义的按钮控件;最后,使用setOnClickListener()方法为按钮控件绑定单击事件处理逻辑。

类似地,双击打开activity_first.xml文件,编写如下代码,设计FirstActivity对象的显示界面。

```xml
<?xml version="1.0" encoding="utf-8"?>
<LinearLayout xmlns:android="http://schemas.android.com/apk/res/android"
    android:orientation="vertical"
    android:layout_width="fill_parent"
    android:layout_height="fill_parent" >
<TextView
    android:id="@+id/msgview"
    android:text="This is First Activity!"
    android:layout_width="wrap_content"
    android:layout_height="wrap_content"
    android:textSize="30dp"/>
</LinearLayout>
```

双击打开FirstActivity.java文件,添加如下代码,将页面布局activity_first与FirstActivity对象相关联。

```java
protected void onCreate(Bundle savedInstanceState) {
    super.onCreate(savedInstanceState);
```

```
        //设置布局文件为 activity_first.xml
        setContentView(R.layout.activity_first);
}
```

3) 双击打开 activity_second.xml 文件,编写如下代码,设计 SecondActivity 对象的显示界面。

```xml
<?xml version="1.0" encoding="utf-8"?>
<LinearLayout xmlns:android="http://schemas.android.com/apk/res/android"
    android:orientation="vertical"
    android:layout_width="fill_parent"
    android:layout_height="fill_parent">
<EditText
        android:id="@+id/Editedmsg"
        android:layout_width="fill_parent"
        android:layout_height="wrap_content"
        android:textSize="30dp"/>
<Button
        android:id="@+id/button_3"
        android:text="确定"
        android:gravity="center"
        android:layout_width="wrap_content"
        android:layout_height="wrap_content" />
</LinearLayout>
```

双击打开 SecondActivity.java 文件,找到 onCreate( )方法,添加如下代码。

```java
protected void onCreate(Bundle savedInstanceState) {
    super.onCreate(savedInstanceState);
    //设置布局文件为 activity_second.xml
    setContentView(R.layout.activity_second);
    //得到"确定"按钮控件
    Button btn_OK = (Button)findViewById(R.id.button_3);
    //为按钮绑定单击事件
    btn_OK.setOnClickListener(new View.OnClickListener() {
            @Override
            public void onClick(View v) {
                //实例化一个 Intent 对象
                Intent data=new Intent();
                //获得 EditText 控件
                EditText iputmsg=(EditText)findViewById(R.id.Editedmsg);
                //获得 EditText 控件输入字符串
                String msg=iputmsg.getText().toString();
                //以键值对方式将输入字符串保存到 Intent 对象中
                data.putExtra("Input",msg);
                //将 Intent 对象回传给父 Activity
                setResult(Activity.RESULT_OK,data);
                //关闭当前显示窗口
                finish();
            }
    });
}
```

代码解释：

该代码段首先调用 setContentView( )方法将页面布局 activity_second 与 SecondActivity 对象相关联；然后，实例化一个 Intent 对象，获取用户在 EditText 控件中的输入后将其保存到 Intent 对象中；最后，调用 setResult( )方法将成功状态码 RESULT_OK 和 Intent 对象回传给父 Activity（MainActivity 对象），并关闭当前显示窗口。

3.2.4 注册 Activity

Activity 只有在 AndroidManifest.xml 文件中声明后，才能被 Android 系统所调用。在 AndroidManifest.xml 文件中对 Activity 声明，即注册 Activity。在项目视图 app/src/main/目录中，双击打开 AndroidManifest.xml 文件，添加下述代码。

```xml
<?xml version="1.0" encoding="utf-8"?>
<manifest xmlns:android="http://schemas.android.com/apk/res/android"
    package="com.example.activitytest">
    <application
        android:allowBackup="true"
        android:icon="@mipmap/ic_launcher"
        android:label="@string/app_name"
        android:roundIcon="@mipmap/ic_launcher_round"
        android:supportsRtl="true"
        android:theme="@style/AppTheme">
        <activity android:name=".MainActivity">
            <intent-filter>
                <action android:name="android.intent.action.MAIN" />
                <category android:name="android.intent.category.LAUNCHER" />
            </intent-filter>
        </activity>
        <activity android:name=".FirstActivity"  android:label="FirstActivity"/>
        <activity android:name=".SecondActivity"  android:label="SecondActivity" />
    </application>
</manifest>
```

代码解释：

该代码段首先将<manifest>标签中的 package 属性值设置为包名"com.example.activitytest"，代表项目的源代码目录；然后，将上文设计的 Activity 对象名放入到<activity>标签内；最后，将其添加到<application>标签内，表示某 Activity 对象是应用程序的一个交互界面。

一般来说，需要将应用程序的所有 Activity 添加到配置文件的<application>标签内。<activity>标签使用属性 android:name 指定 Activity 对象名，使用属性 android:label 指定 Activity 界面上方标题栏的显示内容。如果需要将某一 Activity 指定为应用程序的启动界面，可在<activity>标签内添加<intent-filter>子标签，并在其内部配置<action>和<category>属性。

3.3 启动 Activity

一般来说，通过单击应用程序图标会自动启动 AndroidManifest.xml 文件中配置的主 Activity。但是，如果应用程序除主 Activity 外还包含有其他 Activity，如何才能启动这些 Activity 呢？这里，引入 Android 中一种新的组件——Intent。Intent 是一种消息传递对象，可以通过它来进行组件之间的信息传递。例如，启动 Activity、启动服务及发送广播消息等。

Intent 启动 Activity 的方式有显式启动和隐式启动两种。显示启动就是通过 Intent 指定 Activity 类名的方法来启动 Activity。隐式启动则不需要指定 Activity 类名，只需要在构造 Intent 时指定相应的 category（类别）、action（动作）和 data（数据）即可，具体启动哪一个 Activity 由系统和用户共同来决定。

3.3.1 显式启动

显式启动主要有两个步骤：首先创建一个 Intent，指定启动 Activity 的上下文和目标 Activity 的类名；然后，调用 startActivity() 函数启动 Activity。例如，3.2.2 小节中的示例通过为 MainActivity 中的 Button_1 按钮添加单击事件处理函数，实现了对 FirstActivity 的显式启动。

```
Intent intent2FirstActivity = new Intent(MainActivity.this, FirstActivity.class);
startActivity(intent2FirstActivity);
```

在创建 Intent 对象时，可使用构造函数 Intent（Context packageContext，Class<?> cls）构建出 Activity 之间的跳转关系。在构造函数中，第一个参数指定目标 Activity 的启动上下文，即起始 Activity 的包名；第二个参数则用于指定目标 Activity 的类名。

当 Intent 对象构建完成后，便可调用 Android SDK 提供的系统函数 startActivity() 或 startActivityForResult() 来启动目标 Activity。这两个函数的原型如下。

- startActivity(Intent intent)：以无返回值的方式启动目标 Activity。
- startActivityForResult(Intent intent, int requestCode)：以指定的请求码（requestCode）启动目标 Activity，当目标 Activity 销毁时将其运行结果返回给调用者。

3.3.2 隐式启动

显式启动只适合启动类名已知的 Activity，这无疑会增加应用组件之间的耦合度，不适合于应用程序的维护和升级。与显式启动相比，隐式启动方法无须明确指定 Activity 的类名，便可跳转到目标 Activity。目标 Activity 既可以来自 Android 系统，又可以来自已安装的第三方应用，还可以来自应用程序自身。

通过在 AndroidManifest.xml 文件中，为待被启动的 Activity 添加<IntentFilter>标签，并在标签内配置<action>和<category>属性便可实现对该 Activity 的隐式启动。例如，打开 AndroidManifest.xml 文件，为 FirstActivity 添加如下代码。

```
<activity android:name=".FirstActivity"    android:label="FirstActivity">
    <intent-filter>
        <action android:name="com.example.activitytest.START_FIRSTACTIVITY" />
        <category android:name="android.intent.category.DEFAULT" />
    </intent-filter>
</activity>
```

代码解释：

在该代码段中，<action>标签设置由 FirstActivity 支持的操作名；<category>标签则是隐式启动 Activity 必须配置的属性。

可按下述方式修改示例中 MainActivity 的 Button_1 按钮的单击事件处理函数，实现对 FirstActivity 的隐式启动。

```
Intent intent2FirstActivity = new Intent("com.example.activitytest.START_FIRSTACTIVITY");
startActivity(intent2FirstActivity);
```

在创建 Intent 对象时，可使用构造函数 Intent(String action)构建出隐式 Intent，由 action 参数描述操作名。当完成对系统函数 startActivity()的调用之后，操作系统便会根据 Intent 描述的操作查找符合条件的 Activity，并启动这些 Activity。

3.4 销毁 Activity

当 Activity 执行完毕，无须再显示时，为节省系统资源应将其主动销毁。Activity 的主动销毁方式主要有两种：第一种是单击 Android 系统中返回键，第二种则是调用由 Activity 类提供的 finish()方法。需要注意的是，当调用 finish()方法后，Activity 占用的系统资源并不会立即被 Android 系统释放。

虽然，Android 应用程序包含的多个 Activity 之间是一种松散绑定的关系。但是，当目标 Activity 被销毁前，起始 Activity 往往会取回目标 Activity 的运行结果。例如，当 3.2.2 小节示例中的 SecondActivity 退出后，会将用户在 EditText 控件的输入结果返回给 MainActivity。

可使用 setResult(int resultCode, Intent data)方法，将待销毁 Activity 的结果返回给调用者。该函数第一个参数是返回结果的状态标识，一般取 RESULT_CANCELED 或 RESULT_OK；第二个参数则用于保存返回结果。

为返回示例中 SecondActivity 的输入结果，可为 SecondActivity 中的"确定"按钮增加单击事件处理函数，并添加下述代码。

```
Intent data = new Intent();
EditText iputmsg = (EditText)findViewById(R.id.Editedmsg);
String msg = iputmsg.getText().toString();
data.putExtra("Input", msg);
setResult(Activity.RESULT_OK, data);
finish();
```

代码解释：
该代码段首先构造出一个空的 Intent 对象，用于暂存 EditText 控件的输入结果；然后，使用 Intent 对象的 putExtra()方法将输入结果以键-值对的方式保存起来；接下来，调用 setResult()方法返回 SecondActivity 的结果；最后，调用 finish()方法销毁 SecondActivity。

为接收示例中 SecondActivity 的输入结果，需要调用 startActivityForResult()函数启动 SecondActivity，并向 MainActivity 中重载的 onActivityResult()方法添加下述代码。

```
if (requestCode == 1 && resultCode == Activity.RESULT_OK)
{
    String val = data.getExtras().getString("Input");
    TextView tv = (TextView)findViewById(R.id.msgRcv);
    tv.setText(val);
}
```

代码解释：
为取回由 SecondActivity 返回的结果，该代码段重写了 onActivityResult(int requestCode, int resultCode, Intent data)方法。该函数第一个参数是在调用 startActivityForResult()时设置的请求代码标识，第二个参数是目标 Activity 返回结果的状态标识，第三个参数保存了目标

Activity 的返回结果。

它首先由请求代码（requestCode）和返回结果状态过滤出由 SecondActivity 返回的结果；然后，使用 Intent 对象的 getExtras()方法取出结果；最后，将结果显示到 TextView 控件上。

3.5 Activity 的生命周期与加载模式

Activity 的生命周期指的是 Activity 从启动到销毁的完整过程。如何编写出连贯流畅的应用程序、如何更好地规避应用程序的性能瓶颈，以及如何合理地管理应用程序使用到的系统资源，都与 Activity 的生命周期管理有着密不可分的关系。

3.5.1 Activity 返回栈

Android 系统使用任务（Task）对 Activity 进行管理，一个任务就是一组存放在返回栈里的所有的 Activity 集合。返回栈是一种后进先出的数据结构，当启动一个新的 Activity 时，将它入栈，并置于栈顶；当栈顶的 Activity 被销毁时，将它出栈，而前一个入栈的 Activity 则重新置于栈顶的位置。Android 系统总是将处于栈顶的 Activity 显示给用户。

图 3-14 所示是 Android 系统中返回栈的工作示意。

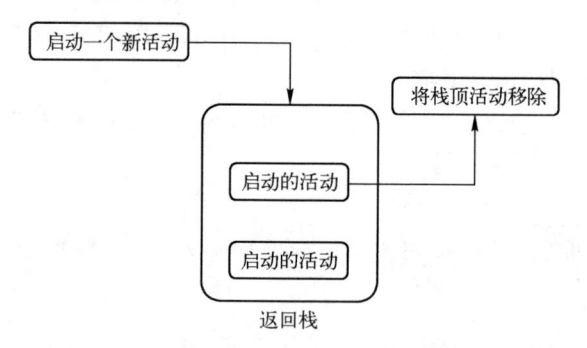

图 3-14 返回栈工作示意

3.5.2 Activity 状态

Activity 在一个生命周期中，最多经历 4 种状态。

（1）运行状态

当 Activity 位于栈顶时，它就处于运行状态。该状态下的 Activity 完全可见，并能获得用户的输入焦点。

（2）暂停状态

当 Activity 不再位于栈顶，但仍然可见时，它就进入了暂停状态。该状态下的 Activity 虽然用户仍可见，但是不能获得用户的输入焦点。

（3）停止状态

当 Activity 不再位于栈顶，并且完全不可见的时候，它就进入了停止状态。虽然该状态下的 Activity 是不可见的，但 Android 系统仍然会为其保存运行上下文。

（4）销毁状态

当 Activity 从返回栈中移除后，它就进入了销毁状态。该状态下，Android 系统会释放 Activity 运行时占用的系统资源。

3.5.3 Activity 的生命周期

1. 回调函数

如图 3-15 所示，Android 系统为 Activity 定义了 7 个回调函数，覆盖了 Activity 生命周期中的所有环节，随着 Activity 状态的不断变化，Android 系统会自动调用这些函数。

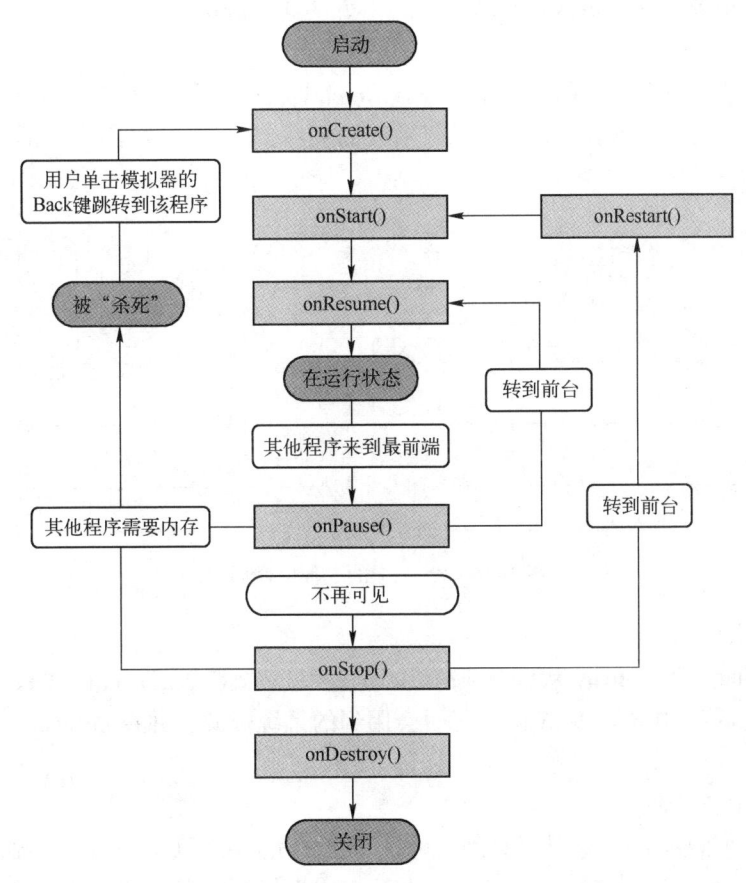

图 3-15 Activity 的生命周期

（1） onCreate（Bundle savedStatus）

它是启动 Activity 后，第一个被调用的函数。当开发 Android 应用时，通常会将 Activity 的初始化代码（如创建 View、绑定数据或恢复数据等）放置到该函数内。

（2） onStart（）

当 Activity 即将显示在屏幕上时（此时，用户还不能与它进行交互），该函数被调用。

（3） onResume（）

当允许用户与 Activity 交互时，该函数会被调用。此时，Activity 位于返回栈的栈顶，并处于运行状态。

（4） onPause（）

当 Activity 进入暂停状态时（部分遮挡），该函数被调用。当开发 Android 应用时，通常会将资源释放、持久数据保存或动画关闭等代码放置到该函数内。

（5）onStop( )

当 Activity 被完全隐藏时，该函数会被调用。

（6）onDestory( )

当 Activity 被销毁前，该函数被调用。

（7）onRestart( )

当 Activity 由停止状态进入运行状态前，该方法会被调用。

2. 生命周期的划分

在 Activity 状态不断变化的过程中，导致 Activity 状态发生变化的事件是一一对应的。因此，可按照 Android 系统激活 Activity 回调函数的顺序，将 Activity 的生命周期划分成 3 种，如图 3-16 所示。

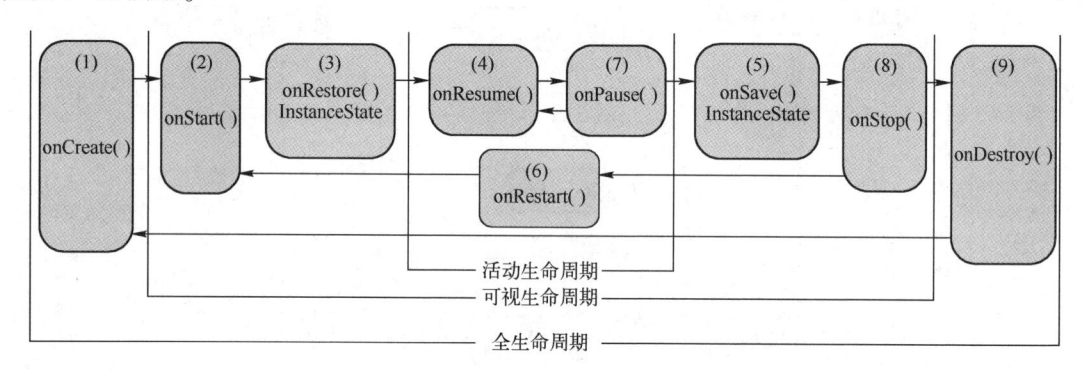

图 3-16 Activity 的 3 种生命周期

（1）全生命周期

全生命周期涵盖了 Activity 从启动到销毁的全过程，它始于 onCreate( )结束于 onDestroy( )。通常应在 onCreate( )中分配 Activity 运行时会用到的系统资源，并在 onDestroy( )中完成对这些资源的释放。

（2）可视生命周期

可视生命周期涵盖 Activity 从可见到不可见的全过程，它始于 onStart( )，结束于 onStop( )。通常应在 onStart( )方法中初始化、启动或更新与用户界面相关的资源，而在 onStop( )方法中暂停或停止与用户界面相关的线程、计时器和服务等的运行。

（3）活动生命周期

活动生命周期涵盖了 Activity 在屏幕的最上层，并能够与用户交互的过程，它始于 onResume( )，结束于 onPause( )。在活动生命周期内，Activity 处于运行状态，可以和用户进行交互。

3. Activity 生命周期实践

下面通过新建一个项目"ActivityLifeCycleTest"，来说明在 Activity 生命周期内上述 7 个回调函数的调用顺序。该项目包含 3 个 Activity：MainActivity、NormalActivity 和 DialogActivity。其中，MainActivity 有 3 个按钮，第 1 个按钮用于启动 NormalActivity，第 2 个按钮用于启动 DialogActivity，第 3 个按钮则用于退出 MainActivity，如图 3-17 所示。

在 MainActivity 中覆写 Activity 生命周期中的所有回调函数，

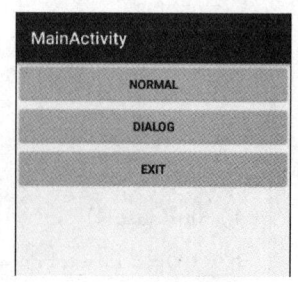

图 3-17 MainActivity

并用日志方式在 Logcat 面板中显示各个回调函数的执行顺序。MainActivity 类的代码如下。

```java
public class MainActivity extends AppCompatActivity {
    final String TAG = "--ActivityLifecycle--";
    Button NormalBtn, DlgBtn, ExitBtn;
    @Override
    protected void onCreate(Bundle savedInstanceState) {
        super.onCreate(savedInstanceState);
        setContentView(R.layout.activity_main);
        Log.d(TAG, "-------onCreate()------");

        NormalBtn = (Button) findViewById(R.id.NoramalBtn);
        DlgBtn = (Button) findViewById(R.id.DialogBtn);
        ExitBtn = (Button) findViewById(R.id.ExitBtn);

        //为 NormalActivity 按钮绑定事件监听器
        NormalBtn.setOnClickListener(new View.OnClickListener()
        {
            @Override
            public void onClick(View source)
            {
                Intent intent = new Intent(MainActivity.this, NormalActivity.class);
                startActivity(intent);
            }
        });

        //为 DialogActivity 按钮绑定事件监听器
        DlgBtn.setOnClickListener(new View.OnClickListener()
        {
            @Override
            public void onClick(View source)
            {
                Intent intent = new Intent(MainActivity.this, DialogActivity.class);
                startActivity(intent);
            }
        });

        //为 Exit 按钮绑定事件监听器
        ExitBtn.setOnClickListener(new View.OnClickListener()
        {
            @Override
            public void onClick(View source)
            {
                //结束 MainActivity
                MainActivity.this.finish();
            }
        });
    }
    @Override
    public void onStart()
    {
        super.onStart();
        //输出日志
```

```
            Log.d(TAG, "-------onStart------");
        }
        @Override
        public void onRestart()
        {
            super.onRestart();
            //输出日志
            Log.d(TAG, "-------onRestart------");
        }
        @Override
        public void onResume()
        {
            super.onResume();
            //输出日志
            Log.d(TAG, "-------onResume------");
        }
        @Override
        public void onPause()
        {
            super.onPause();
            //输出日志
            Log.d(TAG, "-------onPause------");
        }
        @Override
        public void onStop()
        {
            super.onStop();
            //输出日志
            Log.d(TAG, "-------onStop------");
        }
        @Override
        public void onDestroy()
        {
            super.onDestroy();
            //输出日志
            Log.d(TAG, "-------onDestroy------");
        }
    }
```

代码解释：

为启动 NormalActivity 和 DialogActivity、销毁 MainActivity，该代码段重写了 onCreate() 方法，并分别为这 3 个按钮绑定了单击事件处理逻辑。然后，通过对 Activity 生命周期其余回调函数的覆写，输出 Activity 状态发生变化时回调函数的调用信息。

在 AndroidManifest.xml 文件中，将 MainActivity 设置为启动 Activity。运行程序，观察 Android Studio 的 Logcat 面板，如图 3-18 所示。

```
                                                                    Debug     ▼
com.example.activitylifecycletest D/--ActivityLifecycle--:  -------onCreate()------
com.example.activitylifecycletest D/--ActivityLifecycle--:  -------onStart()------
com.example.activitylifecycletest D/--ActivityLifecycle--:  -------onResume()------
```

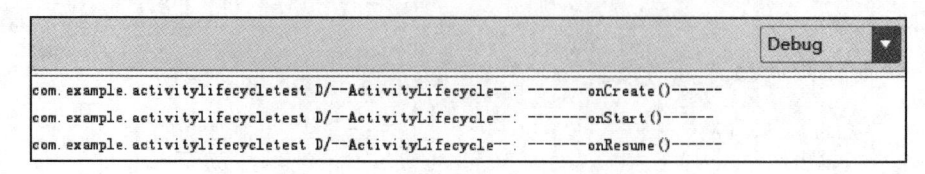

图 3-18 启动程序时的日志信息

可以看到，当 MainActivity 初次启动时会按照时间顺序依次输出 onCreate( )、onStart( ) 和 onResume( ) 方法执行时的输出日志。这表明当 Activity 初次启动时，onCreate( )、onStart( ) 和 onResume( ) 方法会依此被 Android 系统调用。

单击"NORMAL"按钮，启动 NormalActivity，如图 3-19 所示。

观察 Logcat 面板中的日志信息，如图 3-20 所示。由于 NormalActivity 已经把 MainActivity 完全遮盖住，因此 Android 系统将依次调用 MainActivity 的 onPause( ) 和 onStop( ) 方法。

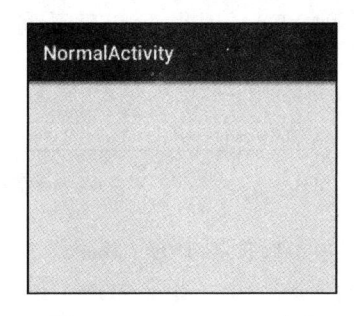

图 3-19　NormalActivity 启动

图 3-20　启动 NormalActivity 时的日志信息

单击模拟器的"Back"按钮，返回 MainActivity，观察 Logcat 面板中的日志信息，如图 3-21 所示。由于此前 MainActivity 被完全遮盖（停止状态），因此 Android 系统会首先调用 onRestart( ) 方法，然后再依次执行 onStart( ) 和 onResume( ) 方法，并再次显示 MainActivity。

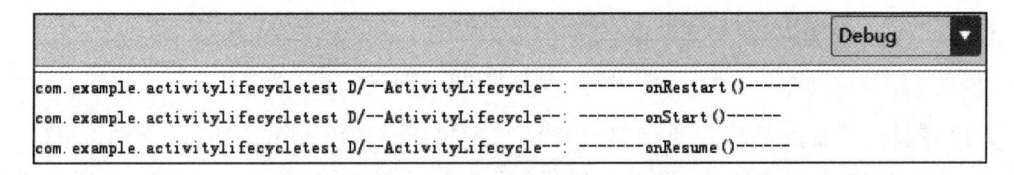

图 3-21　第二次显示 MainActivity 时的日志信息

单击"DIALOG"按钮，启动 DialogActivity，如图 3-22 所示。

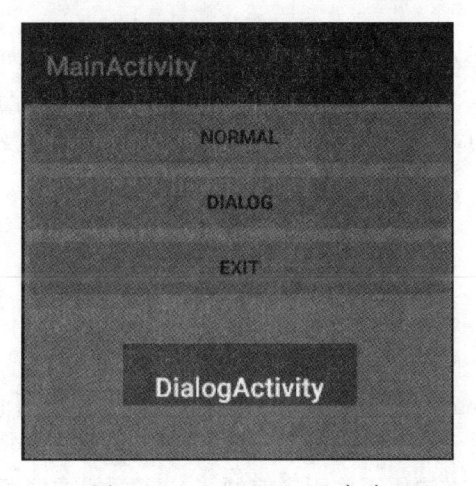

图 3-22　DialogActivity 启动

观察 Logcat 面板中的日志信息，如图 3-23 所示。由于 MainActivity 并没有被完全遮盖（暂停状态），因此 Android 系统只调用了 onPause( )方法。

图 3-23　启动 DialogActivity 时的日志

单击模拟器中的"Back"按钮返回 MainActivity，观察 Logcat 面板中的日志信息，如图 3-24 所示。由于此前 MainActivity 没有被完全遮盖（暂停状态），因此，当它再次显示时，Android 系统只调用了 onResume( )方法。

图 3-24　第三次显示 MainActivity 时的日志

最后，单击"EXIT"按钮退出 MainActivity，观察 Logcat 面板中的日志信息，如图 3-25 所示。

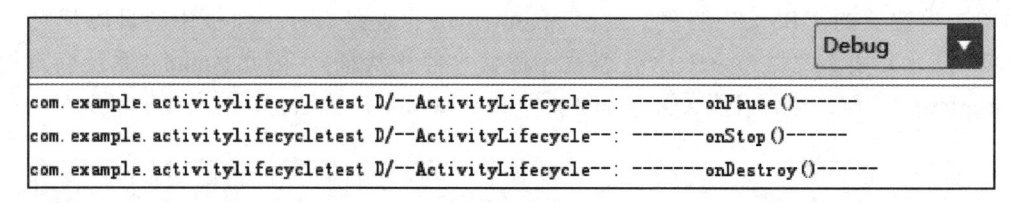

图 3-25　退出程序时的日志

可以看到，当 MainActivity 被销毁时会按照时间顺序依次输出 onPause( )、onStop( )和 onDestory( )方法执行时的输出日志。这表明当 Activity 被销毁时，onPause( )、onStop( )和 onDestory( )方法会依次被 Android 系统调用。

3.6　小结

本章对 Android 应用开发的核心组件之一——Activity 进行了详细的讲解。学习本章的重点是掌握如何创建 Activity，如何在 AndroidManifest.xml 文件中配置 Activity，以及如何启动 Activity 等。此外，读者还应深刻理解 Activity 的生命周期、状态及各状态间互相切换时使用到的回调函数。

3.7　习题

一、填空题

1. 在清单文件中为 Activity 添加<intent-filter>标签时，必须添加的属性名为_____，否则无法隐式启动该 Activity。

2. Activity 的_____方法用于关闭当前的 Activity。需要注意的是，当该方法调用完成后，Activity 占用的系统资源并不会立即被 Android 系统释放。

3. Activity 的生命周期指的是_____。

二、判断题

1. Fragment 与 Activity 的生命周期方法是一致的。（　　）
2. 如果想要关闭当前的 Activity，可以调用 Activity 提供的 finish( ) 方法。（　　）
3. <intent-filter>标签中只能包含一个 action 属性。（　　）
4. 默认情况下，Activity 的启动方式是 standard。（　　）

三、选择题

1. 下列选项中，不属于 Android 四大组件的是（　　）。
A. Service　　　　B. Activity　　　　C. Handler　　　　D. ContentProvider
2. 下列关于 Android 中 Activity 管理方式的描述中，正确的是（　　）。
A. Android 以堆的形式管理 Activity
B. Android 以栈的形式管理 Activity
C. Android 以树的形式管理 Activity
D. Android 以链表的形式管理 Activity
3. 下列选项中，不是 Activity 生命周期中的方法的是（　　）。
A. onCreate( )　　B. startActivity( )　　C. onStart( )　　D. onResume( )

四、简答题

1. 简述 Activity 生命周期经历的 4 种状态。
2. 简述 Activity 生命周期的回调函数及什么时候被调用。
3. 简述 Activity 的 3 种生命周期如何划分。

拓展阅读

黄令仪

1964 年 8 月，黄令仪参加了我国首台空间计算机（又称"156"组件计算机）的研发，负责外延中功率开关三极管的研发。在不知道失败多少次后，中功率管终于研发成功。1966 年 8 月，我国首台空间计算机成功问世。靠着这台计算机，我国将第一颗人造卫星送上了天，成为世界上第五个拥有自主知识产权卫星的国家。黄令仪还参与了 757 千万次大型机的相关研发，此机荣获国家科学进步一等奖。

第 4 章
Android 组件纽带——Intent

一个 Intent 就是对一次即将进行的操作的抽象描述,它封装了 Android 应用的启动"意图"。使用 Intent 传播动作是 Android 应用的基本设计理念。Intent 不仅能够有效降低应用组件间的代码耦合,还是应用组件间通信的重要媒介。本章将在介绍 Intent 基本概念的基础上,重点讲解 Intent 的结构、类型和使用方法。

4.1 Intent 概述

Intent 是一种利用消息进行交互的机制。Intent 对象描述了应用中一次操作的动作、动作涉及的数据及附加信息。用户可以使用 Intent 在 Android 设备上的应用程序或组件之间传递交互信息,具体有如下 3 种形式。

1)通过调用 startActivity( )方法传入一个 Internet 对象,启动新的 Activity。

2)通过 Broadcast Intent 机制将一个 Intent 发送给任何对该 Intent 感兴趣的 BroadcastReceiver。

3)通过调用 startService( )或 bindService( )方法与后台 Service 进行交互。

此外,Android 系统还能通过广播 Intent 通知发生的系统事件,如无线网络连接状态的变化、来电或电池电量信息等。使用 Intent 传播动作是 Android 应用的基本设计理念。

4.2 Intent 的功能

Intent 消息是一种同一个或不同应用程序中的组件之间延迟运行时绑定的机制。Android 系统会根据 Intent 对动作的描述查找到相应组件,将 Intent 传递给该组件,并完成对组件的调用。Android 应用程序的三个核心组件是 Activity、Service 和 BroadcastReceiver。在 Android 应用开发中,Intent 对象为启动这些组件提供了一致的操作方式。表 4-1 列出了 Intent 启动核心组件的典型方法。

表 4-1 Intent 启动应用程序核心组件的典型方法

组 件 名	启 动 方 法	功 能
Activity	startActivity( ) startActivityForResult( )	启动新的 Activity
Service	startService( )	启动新的 Service
BroadcastReceiver	sendBroadcast( ) sendOrderedBroadcast( ) sendStickyBroadcast( ) sendStickyOrderedBroadcast( )	向 BroadcastReceiver 发送消息

4.3 Intent 的属性

一个 Intent 对象就是一组信息，它代表了应用组件的启动"意图"，Android 系统会根据 Intent 对象的属性配置来启动目标组件。Intent 的属性主要有 Component、Action、Category、Data、Extra 和 Flag 这 6 个，可使用 Intent.setxxx()方法为 Intent 对象设置相应的属性。

4.3.1 Component 属性

Component 属性用于指定目标组件的类型信息。在 Android 应用开发时，既可使用 Intent.setComponent()方法利用目标组件类名对该属性值进行设置，也可以使用 Intent.setClass()方法利用目标组件对象信息对该属性值进行设置。

通常 Android 系统会根据 Intent 中包含的其他属性（如 Action、Data 和 Category 等）信息来查找目标组件。而一旦指定了 Component 属性，Android 系统就能够唯一地确定启动的目标组件，不再执行对目标组件的查找。已指定 Component 属性的 Intent 具有明确的启动组件，称作显式 Intent。没有指定 Component 属性的 Intent 称作隐式 Intent。

下面通过例 4-1 来说明 Component 属性的使用方法。

【例 4-1】该应用程序包含两个 Activity：MainActivity 和 SecondActivity。如图 4-1 所示 MainActivity 界面只有一个按钮，单击该按钮后将创建一个显式 Intent，以启动 SecondActivity。SecondActivity 启动后，使用文本框显示 Component 属性中指定的目标组件包名和类名，如图 4-2 所示。

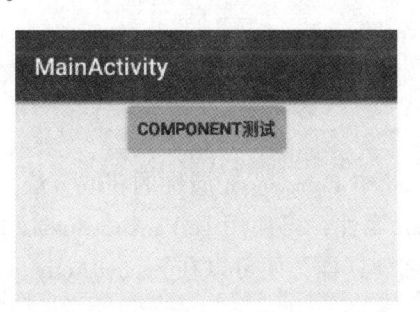

图 4-1　MainActivity 界面 　　　　图 4-2　SecondActivity 界面

在项目视图中，双击打开 MainActivity.java 文件，找到 onCreate()方法，添加如下代码。

```
protected void onCreate(Bundle savedInstanceState){
    super.onCreate(savedInstanceState);
    setContentView(R.layout.activity_main);
    Button btn = (Button)findViewById(R.id.Jumpbtn);
    btn.setOnClickListener(new View.OnClickListener()
    {
        @Override
        public void onClick(View arg0)
        {
            //构造一个 ComponentName 对象
            ComponentName comp = new ComponentName(MainActivity.this,
                SecondActivity.class);
```

```
            Intent intent = new Intent();
            //为 Intent 设置 Component 属性
            intent.setComponent(comp);
            startActivity(intent);
        }
    });
}
```

代码解释：

上述代码段中用粗体标记的代码表示 Component 属性的创建和指定方法。可先根据目标组件的类名构造出 ComponentName 对象，再使用 Intent.setComponent()方法为 Intent 对象设置 Component 属性。这样，应用程序就可以根据 Intent 对象的"意图"启动目标组件了。

当应用程序通过 Component 属性为 Intent 对象指定被启动的目标组件后，无须再在 AndroidManifest.xml 文件中为目标组件配置<intent-filter>标签即可启动目标组件。

在项目视图中，双击打开 SecondActivity.java 文件，找到 onCreate()方法，添加如下代码。

```
protected void onCreate(Bundle savedInstanceState) {
    super.onCreate(savedInstanceState);
    setContentView(R.layout.activity_second);

    EditText show = (EditText) findViewById(R.id.Componentshow);
    //获取启动该 Activity 的 Intent 对象的 Component 属性
    ComponentName comp = getIntent().getComponent();
    //显示 Component 属性的包名和类名
    show.setText("目标组件包名:" + comp.getPackageName()
            + "\n 目标组件类名:" + comp.getClassName());
}
```

代码解释：

上述代码段中用粗体标记的代码表示 Intent 中 Component 属性的获取方法。可使用 getComponent()方法获取 Intent 对象的 Component 属性，再使用 getPackageName()和 getClassName()方法取出 Component 属性的包名和类名。这样，便可以在 SecondActivity 的文本框中显示出 Intent 的 Component 属性信息。

编译并运行程序，单击 MainActivity 中的按钮启动 SecondActivity，启动后 SecondActivity 的界面如图 4-2 所示。

4.3.2 Action 属性

Action 属性用于指明 Intent 需要执行的具体动作。为实现 Intent 对象与目标组件最大程度的解耦，Action 属性只规定要执行的动作名称，而不指明具体的目标组件。以 Android 提供的标准 Action 属性——ACTION_VIEW 为例，该属性只表示一种抽象的内容显示操作，它既不限制启动应用的哪一个 Activity 来显示内容，也不限制其具体显示内容。如果某一个 Activity 希望响应特定 Intent 设置的动作，仅需在 AndroidManifest.xml 文件内找到标识该 Activity 的标签，为其增加<intent-filter>和<action>子标签，并在<action>子标签中将其属性值设置为与 Intent 的 Action 属性值相同即可。

下面通过示例 4-2 来说明 Action 属性的使用方法。

【例 4-2】该应用程序包含两个 Activity：MainActivity 和 SecondActivity。如图 4-3 所示，MainActivity 的界面只有一个按钮，单击该按钮将创建一个 Intent，并为其设置 Action 属性值，以启动 SecondActivity。SecondActivity 启动后，将使用文本框显示 Action 属性值，如图 4-4 所示。

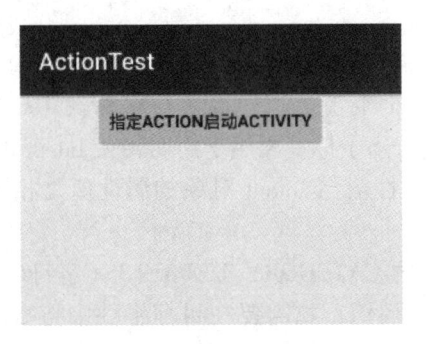

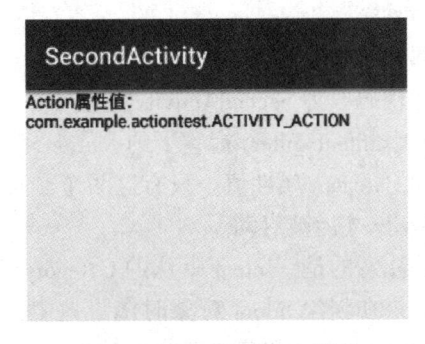

图 4-3　MainActivity 界面　　　　　图 4-4　SecondActivity 界面

在项目视图中，双击打开 MainActivity.java 文件，为 MainActivity 添加字符串常量 START_ACTION，然后找到 onCreate()方法，添加如下代码。

```java
public class MainActivity extends AppCompatActivity {
    public final static String START_ACTION ="com.example.actiontest.ACTIVITY_ACTION";
    @Override
    protected void onCreate(Bundle savedInstanceState) {
        super.onCreate(savedInstanceState);
        setContentView(R.layout.activity_main);

        Button btn = (Button) findViewById(R.id.actionbtn);

        btn.setOnClickListener(new View.OnClickListener()
        {
            @Override
            public void onClick(View arg0)
            {
                //创建 Intent 对象
                Intent intent = new Intent();
                //为 Intent 设置 Action 属性
                intent.setAction(START_ACTION);
                startActivity(intent);
            }
        });
    }
}
```

代码解释：

在上述代码段中用粗体标记的代码表示 Action 属性的指定方法。可先根据 Intent 需要执行的具体动作为该动作定义一个常量名，再使用 intent.setAction() 方法为 Intent 对象设置 Action 属性。这样，应用程序就可以根据 Intent 对象的"意图"启动目标组件了。

但是，该 Intent 对象并未明确指定要启动的目标 Activity。为了启动 SecondActivity，打开 AndroidManifest.xml 文件，找到标记 SecondActivity 的<activity>标签，添加下述代码。

```
<activity android:name=".SecondActivity" android:label="SecondActivity">
<intent-filter>
<action android:name="com.example.actiontest.ACTIVITY_ACTION" />
<category android:name="android.intent.category.DEFAULT"/>
</intent-filter>
</activity>
```

代码解释：

上述代码段为 SecondActivity 配置了<intent-filter>标签，以过滤出与启动该 Activity 有关的 Intent。<intent-filter>标签下的<action>和<category>子标签则用于声明相关 Intent 的 Action 属性值和 Category 属性值。只有这两个子标签的属性值与 Intent 对象的属性值是相同的时，目标 Activity 才能被启动。

值得注意的是，Intent 默认的 Category 属性值为 CATEGORY_DEFAULT（字符串常量）。因此，如果在创建 Intent 对象时未设置 Category 属性值，就需要在目标组件中将<category>标签配置为 CATEGORY_DEFAULT。此外，一个 Intent 对象最多只能设置一个 Action 属性，但是可以设置多个 Category 属性。

最后，在项目视图中，双击打开 SecondActivity.java 文件，找到 onCreate()方法，添加如下代码。

```
protected void onCreate(Bundle savedInstanceState) {
    super.onCreate(savedInstanceState);
    setContentView(R.layout.activity_second);

    TextView show = (TextView) findViewById(R.id.showaction);
    //获取启动该 Activity 的 Intent 的 Action 属性值
    String action = getIntent().getAction();
    //显示 Action 属性值
    show.setText("Action 属性值:" + action);
}
```

代码解释：

上述代码段中用粗体标记的代码表示 Intent 中 Action 属性的获取方法。可使用 getAction()方法获取 Intent 对象中指定的 Action 属性。这样，便可以在 SecondActivity 的文本框中显示 Intent 的 Action 属性信息了。

编译并运行程序，单击 MainActivity 中的按钮启动 SecondActivity，启动后 SecondActivity 的界面如图 4-4 所示。

4.3.3　Category 属性

Category 属性通常和 Action 属性组合在一起使用。Action 属性表示 Intent 需要执行的"动作"，Category 属性则为"动作"的执行附加的额外信息。例如，若将 Intent 的 Category 属性值设置为 LAUNCHER_CATEGORY，表示 Intent 的接收者将在 Launcher 中作为顶级应用。

下面修改例 4-2，为该例的 Intent 添加 Category 属性。在项目视图中，双击打开 MainActivity.java 文件，为 MainActivity 添加另一个字符串常量 CATEGORY_1，然后找到 onCreate()方法，添加下述代码。

```java
public class MainActivity extends AppCompatActivity {
    public final static String START_ACTION = "com.example.actiontest.ACTIVITY_ACTION";
    public final static String CATEGORY_1 = "com.example.actiontest.category1";
    @Override
    protected void onCreate(Bundle savedInstanceState) {
        super.onCreate(savedInstanceState);
        setContentView(R.layout.activity_main);

        Button btn = (Button) findViewById(R.id.actionbtn);
        //为 btn 按钮绑定事件监听器
        btn.setOnClickListener(new View.OnClickListener()
        {
            @Override
            public void onClick(View arg0)
            {
                //创建 Intent 对象
                Intent intent = new Intent();
                //为 Intent 设置 Action 属性
                intent.setAction(START_ACTION);
                //添加 Category 属性
                intent.addCategory(CATEGORY_1);
                startActivity(intent);
            }
        });
    }
}
```

代码解释：

在上述代码段中用粗体标记的代码表示 Category 属性的添加方法。可先根据 Intent 需要执行的具体动作为其定义一个 Category 常量，再使用 Intent.addCategory() 方法为 Intent 对象的动作添加 Category 属性。

为匹配 Intent 对象中设置的 Category 属性，应在 AndroidManifest.xml 文件中为 SecondActivity 添加 \<category\> 子标签。

```xml
<activity android:name=".SecondActivity" android:label="SecondActivity" >
<intent-filter>
<action android:name="com.example.actiontest.ACTIVITY_ACTION" />
<category android:name="com.example.actiontest.category1" />
</intent-filter>
</activity>
```

最后，为 SecondActivity 增加一个文本框控件以显示 Intent 中的 Category 属性值。在项目视图中，双击打开 SecondActivity.java 文件，找到 onCreate() 方法，添加如下代码。

```java
protected void onCreate(Bundle savedInstanceState) {
    super.onCreate(savedInstanceState);
    setContentView(R.layout.activity_second);

    TextView show = (TextView) findViewById(R.id.showaction);
    String action = getIntent().getAction();
    show.setText("Action 属性值:" + action);
```

```
TextView showcategory = (TextView)findViewById(R.id.showcategory);
//获取该 Activity 对应的 Intent 的 Category 属性
Set<String> cates = getIntent().getCategories();
//显示 Category 属性
showcategory.setText("Category 属性值:" + cates);
}
```

代码解释:

在上述代码段中用粗体标记的代码表示 Category 属性的获取方法。可使用 getCategories() 方法获取 Intent 对象的 Category 属性集合。这样，便可以在 SecondActivity 的文本框中显示 Intent 中添加的所有 Category 属性信息。

编译并运行程序，单击 MainActivity 中的按钮启动 SecondActivity，启动后的 SecondActivity 界面如图 4-5 所示。

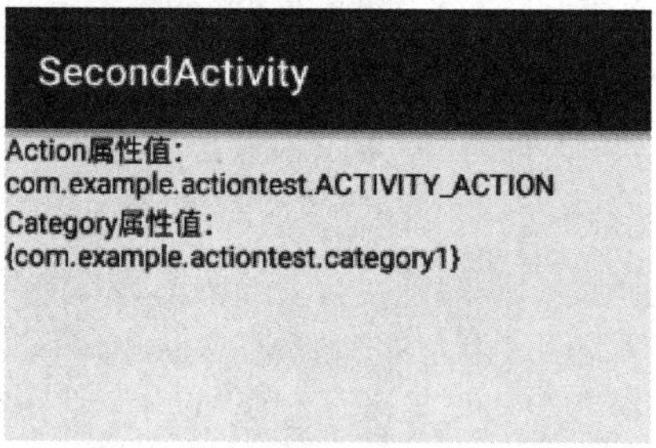

Intent 对象不仅能够启动应用程序内的组件，只要获取相应系统权限，它甚至还能启动 Android 系统自带的组件。表 4-2 和表 4-3 列出了 Android 系统为应用开发预定义的一些标准 Action 和 Category 常量。

图 4-5 添加显示 Category 属性值的 SecondActivity

表 4-2 标准 Action 常量

常 量 值	含 义
ACTION_MAIN	标识应用程序的开始
ACTION_VIEW	启动一个最合理的 Activity 显示 URI 数据
ACTION_DIAL	打开拨号窗口
ACTION_CALL	启动电话拨号组件
ACTION_EDIT	启动一个 Activity 编辑 URI 数据
ACTION_ANSWER	启动一个 Activity 以处理来电
ACTION_INSERT	在游标位置启动一个 Activity 以插入数据
ACTION_DELETE	在游标位置启动一个 Activity 以删除数据
ACTION_PICK	启动一个 Activity 以允许用户挑选数据

表 4-3 标准 Category 常量

常 量 值	含 义
CATEGORY_DEFAULT	Category 默认值
CATEGORY_BROWSABLE	标记目标 Activity 可被 Web 浏览器安全调用
CATEGORY_LAUNCHER	标记目标 Activity 在应用程序中最先被执行
CATEGORY_HOME	标记目标 Activity 随系统启动执行
CATEGORY_REFERENCE	标记目标 Activity 是参数面板
CATEGORY_INFO	提供包信息
CATEGORY_TAB	标记目标 Activity 是 TabActivity 的 Tab 页面
CATEGORY_GADGET	标记目标 Activity 可嵌入其他 Activity 内

4.3.4 Data 属性

Data 属性通常用于向 Action 属性提供操作携带的数据。例如，拨打电话时，通讯录中的一条联系人信息。通常用 URI 字符串表示 Data 属性值。一个 URI 字符串总是满足格式：

scheme://host:port/path

其中，scheme 是 URI 资源的名字空间标识符，一般以字母作为起始字符；host 是 URI 资源的主机名；port 是主机通信端口；path 是资源文件在主机中的路径。

以 URI 字符串 content://com.android.contacts/contacts/1 为例，该 URI 资源表示通讯录中的一条联系人信息。对照 URI 字符串的标准格式，scheme 是 content，host 是 com.android.contacts，port 被忽略，path 是 contacts/1。

下面通过例 4-3 来说明 Data 属性的使用方法。

【例 4-3】该应用程序只有一个 Activity，即 MainActivity。图 4-6 所示是 MainActivity 的界面，包含 3 个按钮。第 1 个按钮用于启动 Web 浏览器访问网页，如图 4-7 所示；第 2 个按钮用于启动通讯录编辑器修改联系人信息，如图 4-8 所示；第 3 个按钮用于启动系统拨号盘拨打电话号码，如图 4-9 所示。

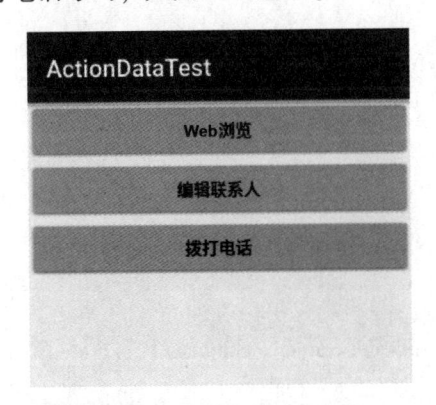

图 4-6　MainActivity 主界面　　　　图 4-7　启动 Web 浏览器

图 4-8　启动通讯录编辑器　　　　图 4-9　启动系统拨号盘

在项目视图中，双击打开 MainActivity.java 文件，找到 onCreate() 方法，添加如下代码。

```java
protected void onCreate(Bundle savedInstanceState) {
    super.onCreate(savedInstanceState);
    setContentView(R.layout.activity_main);
    Button Webtn = (Button) findViewById(R.id.webbrowse);
    //为"Web 浏览"按钮绑定单击事件监听器
    Webtn.setOnClickListener(new OnClickListener()
    {
        @Override
        public void onClick(View v)
        {
            Intent intent = new Intent();
            //设置 Action 属性
            intent.setAction(Intent.ACTION_VIEW);
            String data = "http://www.sina.com.cn";
            //构造 Uri 对象
            Uri uri = Uri.parse(data);
            //设置 Data 属性
            intent.setData(uri);
            startActivity(intent);
        }
    });
    Button editbtn = (Button) findViewById(R.id.editcontactor);
    //为"编辑联系人"按钮绑定单击事件监听器
    editbtn.setOnClickListener(new OnClickListener()
    {
        @Override
        public void onClick(View v)
        {
            Intent intent = new Intent();
            //设置 Action 属性
            intent.setAction(Intent.ACTION_EDIT);
            String data = "content://com.android.contacts/contacts/1";
            //构造 Uri 对象
            Uri uri = Uri.parse(data);
            //设置 Data 属性
            intent.setData(uri);
            startActivity(intent);
        }
    });
    Button dial = (Button) findViewById(R.id.dialphone);
    //为"拨打电话"按钮绑定单击事件监听器
    dial.setOnClickListener(new OnClickListener()
    {
        @Override
        public void onClick(View v)
        {
            Intent intent = new Intent();
            //设置 Action 属性
            intent.setAction(Intent.ACTION_DIAL);
            String data = "tel:10086";
            //构造 Uri 对象
```

```
            Uri uri = Uri.parse(data);
            //设置 Data 属性
            intent.setData(uri);
            startActivity(intent);
        }
    });
}
```

代码解释：

在上述代码段中用粗体标记的代码表示 Intent 中 Data 属性的设置方法。可先使用 Uri.parse()方法构造出 Uri 对象封装 Data 属性值，再使用 intent.setData()方法为 Intent 设置 Data 属性。这样，当启动目标 Activity 时，由 Data 属性封装的数据也会同时传递给目标 Activity。

编译并运行程序，分别单击 MainActivity 中的各个按钮，可以观察到启动后的目标 Activity 如图 4-7~图 4-9 所示。

4.3.5 Extra 属性

Extra 属性通常用于在执行"动作"时向目标组件传递扩展信息。例如，当执行"发送 Email"动作时，可以将 Email 的 subject 和 body 封装到 extra 属性，传递给 Email 发送组件。Extra 属性值一般用一个 Bundle 对象表示，它可以存入一个或多个键-值对。

下面通过例 4-4 来说明 Extra 属性的使用方法。

【例 4-4】 该应用程序有两个 Activity：MainActivity 和 SecondActivity。如图 4-10 所示，MainActivity 的界面包含一个文本框和一个按钮。可在文本框中输入向 SecondActivity 传递的数据，当单击按钮时，将启动 SecondActivity；SecondActivity 会将文本框中输入的内容显示出来，如图 4-11 所示。

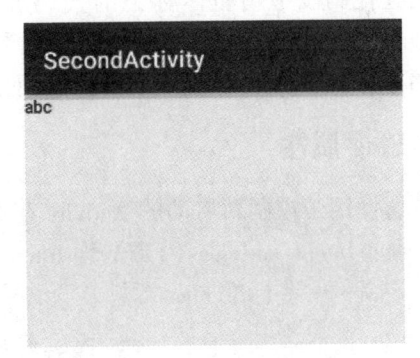

图 4-10　MainActivity 界面　　　　图 4-11　SecondActivity 界面

在项目视图中，双击打开 MainActivity.java 文件，找到 onCreate()方法，添加如下代码。

```
protected void onCreate(Bundle savedInstanceState) {
    super.onCreate(savedInstanceState);
    setContentView(R.layout.activity_main);
    Button extrabtn;
    final EditText input;
    extrabtn = (Button)findViewById(R.id.ExtraButton);
    input = (EditText)findViewById(R.id.inputEditText);
```

```
extrabtn.setOnClickListener(new View.OnClickListener() {
    @Override
    public void onClick(View v) {
        Intent intent = new Intent(MainActivity.this,SecondActivity.class);
        //为 Intent 添加 Extra 属性
        intent.putExtra("exchangedata", input.getText().toString());
        startActivity(intent);
    }
});
```

代码解释：

在上述代码段中用粗体标记的代码表示 Intent 中 Extra 属性的设置方法。可使用 intent.putExtra()方法将一个键-值对设置为 Intent 的 Extra 属性。这样，当启动目标 Activity 时，由 Extra 属性封装的数据也会同时传递给目标 Activity。

在项目视图中，双击打开 SecondActivity.java 文件，找到 onCreate()方法，添加以下代码，以显示由 Intent 传递而来的 Extra 属性值。

```
protected void onCreate(Bundle savedInstanceState) {
    super.onCreate(savedInstanceState);
    setContentView(R.layout.activity_second);
    Intent intent = this.getIntent();
    TextView tv = (TextView)findViewById(R.id.TextView1);
    //从 Intent 获得 Extra 属性值，显示到 TextView 控件
    tv.setText(intent.getStringExtra("exchangedata"));
}
```

代码解释：

在上述代码段中用粗体标记的代码表示 Intent 中 Extra 属性的获取方法。可使用 Intent.getStringExtra()方法将 Extra 属性中封装的键-值对提取出来。这样，当目标 Activity 启动后，由 Intent 的 Extra 属性封装的信息便显示到了 TextView 控件，如图 4-11 所示。

4.3.6 Flag 属性

Flag 属性用于控制新启动的 Activity 在返回栈中的顺序。Android 为 Intent 提供了大量的 Flag，可通过 Intent.addFlags()方法为 Intent 添加控制标识。表 4-4 列出了 Android 系统为应用开发预定义的一些标准 Flag 常量。

表 4-4 标准 Flag 常量

常 量 值	含 义
FLAG_ACTIVITY_NEW_TASK	默认启动标识，指示创建一个新的 Activity
FLAG_ACTIVITY_BROUGHT_TO_FRONT	若目标 Activity 已存在，再次启动时把该 Activity 带到前台
FLAG_ACTIVITY_CLEAR_TOP	将返回栈中目标 Activity 上的所有 Activity 全部弹出
FLAG_ACTIVITY_NO_ANIMATION	启动 Activity 时不使用过渡动画
FLAG_ACTIVITY_NO_HISTORY	启动的 Activity 将不会保留在返回栈中
FLAG_ACTIVITY_REORDER_TO_FRONT	若返回栈中已有目标 Activity，将该 Activity 带到前台
FLAG_ACTIVITY_SINGLE_TOP	以 singleTop 模式启动 Activity

4.4 Intent 对象解析

在 Intent 的实现机制中，Android 系统负责接收和分析 Intent 对象，并为调用组件选择最适合的目标组件。依据目标组件选择方法的不同，可将 Intent 划分为显式 Intent 和隐式 Intent。

显式 Intent 指的是配置有 Component 属性信息的 Intent 对象。调用组件可以使用 Intent.setComponent()或 Intent.setClass()方法明确指定目标组件。当 Android 系统接收到调用组件发送的显式 Intent 对象后，通过校验对象中包含的 Component 属性值就能够构造出目标组件，并直接将 Intent 对象传递给目标组件。在应用程序内部，调用组件和目标组件彼此透明，往往只要求将消息尽快传递出去，因此显式 Intent 通常用于应用程序内部组件之间的通信。

相对于显式 Intent 而言，隐式 Intent 不直接指明目标组件，仅要求目标组件能够按照 Intent 对象描述的"动作"完成相应的任务。而对于 Android 系统而言，它的主要职责是根据 Intent 对象中配置的属性信息，查找出符合 Intent 属性配置的目标组件，或者在用户的帮助下选择最适合的目标组件。隐式 Intent 能够很好地实现调用组件和目标组件之间的解耦，极大地提升了应用程序的灵活性，通常用于不同应用程序组件之间的通信。

4.4.1 Intent-Filter

Android 为应用组件引入了 Intent-Filter 对象，以通知 Android 系统不同应用组件能够接收、处理的隐式 Intent 对象。Intent-Filter 描述了组件的一种能力，即能够接收、处理一种 Intent。与 Intent 对象类似，Intent-Filter 对象也包含了 Action、Category 和 Data 等多个属性，并且各个属性的含义及数据结构与 Intent 对象一一对应。

每个应用组件可包含一个或多个 Intent-Filter。一个应用组件包含的 Intent-Filter 对象越多，它能够接收 Intent 的请求范围就越广。相应地，该应用组件的代码逻辑也会越复杂。一般来说，可为应用组件的每一项逻辑功能设置一个独立的 Intent-Filter 对象。

Intent-Filter 一般是在项目的 AndroidManifest.xml 清单文件中以<intent-filter>标签的方式声明，并放置在相应 Activity、Service 和触发器等组件的配置项中。例如：

```
<!--Intent Filter 对象可以放在 Activity 等组件配置中-->
<activity>
<intent-filter android:icon="..."
android:label="..."
android:priority="...">

<action android:name="..."/>

<category android:name="..." />
<data android:host="..."
android:mimeType="..."
android:path="..."
android:pathPattern="..."
android:port="..."
android:acheme="..." / >
<!--可以继续添加相关的 action、category 和 data 项-->
```

```
< / intent-filter - - >
< ! - -可以继续添加相关的 intent-filter 项 - - >
< / activity >
```

(1) <action>标签

每个 Intent-Filter 对象都必须包含<action>标签,它与 Intent 设置的 Action 属性一一对应。不同的是,一个 Intent 只能配置一个 Action 属性值;而每个 Intent-Filter 对象则允许配置多个<action>标签,表示该 Intent-Filter 能够支持多种 Intent"动作"。

对于大多数 Intent-Filter 对象而言,往往只包含一个<action>标签。只有当应用组件期望支持多种 Action,并且它们所对应的 Intent-Filter 对象的其他属性配置项完全相同时,才会考虑将多个<action>标签添加到同一个 Intent-Filter 对象中。此外,也可以使用 IntentFilter. addAction()方法动态地为 Intent-Filter 对象添加<action>标签。

(2) <category>标签

每个 Intent-Filter 对象都可包含<category>标签,以表示该对象能够接收的 IntentCategory 分类。同一个 Intent-Filter 对象下的各个<category>标签是一种逻辑"或"的关系,即该 Intent-Filter 无论满足哪一个 Category 约束,都能够接收、处理相应的 Intent 请求。此外,也可以使用 IntentFilter. addCategory()方法动态地为 Intent-Filter 对象添加<category>标签。

(3) <data>标签

通过添加<data>标签,可以为 Intent-Filter 对象添加可接收的数据信息。每个<data>标签都应指定一种数据类型(mimeType)和一个 URI。例如:

```
<intent-filter>
<data android:mimeType="…" android:scheme="http" …/>
<data android:mimeType="…" android:scheme="http" …/>
</intent-filter>
```

其中,android:mimeType 属性与 Intent 配置的 Type 属性相对应,表示 Intent-Filter 可接收的数据类型;android:scheme 属性则表示 Intent-Filter 可接收的数据范围。

URI 包含 4 个属性 scheme、host、port 和 path,其格式为

```
scheme://host:port/path
```

在 URI 中,host 和 port 共同构成凭据(authority)。URI 的 4 个属性都是可选的,但是它们之间并不完全独立。例如,要使 authority 有意义,应指定 scheme;要使 path 有意义,必须要同时指定 scheme 和 authority。

4.4.2 Intent-Filter 和 Intent 的匹配

当 Android 系统接收到请求组件的 Intent 对象后,会首先检查 Intent 对象是否包含了目标组件的 Component 信息。如果未包含,Android 系统将从应用的 AndroidManifest. xml 清单文件中检查所有应用组件注册的 Intent-Filter 对象,并与 Intent 对象进行比较。最后,选择与 Intent 最匹配的目标组件。Intent 对象和 Intent-Filter 对象的匹配,包括 Action、Category 和 Data 属性的匹配。

1. Action 匹配

如果 Intent 对象未配置 Action 属性,Android 系统将跳过 Action 匹配,继续对其他匹配项进行检查。如果 Intent 对象指定了某一 Action 属性值,那么该属性值就必须包含在为目标

组件添加的 Intent-Filter 对象的 Action 列表中，否则匹配失败。

2. Category 匹配

如果 Intent 对象未配置 Category 属性，Intent 对象将直接成功匹配 Intent-Filter 对象。如果 Intent 对象指定了一个或多个 Category 属性值，那么在为目标组件添加的 Intent-Filter 对象的 Category 列表中就必须包含这些属性值，否则匹配失败。

需要注意的是，当目标组件是 UI 控件时，情况会略有不同。在这种情况下，如果调用组件发出的 Intent 对象未配置 Category 属性，Android 系统会自动为其增加"android.intent.category.DEFAULT" 属性值。因此，UI 控件若要匹配该 Intent 对象还必须在 Intent-Filter 中添加该 Category 属性值。

3. Data 匹配

Data 匹配既要检查 URI，还要检查 mimeType，匹配规则如下。

1）若某一 Intent 对象的 Data 属性既没有配置 URI，也没有配置 mimeType：当且仅当 Intent-Filter 都未指定 URI 和 mimeType 时，两个对象才匹配失败；否则，匹配成功。

2）若某一 Intent 对象的 Data 属性仅配置了 URI，而未配置 mimeType：当且仅当 Intent-Filter 未指定 mimeType，但 Intent-Filter 指定的 URI 匹配时，这两个对象才能成功匹配。

3）若某一 Intent 对象的 Data 属性仅配置了 mimeType，而未配置 URI：当且仅当 Intent-Filter 只指定了 mimeType，并且与 Intent 对象的 Data 属性配置的 mimeType 相同时，这两个对象才能成功匹配。

如果一个 Intent 对象能同时匹配多个目标组件，Android 系统将弹出一个对话框要求用户对目标组件进行选择。此外，为缩小查找目标组件的范围，Android 系统会根据应用使用的调用方法确定查找何种类型的组件。例如，当调用 startActivity( ) 方法时，Android 系统会自动查找 Activity 组件；当调用 startService( ) 方法时，Android 系统会自动查找 Service 组件；当调用 sendBroadcast( ) 方法时，Android 系统会自动查找并触发 BroadcastReceiver。

4.5 小结

Intent 是对 Android 应用中一次操作的动作及与动作相关的数据进行的描述。Android 系统则根据该描述，查找到目标组件，并将 Intent 对象传递给目标组件。Intent 包括 Component、Action、Category、Data、Extra 和 Flag 等属性，可使用这些属性向目标组件传递信息。根据在创建 Intent 时是否指定目标组件，可将 Intent 对象划分成显式或隐式的。对于隐式 Intent，需使用 Intent-Filter 为目标组件匹配 Intent 对象。

4.6 习题

一、填空题

1. 对于隐式 Intent，Android 系统会使用_____匹配相应的组件。
2. Intent 对象和 Intent-Filter 对象的匹配，包括对_____和_____属性的匹配。
3. Intent 可以启动 Activity，启动的方式有_____和_____两种。

二、选择题

1. 下列关于 Intent 的描述中，正确的是（　　）。

A. Intent 不能实现应用程序间的数据共享

B. Intent 可以实现界面的切换，还可以在不同组件间直接进行数据传递

C. 使用显式 Intent 可以不指定要跳转的目标组件

D. 隐式 Intent 不会明确指出需要激活的目标组件，所以无法实现组件之间的数据跳转

2. 不属于 Intent 的属性的是（　　）。

A. Component　　　B. Action　　　C. Category　　　D. Value

三、简答题

1. 简述显式 Intent 和隐式 Intent。

2. 简述 Intent 和 Intent-Filter 的功能及作用。

3. 简述 Intent 的几种属性。

拓展阅读

面对某些国家在高科技领域对中国的打压，华为于 2019 年发布了一款分布式操作系统——鸿蒙系统（HarmonyOS）。最新版的 HarmonyOS 4 于 2023 年 8 月 4 日正式发布，它进一步强化跨设备协同能力，让各类终端设备更加智能化、自动化，从而为用户带来更加便捷、高效的生活和工作体验。

第 5 章 Android 核心组件——BroadcastReceiver

为了便于处理系统级的通知或消息，Android 引入了一类称为广播的消息机制。BroadcastReceiver 是一种全局消息监听器，它用于监听系统全局的广播消息。BroadcastReceiver 也是 Android 四大组件中唯一的被动接收数据的组件，可以非常方便地用于不同应用程序之间的通信。本章将在介绍 Android 广播机制的基础之上，重点讲解如何使用 BroadcastReceiver 发送和接收自定义广播消息、如何使用 BroadcastReceiver 发送和接收系统广播消息，以及如何使用 BroadcastReceiver 发送和接收本地广播消息。

5.1 广播机制简介

Android 系统提供了一套完善的 API，允许应用程序自由地发送或接收广播。每个应用程序都可以向系统注册自己感兴趣的广播数据，并在数据发生改变时接收到更新广播。广播消息既可以是来自 Android 系统的，也可以是来自其他应用程序的。

Android 系统中的广播主要分为以下两种类型。

1. 标准广播（Normal Broadcast）

它是一种完全异步执行的广播，当该类广播发送后，所有的广播接收器（BroadcastReceiver）几乎都会在同一时刻接收到它，所以这类广播消息的传递效率很高。其缺点是一个广播接收器不能将它的处理结果传递给下一个广播接收器，并且无法截断正在传递的广播。可使用 Context 对象的 sendBroadcast( ) 方法发送标准广播。

2. 有序广播（Ordered Broadcast）

它是一种同步执行的广播，如果系统存在多个广播接收器，当该类广播发送后，同一时刻只能有一个广播接收器接收到它。只有当这个广播接收器的处理逻辑执行完成，广播才能继续传递给下一个广播接收器。此外，可为广播接收器设置接收广播的优先级，高优先级的广播接收器会优先接收到广播消息，并且能够截断广播向低优先级的广播接收器传递。可使用 Context 对象的 sendOrderedBroadcast( ) 方法发送有序广播。

5.2 广播的处理流程

广播的处理需要经过消息发送、注册 BroadcastReceiver 和消息处理三个主要环节。

1. 消息发送

广播从本质上讲是一个 Intent 对象。要发送一个广播，首先把要发送的信息和相关的属性信息（如 action、category 和 extra 等）封装进一个 Intent 对象，然后调用 Context.sendBroadcast()或者 sendOrderBroadcast()方法广播该 Intent 对象。

对于使用 sendBroadcast()方法发出去的 Intent 对象，所有满足条件的 BroadcastReceiver 都会随机执行其 onReceive()方法；而使用 sendOrderBroadcast()方法发出去的 Intent 对象，则会根据 BroadcastReceiver 注册时 Intent Filter 设置的优先级顺序来执行，相同优先级的 BroadcastReceiver 则随机执行。

2. 注册 BroadcastReceiver

BroadcastReceiver 用于接收应用程序（包含系统内置的应用程序和第三方开发的应用程序）所发出的 Broadcast Intent。作为应用级组件，BroadcastReceiver 必须经过注册才能够处理广播。注册 BroadcastReceiver 有下述两种方式。

（1）使用 Java 代码

可调用 BroadcastReceiver 的 registerReceiver()方法为 BroadcastReceiver 注册 Intent。例如，可使用下述代码为 BroadcastReceiver 注册监听系统转发的 SMS 消息。

```
IntentFilter filter=new IntentFilter("android.provider.Telephony.SMS_RECEIVED");
IncomingSMSReceiver receiver=new IncomingSMSReceiver();
registerReceiver(receiver, filter);
```

（2）使用 AndroidManifest.xml 清单文件

这种方法会在每次 Broadcast 事件发生后，自动创建对其进行处理的 BroadcastReceiver 对象，并自动触发该对象的 onReceive()方法。例如，可为 AndroidManifest.xml 清单文件添加下述代码，以处理 SMS 消息。

```
<receiver android:name=".IncomingSMSReceiver">
    <intent-filter>
        <action android:name="android.provider.Telephony.SMS_RECEIVED">
    </intent-filter>
</receiver>
```

3. 消息处理

当广播消息发送以后，所有已经注册的 BroadcastReceiver 会检查注册时的 Intent Filter 是否与发送的 Intent 对象相匹配，若匹配就会调用 BroadcastReceiver 的 onReceive()方法。由于 BroadcastReceiver 本质上是一个监听器，因此，需要重写 BroadcastReceiver 的 onReceive()方法以实现对广播消息的处理。BroadcastReceiver 的 onReceive()方法执行完成后，BroadcastReceiver 对象就会被销毁。如果 onReceive()方法不能在 10 s 内执行完成，Android 系统会认为应用程序无响应。

5.3 发送与接收自定义广播

5.3.1 发送与接收标准广播

发送标准广播只需调用 Context 的 sendBroadcast(Intent intent)即可。这条广播将启动 intent 参数所对应的 BroadcastReceiver。

下面通过一个例子来说明如何发送广播，以及如何使用 BroadcastReceiver 接收广播。

【例 5-1】程序的 Activity 只有一个按钮，单击该按钮会向外发送一条广播消息。

发送广播的代码如下。

```java
public class MainActivity extends Activity
{
    Button send;
    @Override
    public void onCreate(Bundle savedInstanceState)
    {
        super.onCreate(savedInstanceState);
        setContentView(R.layout.main);
        //获取程序界面中的按钮
        send = (Button) findViewById(R.id.send);
        send.setOnClickListener(new OnClickListener()
        {
            @Override
            public void onClick(View v)
            {
                //创建 Intent 对象
                Intent intent = new Intent();
                //设置 Intent 的 Action 属性
                intent.setAction("org.crazyit.action.CRAZY_BROADCAST");
                intent.putExtra("msg", "标准广播");
                //发送广播
                sendBroadcast(intent);
            }
        });
    }
}
```

代码解释：

用粗体标记的代码段为发送标准广播的方法。可先创建封装了广播的 Intent 对象，再使用 Activity 的 sendBroadcast() 方法将广播发送出去。

为了接收广播，可使用下述代码新建一个从 BroadcastReceiver 类继承的子类，重写父类的 onReceive() 方法，使用 Toast 对象将接收到的消息显示出来。

```java
public class MyReceiver extends BroadcastReceiver
{
    @Override
    public void onReceive(Context context, Intent intent)
    {
        Toast.makeText(context,
            "接收到的 Intent 的 Action 为:" + intent.getAction() +
            "\n 消息内容是:" + intent.getStringExtra("msg"),
            Toast.LENGTH_LONG).show();
    }
}
```

发送广播时所用 Intent 的 Action 属性是"接收到的 Intent 的 Action 为:"。为了监听这个广播，可在 AndroidManifest.xml 清单文件中添加下述代码，将广播注册给上文定义的 BroadcastReceiver 子类。

```xml
<receiver android:name=".MyReceiver">
    <intent-filter>
```

```xml
        <!-- 指定该 BroadcastReceiver 所响应的 Intent 的 Action -->
        <action android:name="org.crazyit.action.CRAZY_BROADCAST" />
    </intent-filter>
</receiver>
```

编译并运行程序,单击"发送自定义广播"按钮可以看到由 Toast 提示框显示的广播消息,如图 5-1 所示。

图 5-1 发送与接收标准广播

5.3.2 发送与接收有序广播

对于有序广播而言,Android 系统会按照 BroadcastReceiver 声明的优先级顺序依次对其派发。在广播消息的传递过程中,高优先级的 BroadcastReceiver 可以调用 abortBroadcast() 方法随时终止广播向后传递。此外,高优先级的 BroadcastReceiver 还可以调用 setResultExtras() 方法将处理结果存储到广播中,然后,再由下一个 BroadcastReceiver 使用 getResultExtras() 方法取出存储结果。

下面通过一个例子来说明如何发送广播,以及如何使用 BroadcastReceiver 接收广播。

【例 5-2】程序的 Activity 只有一个按钮,单击该按钮会向外发送一条广播。

发送广播的代码如下。

```java
public class MainActivity extends Activity
{
    Button send;
    @Override
    public void onCreate(Bundle savedInstanceState)
    {
        super.onCreate(savedInstanceState);
        setContentView(R.layout.main);
        //获取程序中的 send 按钮
        send = (Button) findViewById(R.id.send);
        send.setOnClickListener(new OnClickListener()
        {
            @Override
            public void onClick(View v)
            {
                //创建 Intent 对象
                Intent intent = new Intent();
                intent.setAction("org.crazyit.action.CRAZY_BROADCAST");
```

```
                intent.putExtra("msg","简单的消息");
                //发送有序广播
                sendOrderedBroadcast(intent, null);
            }
        });
    }
}
```

代码解释:

用粗体标记的代码段为发送有序广播的方法。可先创建封装了广播的 Intent 对象，再使用 Activity 的 sendOrderedBroadcast()方法将广播发送出去。

可使用下述代码定义第一个接收广播的 BroadcastReceiver——MyReceiver。

```
public class MyReceiver extends BroadcastReceiver
{
    @Override
    public void onReceive(Context context, Intent intent)
    {
        Toast.makeText(context,"接收到的 Intent 的 Action 为:" +
            intent.getAction() + " \n 消息内容是:" +
            intent.getStringExtra("msg") ,
            Toast.LENGTH_LONG).show();
        //创建一个 Bundle 对象,并存入数据
        Bundle bundle = new Bundle();
        bundle.putString("first","第一个 BroadcastReceiver 存入的消息");
        //将 bundle 放入结果中
        setResultExtras(bundle);
        //取消 Broadcast 的继续传播
        //abortBroadcast();
    }
}
```

代码解释:

用粗体标记的代码段是向广播中存储数据的方法。可使用 Bundle 对象存储 BroadcastReceiver 的处理结果，然后使用 setResultExtras()方法将 Bundle 对象附加到广播中。这样，当广播继续向下传递时，下一个 BroadcastReceiver 能够将其提取出来。此外，BroadcastReceiver 可用 abortBroadcast()方法截断广播的向下传递（见代码注释）。

为启动 BroadcastReceiver 监听广播，可在 AndroidManifest.xml 清单文件中，添加下述代码，将广播注册给上文定义的 BroadcastReceiver 子类。此外，为优先处理广播消息，可设置 android：priority 属性为 BroadcastReceiver 指定较高的优先级。

```xml
<receiver android:name=".MyReceiver" >
    <intent-filter android:priority="20" >
        <action android:name="org.crazyit.action.CRAZY_BROADCAST" />
    </intent-filter>
</receiver>
```

接下来，再使用下述代码定义第二个接收广播的 BroadcastReceiver——MyReceiver2。

```
public class MyReceiver2 extends BroadcastReceiver
{
    @Override
```

```
public void onReceive(Context context, Intent intent)
{
    Bundle bundle = getResultExtras(true);
    //解析前一个BroadcastReceiver所存入的key为first的消息
    String first = bundle.getString("first");
    Toast.makeText(context, "第一个Broadcast存入的消息为:"+
        first, Toast.LENGTH_LONG).show();
}
}
```

代码解释:

用粗体标记的代码段是从广播消息中取出由上一个BroadcastReceiver存储的数据的方法。

为启动MyReceiver2监听广播,可在AndroidManifest.xml清单文件中,添加下述代码,将广播注册给上文定义的BroadcastReceiver子类。此外,可将BroadcastReceiver的android:priority属性设置为较低优先级。

```
<receiver android:name=".MyReceiver2">
    <intent-filter android:priority="0">
        <action android:name="org.crazyit.action.CRAZY_BROADCAST" />
    </intent-filter>
</receiver>
```

编译并运行程序,单击"发送自定义广播"按钮,可以先后看到由两个BroadcastReceiver显示出来的广播内容,如图5-2所示。

图5-2 获取前一个BroadcastReceiver存入结果中的广播内容

5.4 接收系统广播

有一类特殊的广播,它们只能由Android系统发出,这类广播称为系统广播。系统广播被Android用来通知一些重要的系统事件。例如,当电池电量发生变化时会发送一条系统广播,时间或时区发生变化时会发送一条系统广播,当耳机插入或拔出时也会发送一条系统广播等。系统广播是若干定义在android.content.Intent中的Action常量,见表5-1。

表5-1 系统广播

Action 常量	事 件 描 述
ACTION_TIME_TICK	每分钟被广播一次,用于指示系统时间

(续)

Action 常量	事 件 描 述
ACTION_TIME_CHANGED	系统时间已修改
ACTION_TIMEZONE_CHANGED	系统时区已修改
ACTION_BOOT_COMPLETED	系统启动完成
ACTION_PACKAGE_ADDED	新应用程序已安装完成
ACTION_PACKAGE_REMOVED	应用程序已卸载
ACTION_PACKAGE_DATA_CLEARED	应用程序数据已清空
ACTION_BATTERY_CHANGED	电池电量发生变化
ACTION_POWER_CONNECTED	外部电源已接通
ACTION_POWER_DISCONNECTED	外部电源已断开
ACTION_SHUTDOWN	系统关闭
SMS_RECEIVED	新短信到达

5.4.1 开机自动运行应用程序

为了设置应用程序开机自动运行，可以为应用程序添加一个 BroadcastReceiver，使用它监听系统启动完成时发出的广播。由表 5-1 可知，表示开机广播 Intent 的 Action 常量为 ACTION_BOOT_COMPLETED。

可使用下述代码定义一个 BroadcastReceiver 类，处理开机广播。

```java
public class BootReceiver extends BroadcastReceiver {
    @Override
    public void onReceive(Context context, Intent intent) {
        //创建 Intent
        Intent activityIntent = new Intent(context, MainActivity.class);
        //设置 Flag
        activityIntent.setFlags(Intent.FLAG_ACTIVITY_NEW_TASK);
        context.startActivity(activityIntent);
    }
}
```

代码解释：

用粗体标记的代码段给出了 BroadcastReceiver 对开机广播的处理逻辑。为打开应用程序的主界面，可以在重写的 onReceive() 方法中创建一个 Intent 对象，并使用该对象指定启动的 Activity。需要注意的是，为避免了由于 Activity 启动时间过长而引起系统无响应问题，可以为 activityIntent 设置 FLAG_ACTIVITY_NEW_TASK 标志，为新启动的 Activity 分配一个新的进程。

为启动上文定义的 BootReceiver 监听开机广播，可在 AndroidManifest.xml 清单文件中，添加下述代码。

```xml
<receiver android:name=".BootReceiver">
    <intent-filter>
        <action android:name="android.intent.action.BOOT_COMPLETED"/>
    </intent-filter>
</receiver>
```

除此之外，为了允许应用程序能够访问系统开机事件，还需要为应用程序增加如下权限声明。

```
<!--授予应用程序访问系统开机事件的权限-->
<uses-permission android:name="android.permission.RECEIVE_BOOT_COMPLETED"/>
```

编译并运行程序，然后重启 Android 系统，可以看到，当系统启动完成后，将自动运行并打开应用程序的主界面。

5.4.2 接收电池电量提示

当电池电量发生变化时，系统会发送 Action 为 ACTION_BATTERY_CHANGED 的系统广播；当电池电量过低时，系统会发送 Action 为 ACTION_BATTERY_LOW 的系统广播。可通过开发监听相应广播的 BroadcastReceiver，为应用程序增加电池电量提醒功能。

可使用下述代码定义一个 BroadcastReceiver 类，处理系统发出的电池电量变化广播。

```java
public class BatteryReceiver extends BroadcastReceiver
{
    @Override
    public void onReceive(Context context, Intent intent)
    {
        System.out.println("++++++++++++++++++++++");
        Bundle bundle = intent.getExtras();
        //获取当前电池电量
        int current = bundle.getInt("level");
        //获取电池总电量
        int total = bundle.getInt("scale");
        //如果当前电量小于总电量的 15%
        if(current * 1.0 / total < 0.15)
        {
            Toast.makeText(context, "电量过低,请尽快充电!",
                Toast.LENGTH_LONG).show();
        }
    }
}
```

为启动上文定义的 BatteryReceiver 监听电池电量变化广播，可在 AndroidManifest.xml 清单文件中添加下述代码。

```
<receiver android:name=".BatteryReceiver">
    <!-- 监听电池电量改变 -->
    <intent-filter>
        <action android:name="android.intent.action.BATTERY_CHANGED"/>
    </intent-filter>
</receiver>
```

除此之外，为了允许应用程序能够访问电池电量变化事件，还需要为应用程序增加如下权限声明。

```
<!--授予应用程序访问读取电池电量-->
<uses-permission android:name="android.permission.BATTERY_STATS"/>
```

编译并运行程序，可以看到当电池电量小于设定的阈值后，应用程序将给出电量过低的提示。

5.4.3　接收短信提醒

当系统接收到短信时，系统会发送一个 Action 为 SMS_RECEIVED 的有序广播。可通过开发监听相应广播的 BroadcastReceiver，为应用程序增加短信提醒功能。

可使用下述代码定义一个 BroadcastReceiver 类，处理系统发出的新短信到达广播。

```java
public class SmsReceiver extends BroadcastReceiver
{
    //当接收到短信时被触发
    @Override
    public void onReceive(Context context, Intent intent)
    {
        //如果接收到短信
        if (intent.getAction().equals(
                "android.provider.Telephony.SMS_RECEIVED"))
        {
            //取消新短信到达广播
            abortBroadcast();
            StringBuilder sb = new StringBuilder();
            //接收由 SMS 传过来的数据
            Bundle bundle = intent.getExtras();
            //判断是否有数据
            if (bundle != null)
            {
                //通过 pdus 可以获得接收到的所有短信消息
                Object[] pdus = (Object[]) bundle.get("pdus");
                //构建短信对象 array，并依据收到的对象长度来创建 array 的大小
                SmsMessage[] messages = new SmsMessage[pdus.length];
                for (int i = 0; i < pdus.length; i++)
                {
                    messages[i] = SmsMessage
                            .createFromPdu((byte[]) pdus[i]);
                }
                //将发送来的短信合并自定义信息于 StringBuilder 当中
                for (SmsMessage message : messages)
                {
                    sb.append("短信来源:");
                    //获得接收短信的电话号码
                    sb.append(message.getDisplayOriginatingAddress());
                    sb.append("\n-------短信内容------\n");
                    //获得短信的内容
                    sb.append(message.getDisplayMessageBody());
                }
            }
            Toast.makeText(context, sb.toString(),
                    Toast.LENGTH_LONG).show();
        }
    }
}
```

为启动上文定义的 SmsReceiver 监听新短信到达广播，并能够让应用程序可在系统短信接收程序之前截获短信，可在 AndroidManifest.xml 清单文件中添加下述代码。

```xml
<receiver android:name="SmsReceiver">
    <intent-filter android:priority="1000">
        <action android:name="android.provider.Telephony.SMS_RECEIVED" />
    </intent-filter>
</receiver>
```

除此之外，为了允许应用程序能够读取短信，还需要为应用程序增加如下权限声明。

```xml
<!--授予程序接收短信的权限-->
<uses-permission android:name="android.permission.RECEIVE_SMS"/>
```

编译并运行程序，可以看到当新短信到达系统后，应用程序给出收到短信的提示。

5.5 使用本地广播

前文介绍的所有广播都是全局广播，即由一个应用程序发送的广播都能够被其他任何应用程序接收。这很容易引发安全性问题。例如，如果一个应用程序发送的广播携带了关键数据，它极有可能被其他应用程序截获。为了能够以一种简单的方式解决广播的安全性问题，Android 引入了一套本地广播机制。使用该机制发送的广播只能在应用程序内部进行传递，并且 BroadcastReceiver 也只能接收来自本地应用程序发送的广播。

为支持在应用程序内部使用本地广播，Android 提供了 LocalBroadcastManager 对其进行管理，并提供了发送广播和注册 BroadcastReceiver 的方法。可使用下述代码为应用程序动态注册一个 BroadcastReceiver 对象，并在应用程序内部发送和接收广播。

```java
public class MainActivity extends AppCompatActivity
{
    private IntentFilter intentfilter;
    private LocalReceiver localreceiver;
    private LocalBroadcastManager localbroadcastmanager;

    @Override
    public void onCreate(Bundle savedInstanceState)
    {
        super.onCreate(savedInstanceState);
        setContentView(R.layout.activity_main);
        //获取 LocalBroadcastManager 对象
        localbroadcastmanager = LocalBroadcastManager.getInstance(this);
        //获取程序中的 send 按钮
        Button button = (Button)findViewById(R.id.send);
        button.setOnClickListener(new OnClickListener()
        {
            @Override
            public void onClick(View v)
            {
                //创建 Intent 对象
                Intent intent =
                new Intent("com.example.broadcasttest.LOCAL_BROADCAST");
                //发送本地广播
                localbroadcastmanager.sendBroadcast(intent);
            }
        });
```

```
        //注册本地 BroadcastReceiver
        intentfilter=new IntentFilter();
        intentfilter.addAction("com.example.broadcasttest.LOCAL_BROADCAST");
        localreceiver=new LocalReceiver();
        localbroadcastmanager.registerReceiver(localreceiver, intentfilter);
    }
    @Override
    protected void onDestroy()
    {
        super.onDestroy();
        localbroadcastmanager.unregisterReceiver(localreceiver);
    }
    class LocalReceiver extends BroadcastReceiver{
        @Override
        public void onReceive(Context context, Intent intent){
            Toast.makeText(context,"接收本地广播消息!",Toast.LENGTH_LONG).show();
        }
    }
}
```

代码解释:

第一段用粗体标记的代码段是 LocalBroadcastManager 对象的获取方法。可使用 LocalBroadcastManager 类的静态方法 getInstance() 获得一个本地广播管理器。

第二段用粗体标记的代码段是本地广播的发送方法。可使用 LocalBroadcastManager 对象的 sendBroadcast() 方法发送一条广播。

第三段用粗体标记的代码段是动态注册 BroadcastReceiver 的方法。可使用 LocalBroadcastManager 对象的 registerReceiver() 方法为启动自定义的 LocalReceiver 监听广播。

编译并运行程序,单击"发送本地广播"按钮可以看到,当接收到本地广播后,应用程序将给出消息提示,如图 5-3 所示。

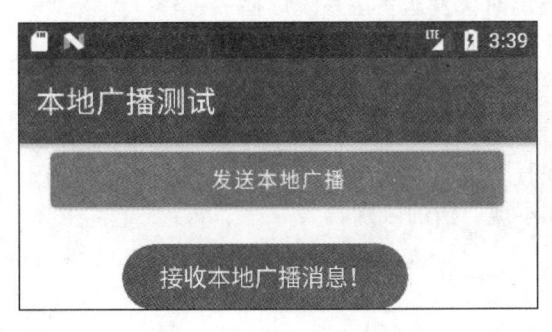

图 5-3 发送本地广播

5.6 小结

本章主要介绍了作为 Android 四大组件之一的 BroadcastReceiver。BroadcastReceiver 可以非常方便地用于支持不同应用程序之间的通信。它有许多典型的应用场景。例如,可以通过接收系统广播的方法非常方便地实现应用程序开机自启动、监听电池电量变化及接收短信等功能。学习 BroadcastReceiver 应重点掌握自定义广播的发送和接收方法,系统广播的接收方法,以及本地广播的发送和接收方法。

5.7 习题

一、填空题

1. _____用来监听来自系统或者应用程序的广播，也是 Android 四大组件中唯一的被动接收数据的组件。

2. Android 的广播主要分为两种类型：_____和_____。

3. _____是一类特殊的广播，它们只能由 Android 系统发出，被 Android 用来通知一些重要的系统事件。

二、判断题

1. 为了便于处理系统级的通知或消息，Android 系统引入了广播机制，广播只能来自于 Android 系统。（ ）

2. 有序广播可以设置接收广播的优先级，高优先级的广播接收器会优先接收到广播，并且能够截断广播向低优先级广播接收器传递。（ ）

3. 标准广播是一种完全异步执行的广播，这类广播的传递效率很高，可以截断正在传递的广播。（ ）

三、选择题（多选）

1. 下列选项中，关于广播类型的说法错误的是（ ）。
   A. Android 中的广播分有序广播和标准广播
   B. 标准广播是按照一定的优先级进行接收的
   C. 标准广播可以被拦截，可以被修改数据
   D. 有序广播按照一定的优先级进行发送

2. 下列选项中，关于系统广播的说法正确的是（ ）。
   A. 当接收到短信时会发送一条系统广播
   B. 当耳机插入或拔出时会发送一条系统广播
   C. 当电池电量发生变化时会发送一条系统广播
   D. 当 WiFi 或蓝牙连接状态发生变化时会发送一条系统广播

四、简答题

1. 简述标准广播和有序广播的区别。
2. 简述系统广播和本地广播的区别。

拓展阅读

鲜为人知的历史

中国也曾经拥有过自己的 CPU 和全自主的半导体产业。

1958 年，原七机部的张梓昌高级工程师对苏联提供的 M-3 机设计图纸进行局部修改后，成功研制出 103 计算机。该机字长 31 位，内存容量为 1024B，运算速度提高到每秒 3000 次。

1959 年，张效祥教授以苏联还在研制中的 БЭСМ-II 计算机为模板成功研制出 104 计算机。该机有电子管 4200 个、二极管 4000 个，字长 39 位，每秒运行 1 万次。

我们的前辈在极其艰苦的条件下，为我国留下了宝贵的遗产。

第 6 章 Android 核心组件——Service

按照工作方式的不同，可将 Android 应用程序划分为前台程序和后台服务。Activity 一旦启动便会向用户呈现某种交互界面，它是一种典型的前台程序。与前台程序不同的是，后台服务无须使用窗口或界面与用户进行交互，它通常驻留在系统后台执行某些耗时的任务，或者为其他应用程序提供逻辑处理。Android 系统为开发后台服务提供了大量的 Service 组件。本章将在介绍 Service 基本概念的基础上，重点讲解以启动方式和绑定方式使用 Service 的方法、Service 的生命周期、IntentService 及 Android 提供的系统服务等。

6.1 Service 简介

Service 是 Android 为支持应用程序后台运行所提供的应用组件。它没有用户界面，即使将应用程序切换到后台或另外打开一个新的应用程序，它仍然能够持续运行。在 Android SDK 中，Service 类继承自 android.content.ContextWrapper 类，并向下派生了 AbstractInputMethodService、AccessibilityService 和 IntentService 等多个子类。

按照类型，Service 可分为两种。

（1）本地服务

本地服务（Local Service）通常在应用程序内部使用，执行需长时间运行的操作。例如，应用程序数据自动更新和音/视频播放服务等。

（2）远程服务（Remote Service）

远程服务通常用于在应用程序之间进行通信。可将某些应用程序的逻辑处理功能封装成 Service，提供给其他应用程序使用。例如，远程文件下载和在线翻译等。

Service 依赖于创建服务所在的应用程序进程，当应用程序进程结束时，所有依赖于该进程的服务也将停止运行。此外，创建 Service 时不会自动开启执行线程，要运行 Service 需创建子线程。应用程序可根据需要，选择下述任一方式运行 Service。

方式 1：以启动方式运行 Service

以启动方式运行的 Service 一旦被启动，将一直驻留在系统的后台持续运行。此外，以启动方式运行的 Service 不受调用组件是否停止运行的影响。通常，以启动方式运行的 Service 仅执行单一操作，不向调用者返回执行结果。

方式 2：以绑定方式运行 Service

以绑定方式运行的 Service 会向外提供一个允许应用组件与 Service 进行交互的"客户端-服务器"接口。通过该接口，应用组件可对 Service 发送请求、获取结果，甚至还能够执行跨进程通信。

6.2 Service 的功能和特点

Service 的功能类似 Linux 系统中的守护进程，它能够长时间运行在应用程序后台。某些 Service 甚至能够随 Android 系统的启动开始运行，直至系统关闭。Service 不是一个独立的进程，它通常作为应用程序的一部分提供下述功能。

1. 应用程序逻辑功能的调度者

以闹钟应用程序为例，它在开机时启动，读取用户设定好的闹钟信息，然后，注册使用 Android 系统提供的定时服务，以便能够准时地向用户提醒闹钟信息。此外，功能完善的闹钟应用还能监听某些和时间变化相关的用户事件与系统事件。例如，当用户修改完系统时间或时区发生改变时，闹钟应用应立刻检查、处理预设的闹钟信息。在这种情况下，Service 组件的角色便是应用程序逻辑功能的调度者。它收集应用程序执行过程中可能发生的各类事件，对这些事件进行分析、处理，进而更新 UI、修改应用数据，并能调度应用程序的各个组件使其保持在正确的运行状态。

2. 界面组件的功能提供者

界面组件是 Android 中功能复用的基本单元。这种功能复用包含了对整个应用界面、应用数据和应用逻辑的复用。但是对某些应用场景而言，无须这种大粒度的功能复用。例如 Android 的输入法框架，它是一种基于 Service 组件的功能复用框架。Android 设备中可能安装多个输入法应用程序，每个应用都有不同的用户界面和词典数据。但是，这些应用却不需要复用系统默认输入法提供的用户界面，而仅需系统从后台提供对控制输入法的消隐和绑定等操作的支持即可。

综上所述，Service 具有下述特点。

1）无用户界面，不与用户进行交互。
2）长时间驻留运行，不占用应用程序的控制权。
3）可用于进程间通信，支持不同应用之间进行数据交换。
4）不会轻易被系统终止运行。

6.3 以启动方式运行 Service

6.3.1 创建 Service

创建以启动方式运行的 Service 需要三个步骤。

1）自定义一个继承自 Service 的子类。
2）在该 Service 子类中实现或覆盖父类的 onBind( ) 和 onStartCommand( ) 等方法。
3）将 Service 子类注册到项目目录下的 AndroidManifest.xml 清单文件中。

【例 6-1】创建一个以启动方式运行的 Service。图 6-1 所示是应用程序的主界面，它包括"启动 SERVICE"和"停止 SERVICE"两个按钮。单击"启动 SERVICE"按钮将启动一个计时服务，该服务运行后将循环累加应用程序的运行时间，

图 6-1 计时 Service

并将累加结果输出到 Android Studio 的 LogCat 窗口。"停止 SERVICE"按钮则用于停止计时服务。

使用下面的代码定义一个从 android.app.Service 类继承的子类——CountService。

```java
public class CountService extends Service {
    //结束服务标识
    private boolean threadDisable = false;
    private int count = 0;
    @Override
    public IBinder onBind(Intent intent) {
        //TODO: Return the communication channel to the service.
        return null;
    }

    @Override
    public int onStartCommand(Intent intent, int flags, int startId) {
        while (!threadDisable) {
          try
          {
              //休眠 1 s
              Thread.sleep(1000);
          }
          catch(InterruptedException e)
          {
          }
          //计数器加 1
          count++;
          //输出计数器数值
          Log.v("CountService","Count is "+count);
        }
        //配置服务一直在后台执行
        return START_STICKY;
    }
    @Override
    public void onDestroy() {
        super.onDestroy();
        threadDisable = true;
    }
}
```

代码解释：

在上述代码段中用粗体标记的代码为 Service 子类的创建方法。可从 android.app.Service 类继承创建自定义 Service 子类。在 Service 子类中，实现或覆写父类提供的 onBind()、onStartCommand() 和 onDestroy() 等方法。其中，onBind() 方法是父类中唯一的抽象方法，必须在子类中实现，此处未添加任何逻辑代码，仅是返回一个空的 IBinder 对象；onStartCommand() 方法会在每次服务启动时被调用，可将 Service 的应用逻辑添加到方法内，此处，使用了一段循环代码实现了计数器的日志输出功能，可为 onStartCommand() 方法设置 START_STICKY 返回值，将 Service 配置到后台一直运行；onDestroy() 方法则是在服务销毁时被调用，此处，调用了父类的同名方法以回收不再使用的系统资源，同时，设置了结束循环标识以结束服务的连续运行。

当完成了对 Service 子类的定义后，接下来需要在项目目录下的 AndroidManifest.xml 清单文件中添加<service>标签，完成对 Service 对象的注册。与 Activity 组件的注册方法类似，也可以在<service>内添加<intent-filter>子标签，指明该 Service 能够被哪些 Intent 启动。

在 AndroidManifest.xml 清单文件中添加的<service>标签如下。

```xml
<!--注册一个 Service 组件-->
<service
    android:name=".CountService"
    android:enabled="true"
    android:exported="true">
</service>
```

代码解释：
上述代码段中粗体标记的代码表示向 Android 系统注册类名为 CountService 的服务。

6.3.2 启动和停止 Service

当服务创建完成后，可使用 Intent 对象启动和停止服务。在项目视图中，双击打开 MainActivity.java 文件，找到 onCreate( )方法，分别为"启动 SERVICE"和"停止 SERVICE"按钮添加服务的启动和停止代码。

```java
protected void onCreate(Bundle savedInstanceState) {
    super.onCreate(savedInstanceState);
    setContentView(R.layout.activity_main);
    StartServiceBtn = (Button)findViewById(R.id.startSrvbtn);
    StopServiceBtn = (Button)findViewById(R.id.stopSrvbtn);

    StartServiceBtn.setOnClickListener(new View.OnClickListener()
    {
        @Override
        public void onClick(View v) {
            Intent intent = new Intent(MainActivity.this, CountService.class);
            //启动服务
            startService(intent);
        }
    });
    StopServiceBtn.setOnClickListener(new View.OnClickListener()
    {
        @Override
        public void onClick(View v) {
            Intent intent = new Intent(MainActivity.this, CountService.class);
            //停止服务
            stopService(intent);
        }
    });
}
```

代码解释：
在上述代码段中服务的启动和停止方法用粗体标记。在"启动 SERVICE"按钮的单击事件监听器中，首先构造出一个用于启动服务的 Intent 对象；然后，再调用 startService( )方法完成对 CountService 服务的启动。在"停止 SERVICE"按钮的单击事件监听器中，首先构造出一个用于停止服务的 Intent 对象；然后，再调用 stopService( )方法完成对 CountService

服务的停止。

编译并运行该应用程序,单击"启动 SERVICE"按钮,观察 Android Studio 的 LogCat 窗口中的日志信息,如图 6-2 所示。可以看到,服务启动后将不间断地对计时器进行累加计数。

图 6-2 Service 启动后的日志信息

单击"停止 SERVICE"按钮,模拟器将弹出图 6-3 所示的异常提示对话框,提示应用程序无法对用户操作进行响应。

出现该类异常的主要原因是创建 CountService 时,将其指定到了应用程序的 UI 线程中执行,而 CountService 执行的又是耗时的循环代码。因此,CountService 的执行阻塞了 UI 线程的执行,导致应用程序无法响应用户的界面操作。

图 6-3 停止 Service 时的异常提示对话框

可进一步修改 CountService 的 onStartCommand( )方法,将计数逻辑用一个独立线程执行。

```java
public int onStartCommand(Intent intent,int flags, int startId) {
    //创建独立的线程执行 Service
    new Thread(new Runnable( )
    {
        @Override
        public void run( ) {
            while (!threadDisable) {
                try
                {
                    //休眠 1 s
                    Thread.sleep(1000);
                }
                catch(InterruptedException e)
                {
                }
                //计数器加 1
                count++;
                //打印计数器数值
                Log.v("CountService","Count is "+count);
            }
        }
    });
    return START_STICKY;
}
```

6.3.3 Service 的运行模式

当以启动方式运行 Service 时，通常会将服务的实现逻辑放置在 onStartCommand( ) 方法内。该方法使用 3 个返回值标识 Service 的运行模式。

（1）START_STICKY

该返回值标识的运行模式是，当 Service 因系统内存不足而被"杀死"（Kill）后，当经过一段时间后系统内存再次空闲时，系统将尝试重新生成 Service 对象，并在对象成功生成后回调 onStartCommand( ) 方法。该运行模式适用于不执行命令但需长期驻留运行的服务。例如，媒体播放器的后台音乐播放服务。

（2）START_NOT_STICKY

该返回值标识的运行模式是，当 Service 因系统内存不足而被 Kill 后，即使系统内存再次空闲，系统也不会再次尝试重新生成 Service。但是，可以通过再次调用 startService( ) 方法启动 Service。该运行模式适用于对未完成的服务重启运行。例如，网络环境下的文件下载服务。

（3）START_REDELIVER_INTENT

该返回值标识的运行模式是，当 Service 因系统内存不足而被 Kill 后，系统会重新生成 Service 对象，并在回调 onStartCommand( ) 方法时使用传递给服务的最后一个 Intent（最后一次调用 startService( ) 方法启动服务时传递的 Intent 对象）。这种运行模式确保了传递给 Service 的 Intent 一定会被处理完成，十分适用于处理关键业务逻辑。

6.4 以绑定方式运行 Service

6.4.1 创建 Service

当 Service 以启动方式运行后，Service 与访问组件之间是无法进行方法调用的。如果要将 Service 实现的某些底层操作和业务逻辑提供给其他组件调用，可以用绑定方式运行 Service。在绑定运行方式下，外部访问组件通过 Context.bind( ) 方法绑定 Service，Service 组件则向访问组件返回一个实现了 IBinder 接口的对象，通过该对象即可实现两者之间的通信。可按下述步骤创建以绑定方式运行的 Service。

1）将 Service 提供给外部访问的功能封装到接口中。

2）在 Service 中添加一个内部类，它从 Bind 类继承并实现步骤 1）为 Service 定义的外部接口。

3）将步骤 2）中的内部类对象用 onBind( ) 方法返回，以提供给外部访问组件使用。

下面将例 6-1 中创建的 CountService 类修改为支持以绑定方式运行的 Service。

首先，为 CountService 类增加一个外部接口定义。

```
public interface ICountService {
    public abstract int getCount( );
}
```

代码解释：

ICountService 接口定义了一个提供返回计数值的抽象方法，外部访问组件可使用该方法读取 CountService 的计数值。

然后，为 CountService 添加一个内部类，并用 onBind( ) 方法返回该内部类的一个对象，使得 CountService 能够支持以绑定方式使用。

```java
public class CountService extends Service {
    private boolean threadDisable = false;
    private int count = 0;
    //创建 ServiceBinder 对象
    private ServiceBinder serviceBinder = new serviceBinder( );
    public class ServiceBinder extends Binder implements ICountService {
        @Override
        public int getCount( ) {
            return count;
        }
    }
    @Override
    public IBinder onBind( Intent intent) {
        return serviceBinder;
    }

    @Override
    public void onCreate( ) {
        super.onCreate( );
        new Thread( new Runnable( )
        {
            @Override
            public void run( ) {
                while ( !threadDisable ) {
                    try
                    {
                        //休眠 1 s
                        Thread.sleep( 1000 );
                    }
                    catch( InterruptedException e)
                    {
                    }
                    //计数器加 1
                    count++;
                    //输出计数器的值
                    Log.v( "CountService", "Count is " +count );
                }
            }
        } ).start( );
    }

    @Override
    public int onStartCommand( Intent intent, int flags, int startId) {
        return START_STICKY;
    }
}
```

代码解释：

在上述代码段中 CountService 内部子类的创建方法用粗体标记。ServiceBinder 子类从 Binder 类继承而来，它实现了前文定义的 ICountService 接口。onBind( ) 方法返回了 ServiceBinder 类的一个对象，以便外部访问组件能够调用服务中提供的 getCount( ) 方法。

以绑定方式运行的 Service 不会调用 onStartCommand( ) 方法，为了启动执行服务的循环计数线程，可以将其由 onStartCommand( ) 方法移入到 onCreate( ) 方法中。

最大程度地解耦外部访问组件与 Service 组件，以绑定方式运行 Service 经常使用隐式 Intent 启动。因此，当完成对 CountService 类的修改后，可在 AndroidManifest.xml 清单文件中，找到表示该类对象的 `<service>` 标签，为其增加 `<intent-filter>` 子标签，配置 Intent-Filter 的 Action 属性，以支持用隐式 Intent 启动该 Service。

在 AndroidManifest.xml 清单文件对 `<service>` 标签的修改如下。

```xml
<!--注册一个 Service 组件-->
<service android:name=".CountService">
<intent-filter>
<action android:name="com.example.bindmodeservicedemo.CountService"/>
</intent-filter>
</service>
```

代码解释：

用粗体标记的代码段即为 CountService 的服务添加的 `<intent-filter>` 标签。该标签指明可以使用 Action 属性配置相同的 Intent 来启动该服务。

6.4.2 绑定 Service

当以绑定方式运行 Service 时，外部访问组件将不再使用 startService( ) 方法或 stopService( ) 方法来启动或关闭服务。Android 为外部访问组件提供了 bindService( ) 方法用于绑定服务。如果服务对象尚未创建，该方法会自动调用 Service.onCreate( ) 方法创建一个新的服务对象。此外，bindService( ) 方法使用 ServiceConnection 对象表示外部访问组件到 Service 的连接。如果 Service 绑定成功，可使用 ServiceConnection 对象的 onServiceConnected( ) 方法获得由 Service 返回的 IBind 对象，由该对象可实现外部访问组件对 Service 的功能调用。

下面修改例 6-1 中的 MainActivity.java 文件，以绑定方式运行 Service。

```java
public class MainActivity extends AppCompatActivity {
    private ICountService LocalcountService;
    Button StartServiceBtn,StopServiceBtn;
    //创建 ServiceConnection 对象
    private ServiceConnection serviceConnection = new ServiceConnection() {
        @Override
        public void onServiceConnected(ComponentName name, IBinder service) {
            LocalcountService=(ICountService)service;
            Log.v("CountService","On Service connected,Count is "+LocalcountService.getCount());
        }

        @Override
        public void onServiceDisconnected(ComponentName name) {
            LocalcountService=null;
        }
```

```
        };
        @Override
        protected void onCreate(Bundle savedInstanceState) {
            super.onCreate(savedInstanceState);
            setContentView(R.layout.activity_main);

            StartServiceBtn = (Button)findViewById(R.id.startSrvbtn);
            StopServiceBtn = (Button)findViewById(R.id.stopSrvbtn);
            StartServiceBtn.setOnClickListener(new View.OnClickListener()
            {
                @Override
                public void onClick(View v) {
                    //绑定服务
                    bindService(new Intent("com.example.bindmodeservicedemo.CountService"),serviceConnection,BIND_AUTO_CREATE);
                }
            });
            StopServiceBtn.setOnClickListener(new View.OnClickListener()
            {
                @Override
                public void onClick(View v) {
                    //解绑服务
                    unbindService(serviceConnection);
                }
            });
        }
    }
```

代码解释：

第一段粗体标记的代码段表示 ServiceConnection 匿名对象的创建方法。ServiceConnection 的匿名类覆盖了两个方法：onServiceConnected() 和 onServiceDisconnected()。使用 onServiceConnected() 方法可以接收由绑定服务返回的 IBind 对象，只需将该对象强制转换成 ICountService 对象，即可调用 CountService 提供的 getCount() 方法了。

第二段粗体标记的代码段表示 CountService 的绑定方法。通过调用 bindService() 方法即可绑定 CountService。该方法有三个输入参数：第一个参数是一个隐式 Intent，它用于启动 CountService；第二个参数是 ServerConnection 对象，使用该对象可取回由 Service 返回给外部访问的接口对象；第三个参数为常量 BIND_AUTO_CREATE，它指示如果没有 CountService 对象存在时，是否允许创建一个新的对象。

第三段粗体标记的代码段表示 CountService 的解绑方法。可使用 unbindService() 方法解除对 CountService 的绑定，释放连接占用的系统资源。

6.5 Service 的生命周期

与 Activity 类似，Service 也有生命周期。例如，onCreate()、onStartCommand()、onBind() 和 onDestroy() 等方法都是 Service 生命周期内的回调方法。Service 有两种运行方式，它们对 Service 生命周期的影响是不同的。图 6-4 左侧子图给出了以启动方式运行 Service 时，与生命周期相关的不同函数的调用顺序；图 6-4 右侧子图则给出了以绑定方式运行 Service 时，与生命周期相关的不同函数的调用顺序。

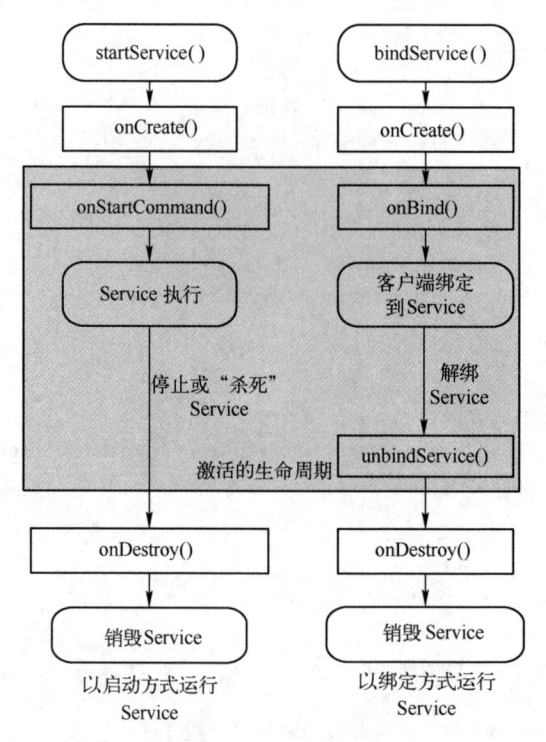

图 6-4 Service 的生命周期

（1）以启动方式运行 Service

一旦应用程序调用了 Context.startService()方法，Service 就会被启动并自动回调 onStartCommand()方法。如果 Service 从未被创建过，Android 将调用 onCreate()方法初始化 Service，然后再调用 onStartCommand()方法执行。当 Service 启动后将一直运行下去，直到使用 stopService()或 stopSelf()方法停止服务。需要指出的是，无论调用多少次 startService()方法，只需调用一次 stopService()或 stopSelf()方法就可停止服务的运行。这是因为，虽然每次调用 startService()方法，onStartCommand()方法都会被再次调用，但实际上每个服务仅有一个运行对象。

（2）以绑定方式运行 Service

外部应用可以调用 Context.bindService()方法，以绑定方式运行 Service。该方法会获得 Service 的持久连接；然后，通过回调 Service 内的 onBind()方法，便可返回由 Service 提供给外部的 IBinder 对象，这样，外部应用就可以调用 Service 中的方法了。如果 Service 从未被创建过，Android 将调用 onCreate()方法初始化 Service，然后再调用 onBind()方法。只要外部应用和 Service 之间的连接没有断开，Service 将一直运行下去。只有当外部应用调用 unbindService()方法以后，Service 才会停止运行。相应地，onDestroy()方法就会被回调执行。

还有一种特殊情况，即某个 Service 同时以启动和绑定方式运行。那么，在这种情况下该如何停止 Service 呢？根据 Android 系统的机制，一个服务只要被启动或绑定了之后，就一直处于运行状态，如果要停止 Service 的运行，就必须将 stopService()和 unbindService()方法都调用一次。

6.6　Service 与多线程

Service 默认运行在应用程序的 UI 线程，如果 Service 执行非常耗时的应用逻辑，就很容易阻塞 UI 线程的执行，导致应用程序无法响应用户操作（见图 6-3）。Android 系统提供了多线程编程机制，能够很好地解决该类问题。当使用 Service 组件时，可为启动运行的 Service 创建独立于 UI 的子线程。

6.6.1　线程的基本用法

Android 采用了与 Java 语言类似的多线程编程方法。可使用下述方法对线程进行定义。

1. 从 Thread 父类继承

可创建一个从 Thread 类继承的子类，定义一个线程。在子类中，通过覆写父类的 run() 方法，就可以添加线程的运行逻辑。例如，可使用下述代码定义一个线程。

```
Class MyThread extends Thread {
    @override
    Public void run() {
        //线程的运行逻辑
        …
    }
}
```

针对上述定义，可使用下述代码创建一个线程对象，并调用父类的 Thread.start() 方法运行 run() 中添加的逻辑代码。

```
new MyThread().start();
```

2. 实现 Runnable 接口

Java 的单继承机制导致了 Thread 的子类不能再继承其他类。为降低应用组件的耦合度，可采用实现 Runnable 接口的方法来定义一个线程。例如，可使用下述代码定义一个线程。

```
Class MyThread implementsRunnable {
    @override
    Public void run() {
        //线程的运行逻辑
        …
    }
}
```

如果使用了上述代码定义线程，就需要使用下述代码启动线程。

```
MyThread=new myThread();
newThread(MyThread).start();
```

更常用的线程启动方法是不直接定义一个实现了 Runnable 接口的类，而是使用匿名类，代码如下。

```
newThread(new Runnable(){
    @override
    Public void run() {
        //线程的运行逻辑
        …
```

```
    |
}).start();
```

6.6.2 异步消息处理机制

Android 系统不允许子线程直接操作 UI 控件。而在编程实践中,很多子线程却往往需要将执行的结果实时更新到 UI 控件。Android 提供了一套异步消息处理机制,用于解决子线程中更新 UI 控件的问题。Android 的异步消息处理主要由 4 个组件构成:Message、Handler、MessageQueue 和 Looper。

(1) Message

Message 用于在不同线程间发送消息,可使用 Bundle 对象封装不同类型的消息值。Message 类常用的属性包括 Message.what、Message.obj、Message.arg1 和 Message.arg2。其中:Message.what 用于指定用户自定义的消息代码,它能够方便接收端了解消息携带的信息;Message.obj 用于保存发送给接收端的 Object 对象;Message.arg1 和 Message.arg2 则用于存放整型数据。

(2) Handler

Handler 主要用于发送和接收消息。可以使用 Handler.sendMessage()方法发送消息。发出的消息经过逻辑处理后,最终传递给 Handler.handleMessage()。

(3) MessageQueue

MessageQueue 即消息队列,它主要用于保存所有通过 Handler 发送的消息。每个线程只有一个 MessageQueue 对象。

(4) Looper

Looper 负责对 MessageQueue 中的消息进行管理。每个线程只有一个 Looper 对象。当使用 Looper.loop()方法启动 Looper 对象后,Looper 对象便开始监视 MessageQueue 中存放的消息。当发现 MessageQueue 中有一条消息时,Looper 对象便将该消息取出并传递给 Handler 对象的 handleMessage()方法。

图 6-5 所示是异步消息处理机制的处理流程。首先,由应用程序的 UI 线程创建一个 Handler

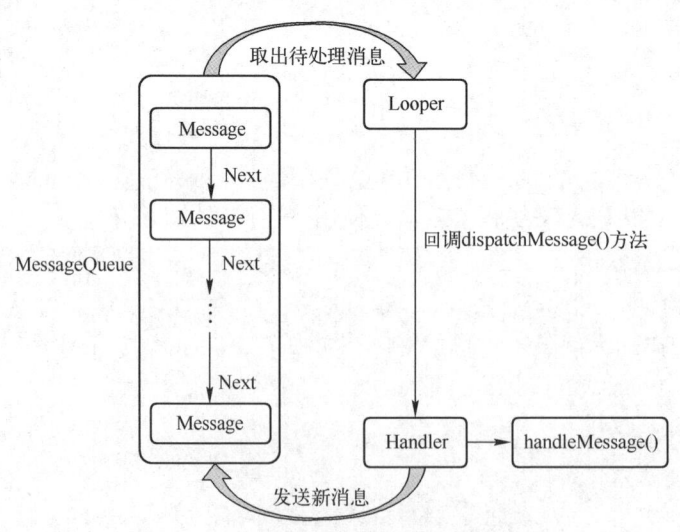

图 6-5 异步消息处理机制的处理流程

对象，并覆写 Handler 对象的 handleMessage( )方法。然后，当子线程需要更新 UI 控件时，会创建一个 Message 对象，并使用 Handler 对象将这条消息发送出去。随后，该消息就会被 Android 系统加入子线程的 MessageQueue 中等待被处理。Looper 对象则始终尝试从同一子线程的 MessageQueue 中取出待处理消息，再将其传递给 Handler 对象的 handleMessage( )方法。因为 Handler 对象是由 UI 线程创建的，所以 Handler 对象的 handleMessage( )方法中的代码也会运行在 UI 线程。从而，子线程可以通过这种异步消息处理机制安全地更新 UI 控件。

6.7 IntentService

Service 组件是 Android 中最易被误用的组件。当 Service 被应用程序创建后，它默认将在应用程序的主线程（UI 线程）中运行。此外，Service 不是以新线程启动的，因此也不宜直接使用 Service 处理耗时的任务。为执行耗时任务，通常会在 Service 中创建新的子线程。但是，当应用程序没有任何活动的组件后，Service 的宿主进程就可能被 Android 系统随时终止，这将导致执行 Service 的子线程无法继续运行。

为了可以简单地创建一个异步的、会自动停止的服务，Android 提供了一个从 Service 派生的子类——IntentService，以解决上述 Service 在使用上的不足。IntentService 使用队列来管理请求的 Intent，每当客户端通过 Intent 启动 IntentService 时，IntentService 就会将其加入到队列中，然后，开启一个新的 worker 线程来处理该 Intent。IntentService 具有下述特点。

1) 内部包含单独的 worker 线程，用于处理接收到的 Intent 请求。
2) 内部包含单独的 worker 线程，用于处理 Service.onHandleIntent( )方法。
3) 当所有 Intent 请求处理完毕后，无须再调用 Service.stopself( )方法即可停止运行。
4) 提供了一个返回 null 值的 Service.onBind( )方法的默认实现。
5) 提供了 Service.onStartCommand( )方法的默认实现，它会将 Intent 添加到队列中。

【例 6-2】定义一个 IntentService 的子类，并说明 IntentService 对象的启动和停止方法。
1) 定义一个从 IntentService 类继承的子类——CountIntentService。

```java
public class CountIntentService extends IntentService {
    int span;
    public CountIntentService( )
    {
        super("CountIntentService");
    }
    public String getCurrentTime( )
    {
        SimpleDateFormat TimeFormat = new SimpleDateFormat("yyyy-MM-dd HH:mm:ss");
        String CurTime = TimeFormat.format(new java.util.Date( ));
        return CurTime;
    }
    @Override
    protected void onHandleIntent(@Nullable Intent intent) {
        Log.v("onHandleIntent","服务启动时间"+getCurrentTime( ));
        Bundle b = intent.getBundleExtra("attachment");
        span = b.getInt("waitingtime");
        long endTime = System.currentTimeMillis( ) + span * 1000;
        Log.v("onHandleIntent","服务持续时间"+span);
        while (System.currentTimeMillis( ) < endTime)
        {
```

```
                synchronized (this)
                {
                    try
                    {
                        wait(endTime-System.currentTimeMillis());
                    }
                    catch(Exception e)
                    {
                    }
                }
            }
        }
        @Override
        public void onDestroy()﹛
            Log. v("onDestroy","服务销毁时间"+getCurrentTime());
            super. onDestroy();
        ﹜
    ﹜
```

代码解释:

第一段粗体标记的代码段给出了 IntentService 子类的无参数构造方法。在构造方法中可通过向父类的构造方法传递字符串来设置 IntentService 的 worker 线程名称。

第二段粗体标记的代码段给出了 onHandleIntent() 方法在 IntentService 子类中的实现代码。它读取由 Intent 对象传递而来的服务持续运行时间,并使用 wait() 方法模拟服务中执行的逻辑代码。

第三段粗体标记的代码段给出了 onDestroy() 方法在 IntentService 子类中的实现代码。除 onDestroy() 方法之外,IntentService 子类还可以覆写 Service 生命周期中的其他回调方法。但是,覆写方法应在最后一行代码处添加对父类的同名方法的调用,否则,IntentService 执行时将抛出异常。

2) 为应用程序添加启动 Activity——MainActivity。在项目视图中,双击打开 MainActivity.java 文件,找到 onCreate() 方法,分别为"启动 SERVICE"和"停止 SERVICE"按钮添加服务的启动和停止代码。

```
protected void onCreate(Bundle savedInstanceState)﹛
    super. onCreate(savedInstanceState);
    setContentView(R. layout. activity_main);

    StartServiceBtn=(Button)findViewById(R. id. startSrvbtn);
    StopServiceBtn=(Button)findViewById(R. id. stopSrvbtn);

    StartServiceBtn. setOnClickListener(new View. OnClickListener()
    ﹛
        @Override
        public void onClick(View v)﹛
            Intent intent =new Intent(MainActivity. this,CountIntentService. class);
            Bundle bd=new Bundle();
            bd. putInt("waitingtime",5);
            intent. putExtra("attachment",bd);
            //启动服务
            startService(intent);
```

```
            });
    StopServiceBtn.setOnClickListener(new View.OnClickListener()
    {
        @Override
        public void onClick(View v) {
            Intent intent =new Intent(MainActivity.this,CountIntentService.class);
            //停止服务
            stopService(intent);
        }
    });
}
```

代码解释：

第一段粗体标记的代码段给出了 IntentService 的启动方法。为设置服务启动后的运行时间，可为请求 Intent 附加一个携带定时信息的 Bundle 对象。然后，使用 startService( ) 方法即可启动服务。

第二段粗体标记的代码段给出了 IntentService 的停止方法。可使用 stopService( ) 方法停止 IntentService 服务的运行。

编译并运行应用程序。在 MainActivity 上连续单击三次 "启动 SERVICE" 按钮，以模拟多次向 CountIntentService 发出请求。图 6-6 所示是由 Android Studio 的 LogCat 窗口中显示的 CountIntentService 的运行日志。可以观察到：当 Intent 请求到达 CountIntentService 后，onHandleIntent( ) 方法将会被调用执行；虽然存在对 IntentService 的多次调用，但不会产生多线程同步异常；待所有 Intent 请求全部处理完毕，服务将自动关闭。

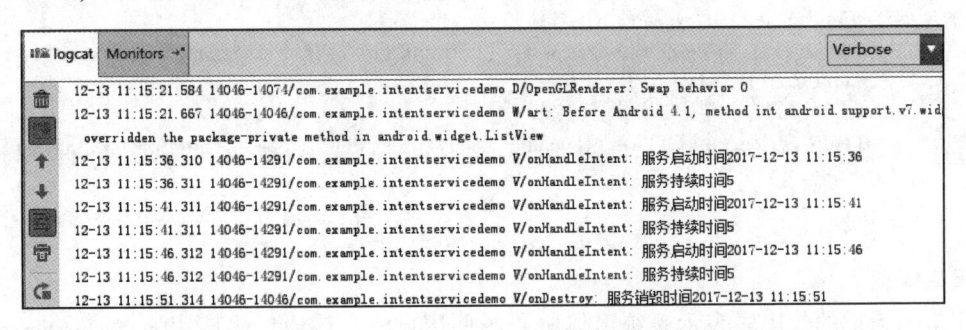

图 6-6　CountIntentService 运行时的日志

6.8　Service 的优先级

系统为 Service 分配的优先级默认是 "background"。当系统出现资源紧张时，为保证某些优先级更高的进程执行，就有可能回收后台运行的 Service。如果希望 Service 一直保持运行而不被回收，可以考虑将 Service 的优先级提升至 "foreground"。前台服务区别于后台服务的最大特征是，它会有一个正在运行的图标显示在系统的状态栏，通过下拉状态栏能够看到更详细的服务运行信息，类似于系统通知。已启动的 Service 可以使用 startForeground( ) 方法将 Service 设置为前台服务。反之，也可以使用 stopForeground( ) 方法将 Service 切换至后台服务。

6.9 使用系统提供的 Service

Android 包含了一系列的服务管理器,用于提供系统服务。例如,TelephonyManager 是一个管理手机通话状态、电话网络信息的系统服务类,它提供了许多形如 getXXX() 的方法以获取电话网络的相关信息;SmsManager 是一个管理短信的服务类,该类提供了 sendTextMessage() 方法用于发送短信;WindowManager 则提供与应用窗口相关的服务。

通过 Activity.getSystemService() 方法可以获得由 Android 应用程序框架提供的系统服务。getSystemService() 方法只有一个 String 类型的参数,用于唯一地标识 Android 提供的系统服务。例如,可以用下述字符串表示不同的系统服务:audio 表示可获得系统的音频服务,window 表示可获得系统的窗口服务,notification 表示可获得系统的通知服务。

为便于记忆和管理这些系统服务,Android SDK 在 android.content.Context 类中定义了应用程序可直接引用的字符串常量,例如:

```
public static final String AUDIO_SERVICE = "audio";              //定义音频服务的 ID
public static final String WINDOW_SERVICE = "window";            //定义窗口服务的 ID
public static final String NOTIFICATION_SERVICE = "notification"; //定义通知服务的 ID
```

【例 6-3】说明如何使用 Android 提供的窗口服务来获得移动设备的屏幕分辨率。

在项目视图中,双击打开 MainActivity.java 文件,找到 onCreate() 方法,添加下述代码。

```
public class MainActivity extends AppCompatActivity {
    @Override
    protected void onCreate(Bundle savedInstanceState) {
        super.onCreate(savedInstanceState);
        setContentView(R.layout.activity_main);
        android.view.WindowManager wm = (android.view.WindowManager) getSystemService
            (Context.WINDOW_SERVICE);
        //在窗口的标题栏输出屏幕分辨率
        setTitle(String.valueOf(wm.getDefaultDisplay().getWidth()) +" * "+wm.getDefaultDisplay().
            getHeight()); 
    }
}
```

代码解释:

用粗体标记的代码段表示系统窗体服务的使用方法。该段代码使用 getSystemService() 方法返回服务管理器;然后,将其强制转换为 WindowManager 对象;最后,调用 WindowManager.getDefaultDisplay() 方法,获得屏幕分辨率后,即可设置窗口标题。

编译并运行应用程序,启动后应用程序的界面如图 6-7 所示。

图 6-7 使用系统服务显示屏幕分辨率

6.10 小结

Service 组件在 Android 应用程序开发中主要支持两种功能的开发：一是支持长期运行的耗时工作，二是支持进程间的交互。相应地，Service 组件有两种运行方式，分别是启动方式和绑定方式。不同的运行方式决定 Service 组件具有不同的生命周期。当在启动方式下使用时，Service 组件的开发工作主要是实现回调方法 onStartCommand()，而根据该回调方法返回值的不同，又决定了 Service 的后台运行属性。当在绑定方式下使用时，客户端将使用 bindService() 方法调用服务向外部提供的功能，此时 Service 需要在回调方法 onBind() 中返回实现了业务逻辑的 IBinder 实例。

6.11 习题

一、填空题

1. 如果想要停止 bindService() 方法启动的服务，需要调用_____方法。
2. 按照类型，Android 系统的 Service 的通信方式分为两种：_____和_____。
3. Android 的异步消息处理主要由 4 个组件构成：_____、_____、_____和_____。
4. 系统为 Service 分配的优先级默认是_____。当系统出现资源紧张时，为保证某些优先级更高的进程执行，就有可能回收后台运行的 Service。如果希望 Service 一直保持运行状态，而不被回收，可以考虑将 Service 的优先级提升至_____。
5. 通过_____方法可以获得由 Android 应用程序框架提供的系统服务。

二、判断题

1. Service 服务是运行在子线程中的。（   ）
2. 不管使用哪种方式启动 Service，它的生命周期都是一样的。（   ）
3. 一个组件只能绑定一个服务。（   ）

三、选择题

1. 如果通过 bindService() 方法开启服务，那么 Service 的生命周期是（   ）。
   A. onCreate()→onStart()→onBind()→onDestroy()
   B. onCreate()→onBind()→onDestroy()
   C. onCreate()→onBind ()→onUnBind()→onDestroy()
   D. onCreate()→onStart ()→onBind ()→onUnBind()→onDestroy()
2. 下列关于 Service 的描述中，错误的是（   ）。
   A. Service 是没有用户可见界面的，不能与用户交互的
   B. Service 可以通过 Context.startService() 来启动
   C. Service 可以通过 Context.bindService() 来启动
   D. Service 无须在清单文件中进行配置
3. 下列关于 Service 的方法描述中，错误的是（   ）。
   A. onCreate() 表示第一次创建服务时执行的方法
   B. 调用 startService() 方法启动服务时执行的方法是 onStartCommand()
   C. 调用 bindService() 方法启动服务时执行的方法是 onBind()

D. 调用 startService( )方法断开服务绑定时执行的方法是 onUnbind( )

四、简答题
1. 简述 Service 的基本概念。
2. 简述 Service 的功能和特点。
3. 简述 Service 两种启动方式的区别。
4. 简述 Service 的生命周期。
5. 简述创建一个以绑定方式运行的 Service 的步骤。
6. 简述 IntentService 的特点。
7. 简述前台服务区别于后台服务的最大特征。

拓展阅读

夏培肃

夏培肃是我国并行计算机的开拓者之一。20 世纪 50 年代，她主导研制成功中国第一台自行设计的通用电子数字计算机；1960 年，由夏培肃自行设计的 107 计算机研制成功，这是一台小型的串联通用电子管数字计算机，共有各种程序 100 多个，包括检查程序、错误诊断程序、标准子程序、标准程序和各种应用程序等。她负责设计研制的高速阵列处理机使石油勘探中的常规地震资料处理速度提高了 10 倍以上。她还提出了最大时间差流水线设计原则，根据这个原则设计的向量处理机的运算速度比当时国内向量处理机快 4 倍。

第 7 章 Android 的数据存储

数据存储是 Android 应用最常使用的功能之一。将应用程序的参数设置、运行结果等持久化存储到外部存储器，能够有效防止关机后关键数据的丢失。本章将详细介绍 Android 应用开发中经常用到的数据存储操作，包括 SharedPreferences 存储、文件存储和数据库存储。

7.1 数据持久化简介

数据持久化指的是将内存中应用程序的中间数据或运行结果永久保存到存储介质中，以防止关机后数据丢失。Android 提供了持久化数据存储技术，能够将数据在瞬时状态和持久状态之间互相转换。持久化数据存储技术主要包括 SharedPreferences 存储、文件存储和数据库存储 3 种。

（1）SharedPreferences 存储

SharedPreferences 采用"键-值"对的形式组织和管理数据，将数据存储到 XML 文件中。该方式实现简单，是一种"轻量级"的存储机制，适合简单数据的存储。

（2）文件存储

与 SharedPreferences 存储相比，文件存储能够保存大容量数据，是一种"重量级"的存储机制。但是，这种数据存储机制不适合处理结构化数据。

（3）数据库存储

与前两种存储方式相比，数据库存储不仅能够保存大容量数据，而且适合处理结构化数据。借助于 Android 系统内嵌的 SQLite 数据库管理系统，数据存储机制能够方便地对数据库中的数据进行增加、插入、删除和更新等操作。

7.2 SharedPreferences 存储

许多应用程序只需要保存少量数据，并且这些数据的格式相对较为简单。SharedPreferences 存储方式非常适用于这种类型的应用。SharedPreferences 使用"键-值"对的形式来存储数据：在保存数据的同时为其指定唯一的键，并且将键与保存的数据同时存储在存储介质中；这样，当读取数据时就可以通过键快速地将目标数据提取出来。SharedPreferences 还支持多种数据类型的存储。例如，如果存储的是整型数据，那么，通过键读取出来的数据也是整型的；如果存储的是字符串类型数据，那么，通过键读取出来的数据仍然是字符串类型的。

7.2.1 将数据存储到 SharedPreferences 中

在使用 SharedPreferences 存储数据前，首先应获得 Android 提供的 SharedPreferences 对

象。可使用下述3种方法得到SharedPreferences对象。

（1）Context.getSharedPreferences(String name, FileCreationMode mode)

第一个参数用于指定SharedPreferences文件的名称。如果指定的文件不存在，则会在/data/data/<package name>/shared_prefs/目录下按照输入的文件名创建一个新的SharedPreferences文件。第二个参数用于指定SharedPreferences文件的操作模式。在Android 6.0版本之后，仅有MODE_PRIVATE这一模式可选，它也是SharedPreferences的默认操作模式。该模式表示只有创建SharedPreferences的应用程序才能够对SharedPreferences文件执行读、写操作。

（2）Activity.getPreferences(int mode)

该方法只需要输入操作模式参数，便能够得到SharedPreferences对象。因为，该方法调用时会自动地将当前Activity的类名作为SharedPreferences的文件名。

（3）PreferenceManager.getDefaultSharedPreferences(Context context)

这是一个静态方法，它接收一个Context参数，并自动使用当前应用程序的包名作为前缀来命名SharedPreferences文件。

当得到SharedPreferences对象之后，就可以按照下述步骤向SharedPreferences文件中写入待保存的数据。

1）调用SharedPreferences.edit()方法来获得一个SharedPreferences.Editor对象。

2）使用Editor.putXXX()方法向SharedPreferences.Editor对象中添加待保存的数据。例如，可以使用Editor.putBoolean()方法暂存一个布尔类型数据；可以使用Editor.putString()方法暂存一个字符串类型数据。

3）使用Editor.apply()方法将添加的数据提交，从而完成数据存储操作。

【例7-1】该应用程序只有一个Activity——MainActivity，如图7-1所示。当单击"保存数据"按钮后，SharedPreferences会将应用程序的数据存储到指定的文件中。

在项目视图中，双击打开MainActivity.java文件，找到onCreate()方法，为"保存数据"按钮添加数据存储代码。

图7-1 MainActivity界面

```
public class MainActivity extends AppCompatActivity {
    @Override
    protected void onCreate(Bundle savedInstanceState) {
        super.onCreate(savedInstanceState);
        setContentView(R.layout.activity_main);
        //获取"保存数据"按钮
        Button saveData = (Button)findViewById(R.id.savedatabtn);
        saveData.setOnClickListener(new View.OnClickListener()
        {
            @Override
            public void onClick(View v) {
                //获取SharedPreferences.Editor对象
                SharedPreferences.Editor editor = getSharedPreferences("data",MODE_PRIVATE).edit();
                //添加不同类型的数据
```

```
            editor.putString("Name","Zhangsan");
            editor.putInt("Age",20);
            editor.putBoolean("Male",true);
            //提交数据存储
            editor.apply();
        }
    });
}
```

代码解释：

用粗体标记的代码段表示将数据存储到 SharedPreferences 中的方法。可使用 Activity.getSharedPreferences()方法得到文件名为"data"的 SharedPreferences 对象；然后，调用 SharedPreferences 对象的 edit()方法来获得一个 SharedPreferences.Editor 对象；接着，使用 Editor.putXXX()方法为 Editor 对象添加 3 个不同类型的数据；最后，调用 Editor 对象的 apply()方法完成待存储数据的提交。

编译并运行程序，单击"保存数据"按钮；然后，在 Android Studio 的 Android Device Monitor 窗口中切换至"File Explorer"选项卡。在/data/data/com.example.sharedpreferencesdemo/shared_prefs 目录下，可以看到新生成的 data.xml 文件，如图 7-2 所示。

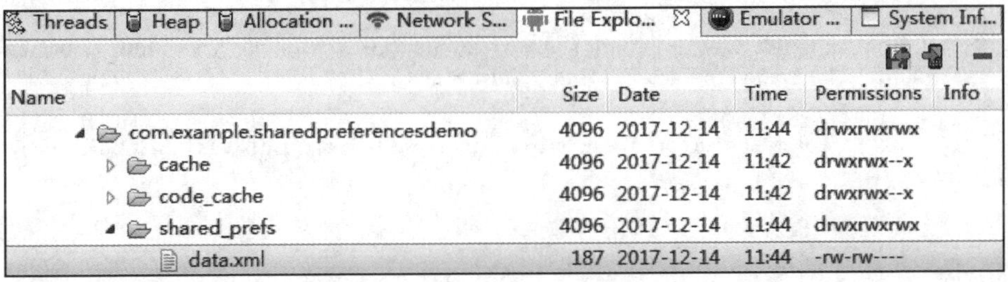

图 7-2 SharedPreferences 存储文件

使用 File Explorer 选项卡中的导出文件按钮，将 data.xml 文件导出到本地计算机。用记事本打开该文件，可看到下述内容。

```
<?xml version='1.0' encoding='utf-8' standalone='yes' ?>
<map>
<string name="name">Zhangsan</string>
<boolean name="Male" value="true"/>
<int name="Age" value="20"/>
</map>
```

可以看到，SharedPreferences 文件的根节点是<map>，它使用<string>、<boolean>和<int>标签将应用程序的数据用"键-值"对的形式保存。

7.2.2 从 SharedPreferences 中读取数据

SharedPreferences.Editor 提供了一系列 getXXX()方法，用于读取存储在 SharedPreferences 文件中的数据。getXXX()方法与上文介绍的 putXXX()方法一一对应。例如，可使用 getBoolean()方法读取一个布尔类型的数据，可使用 getString()方法读取一个字符串类型的数据。getXXX()方法有两个输入参数：第一个参数是传入存储数据时所使用的键名；第二个

Android 应用程序开发

参数则表示当未找到"键-值"对时需返回的默认存储值。

修改例 7-1，在主界面上添加一个"读取数据"按钮，用来从 SharedPreferences 文件中读取数据。

在项目视图中，双击打开 MainActivity.java 文件，找到 onCreate( ) 方法，为"读取数据"按钮添加读取数据代码。

```
public class MainActivity extends AppCompatActivity {
    @Override
    protected void onCreate(Bundle savedInstanceState) {
        super.onCreate(savedInstanceState);
        setContentView(R.layout.activity_main);
        Button saveData = (Button)findViewById(R.id.savedatabtn);
        //获取"读取数据"按钮
        Button readData = (Button)findViewById(R.id.readdatabtn);
        ...
        readData.setOnClickListener(new View.OnClickListener()
        {
            @Override
            public void onClick(View v) {
                //获取 SharedPreferences 对象
                SharedPreferences pref = getSharedPreferences("data",MODE_PRIVATE);
                //读取不同类型的数据
                String result = "Name:"+pref.getString("Name","") + " Age:"+pref.getInt("Age",0)+" Male:"+pref.getBoolean("Male",false);
                //显示读取到的数据
                Toast.makeText(MainActivity.this,result,Toast.LENGTH_SHORT).show();
            }
        });
    }
}
```

代码解释：

用粗体标记的代码段表示从 SharedPreferences 中读取数据的方法。可使用 getSharedPreferences( ) 方法得到文件名为"data"的 SharedPreferences 对象；然后，使用 SharedPreferences 对象 pref 的 getXXX( ) 方法，用键名读取存储在 SharedPreferences 文件中的数据；最后，调用 Toast 对象的 makeText( ) 方法将读取的数据显示出来。

编译并重新运行程序，单击主界面上的"读取数据"按钮，将弹出一个 Toast 对话框显示存储在 SharedPreferences 文件中的数据，如图 7-3 所示。

图 7-3 读取 SharedPreferences 文件中的数据

7.3 文件存储

SharedPreferences 存储方式虽然使用起来比较方便，但是，它只适合于存储简单类型的数据。此外，SharedPreferences 保存的数据也局限在应用程序内部使用。对于在更大范围内交换的复杂信息，可使用文件存储。为打开指定目录下的文件 I/O 流，Android 的 Context 对象提供了下述方法。

- openFileInput(String name)。该方法可为读取在应用程序数据目录下的名为 name 的文

108

件打开输入流。
- openFileOutput(String name,int mode)。该方法可为写入在应用程序数据目录下的名为 name 的文件打开输出流。

其中，第二个参数指定文件的打开模式，有如下预定义的常量。

MODE_PRIVATE：文件只能被当前程序读/写。

MODE_APPEND：以追加方式打开文件。

MODE_WORLD_READABLE：文件可被其他应用程序读取。

MODE_WORLD_WRITEABLE：文件可被其他应用程序读/写。

除此之外，为访问应用程序的数据目录，Context 对象还提供了下述方法。

- getDir(String name,int mode)。该方法可在应用程序数据目录下获取或创建以 name 命名的子目录。
- getFilesDir()。该方法可获取应用程序数据目录的绝对路径。
- fileList()。该方法用于返回应用程序数据目录下的全部文件。
- deleteFile(string name)。该方法用于删除应用程序数据目录下的指定文件。

7.3.1 读/写应用程序数据目录内的文件

【例 7-2】应用程序只有一个 MainActivity，其包含了两个文本框和两个按钮。如图 7-4 所示，第一组文本框和按钮主要用于向文件写入数据：可向文本框输入待保存的数据，单击"保存文件"按钮后，相应的数据将写入到应用程序数据目录下的指定文件中。如图 7-5 所示，第二组文本框和按钮主要用于从指定文件读取数据：当单击"读取文件"按钮时，文本框将显示读取的文件内容。

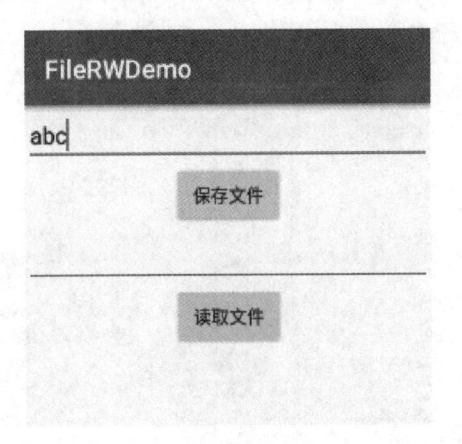

图 7-4　写入文件 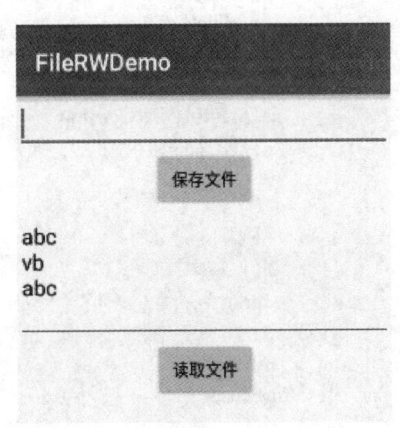　　　　　　　　图 7-5　读取文件

在项目视图中，双击打开 MainActivity.java 文件，找到 onCreate()方法，分别为"保存文件"和"读取文件"按钮添加文件读/写代码。

```
public class MainActivity extends AppCompatActivity {
    final String FILE_NAME = "FileTest.bin";
    @Override
    protected void onCreate(Bundle savedInstanceState) {
        super.onCreate(savedInstanceState);
        setContentView(R.layout.activity_main);
```

```java
            final EditText Wrttxt = (EditText) findViewById(R.id.WrtfileContent);
            Button Wrtbtn = (Button) findViewById(R.id.writefilebtn);

            final EditText Rdtxt = (EditText) findViewById(R.id.RdfileContent);
            Button Rdbtn = (Button) findViewById(R.id.readfilebtn);
            Wrtbtn.setOnClickListener(new View.OnClickListener() {
                @Override
                public void onClick(View v) {
                    //将文本输入框中的内容写入到文件
                    write(Wrttxt.getText().toString());
                    Wrttxt.setText("");
                }
            });
            Rdbtn.setOnClickListener(new View.OnClickListener() {
                @Override
                public void onClick(View v) {
                    //将文件中的内容读取到文本显示框
                    Rdtxt.setText(read());
                }
            });
    }
    private void write(String TxtContent)
    {
        try
        {
            //以追加方式打开文件输出流
            FileOutputStream fos=openFileOutput(FILE_NAME,MODE_APPEND);
            //将 FileOutputStream 封装成 PrintStream
            PrintStream ps=new PrintStream(fos);
            //输出文件内容
            ps.println(TxtContent);
            //关闭文件输出流
            ps.close();
        }
        catch (Exception e)
        {
            e.printStackTrace();
        }
    }
    private String read()
    {
        try
        {
            //打开文件输入流
            FileInputStream fis = openFileInput(FILE_NAME);
            byte[] buff=new byte[1024];
            int hasRead=0;
            StringBuilder sb=new StringBuilder("");
            //读取文件内容
            while((hasRead=fis.read(buff))>0)
            {
                sb.append(new String(buff,0,hasRead));
```

```
            }
            //关闭文件输入流
            fis.close();
            return sb.toString();
        }
        catch(Exception e)
        {
            e.printStackTrace();
        }
        return null;
    }
}
```

代码解释：

第一段粗体标记的代码段表示向应用程序数据目录写入文件的方法。可使用 openFileOutput() 方法得到一个以追加方式写入指定文件的 FileOutputStream 对象。然后，将该对象进一步封装成 PrintStream 对象。当使用 PrintStream 对象的 println() 方法将文本框中的内容逐行写入到文件后，应使用 close() 方法关闭文件输出流。

第二段粗体标记的代码段表示从应用程序数据目录读取文件的方法。可使用 openFileInput() 方法打开一个用于读取指定文件的 FileInputStream 对象。当使用 FileInputStream 对象的 read() 方法将文件内容读取到缓冲区后，应使用 close() 方法关闭文件输入流。

编译并运行程序，单击主界面上的"保存文件"按钮；然后，在 Android Studio 的 Android Device Monitor 窗口中切换至"File Explorer"选项卡。在 /data/data/com.example.filerwdemo/files 目录下，可以看到新生成的 FileTest.bin 文件，如图 7-6 所示。

图 7-6 保存的文件

使用"File Explorer"选项卡中的"导出文件"按钮，将 FileTest.bin 文件导出到本地计算机。用记事本打开该文件，可看到图 7-7 所示的文件内容。

7.3.2 读/写 SD 卡存储的文件

当应用程序使用 Context.openFileOutput() 方法打开文件输出流时，写入的数据将被保存到移动设备的内部存储介质。显然，这种文件读/写方式不适合于存储大规模数据。为了更完整地支持多存储介质下文件内容的读/写，Android 提供了读/写 SD 卡存储文件的方法。可按照下述步骤读/写 SD 卡存储的文件。

图 7-7 FileTest.bin 文件存储的内容

1) 调用 Environment 对象的 getExternalStorageState( ) 方法判断移动设备是否插入了 SD 卡，它同时能够判断应用程序是否有权限读/写 SD 卡。

2) 调用 Environment 对象的 getExternalStorageDiretory( ) 方法获得移动设备为 SD 卡分配的目录。

3) 使用 FileInputStream、FileOutputStream、FileReader 或 FileWriter 等对象读/写 SD 卡中存储的文件。

【例 7-3】在例 7-2 的基础上将读/写文件的路径修改为 SD 卡的存储目录。

在项目视图中，双击打开 MainActivity.java 文件，修改例 7-2 程序中的 write( ) 和 read( ) 方法。

```
private void write(String TxtContent)
{
    try
    {
        //如果手机插入了 SD 卡, 并且应用程序具有 SD 卡访问权限
        if (Environment.getExternalStorageState( ).equals(Environment.MEDIA_MOUNTED))
        {
            //获取 SDK 卡目录
            File SdDir=Environment.getExternalStorageDirectory( );
            File targetFile=new File(SdDir.getCanonicalPath( )+FILE_NAME);
            //指定文件 RandomAccessFile 对象
            RandomAccessFile raf=new RandomAccessFile(targetFile,"rw");
            //将文件记录指针移动到最后
            raf.seek(targetFile.length( ));
            //输出文件内容
            raf.write(TxtContent.getBytes( ));
            //关闭 RandomAccessFile
            raf.close( );
        }
    }
    catch (Exception e)
    {
        e.printStackTrace( );
    }
}
private String read( )
{
    try
    {
        //如果手机插入了 SD 卡, 并且应用程序具有 SD 卡访问权限
        if (Environment.getExternalStorageState( ).equals(Environment.MEDIA_MOUNTED))
        {
            //获取 SDK 卡目录
            File SdDir=Environment.getExternalStorageDirectory( );
            //获得指定文件对应的输入流
            FileInputStream fis=
            new FileInputStream(SdDir.getCanonicalPath( )+FILE_NAME);
            //将指定输入流包装成 BufferedReader
            BufferedReader br=new BufferedReader(new InputStreamReader(fis));
            StringBuilder sb=new StringBuilder("");
            String linetxt=null;
```

```
            //循环读取文件内容
            while((linetxt=br.readLine())! =null)
            {
                sb.append(linetxt);
            }
            //关闭资源
            br.close();
            return sb.toString();
        }
    }
    catch(Exception e)
    {
        e.printStackTrace();
    }
    return null;
}
```

代码解释:

第一段粗体标记的代码段表示向 SD 卡目录写入文件数据的方法。首先，调用 Environment 对象的 getExternalStorageState() 方法判断存储卡状态是否满足文件读/写的要求；然后，创建 RandomAccessFile 对象，并使用该对象的 write() 方法将文本框中的内容写入 SD 卡中的文件；最后，使用 close() 方法关闭 RandomAccessFile 对象。

第二段粗体标记的代码段表示从 SD 卡读取文件中存储内容的方法。与写入文件数据类似，首先应调用 Environment 对象的 getExternalStorageState() 方法判断存储卡状态是否满足文件读/写的要求；然后，用 FileInputStream 包装并创建一个 BufferedReader 对象，并使用该对象的 readLine() 方法按行读取在 SD 卡中存储的文件内容；最后，使用 close() 方法关闭 BufferedReader 对象。

需要注意的是，在读/写 SD 卡中存储的文件前，应为应用程序授予读/写 SD 卡的权限。在项目视图中，双击打开 AndroidManifest.xml 清单文件，为应用程序配置对 SD 卡中存储文件的操作权限。

```
<!--在 SD 卡中创建与删除文件权限-->
<uses-permission android:name="android.permission.MOUNT_UNMOUNT_FILESYSTEMS"/>
<!--在 SD 卡中写入数据权限-->
<uses-permission android:name="android.permission.WRITE_EXTERNAL_STORAGE"/>
```

编译并运行程序，单击主界面中的"保存文件到 SD 卡"按钮可将用户在文本框中输入的内容保存到 SD 卡中指定的文件中，如图 7-8 所示。类似地，也可打开移动设备为挂载 SD 卡生成的/mnt/sdcard 目录，查看应用程序保存的 SDFileTest.bin 文件。

7.4 数据库存储

SharedPreferences 存储和文件存储难以适应应用程序大容量、复杂类型的数据保存要求。Android 系统内默认集成了一个轻量级的嵌入式数据库——SQLite。它运算速度快、

图 7-8 读/写 SD 卡中存储的文件

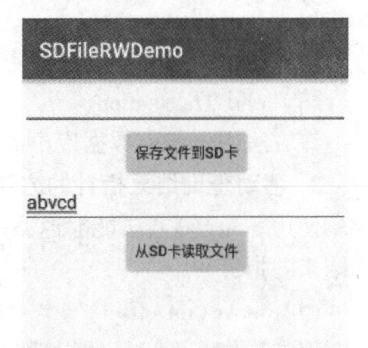

占用资源少,特别适合于在移动设备上使用。SQLite 不仅支持标准的 SQL 语法,而且还支持 ACID 事务操作,十分适合于开发数据库应用程序。

7.4.1 SQLite 简介

与常见的关系数据库管理系统相比,SQLite 数据库要简单得多。它的底层实际上就是一个数据库文件,很多情况下甚至无须使用用户名和密码就可以访问数据库。为能操作和访问数据库,Android SDK 提供了 SQLiteDatabase 类。可以使用 SQLiteDatabase 类的下述静态方法连接 SQLite 数据库。

1. 连接 SQLite 数据库的方法

(1) openDatabase(String path,CursorFactory factory,int flags)

该方法用于打开一个以 path 文件表示的 SQLite 数据库连接。

(2) openOrCreateDatabase(File file,CursorFactory factory)

该方法用于打开或新建一个用 file 文件表示的 SQLite 数据库连接。

(3) openOrCreateDatabase(String path,CursorFactory factory)

该方法用于打开或新建一个以 path 文件表示的 SQLite 数据库连接。

2. 对数据库进行操作的方法

当获取连接到数据库的 SQLiteDatabase 对象以后,就可以使用下述方法对数据库进行操作。

(1) execSQL(String sql)

该方法用于执行 SQL 语句。

(2) insert(String table,String nullColumnHack,ContentValues values)

该方法用于向数据表插入记录。

(3) update(String table,ContentValues values,String whereClause,String[ ] whereArgs)

该方法用于更新数据表中满足条件的若干条记录。

(4) delete(String table,String whereClause,String[ ] whereArgs)

该方法用于删除数据表中满足条件的若干条记录。

(5) query(String table,String[ ] colums,String whereClause,String[ ] whereArgs,String groupBy,String having,String orderBy)

该方法用于对数据表执行按条件进行查询的操作。

(6) beginTransaction( )

该方法用于启动数据库事务。

(7) end Transaction( )

该方法用于结束数据库事务。

3. 移动查询结果指针的方法

使用 query( )方法能够返回一个游标对象(Cursor),这个对象提供了下述方法以移动查询结果的指针。

(1) move(int offset)

该方法将查询记录的指针向上或向下移动指定个数的记录。

(2) moveToFirst( )

该方法将查询记录的指针移动到第一条记录。

（3）moveToLast()

该方法将查询记录的指针移动到最后一条记录。

（4）moveToNext()

该方法将查询记录的指针移动到下一条记录。

（5）moveToPrevious()

该方法将查询记录的指针移动到上一条记录。

一旦将查询记录指针移动到指定位置后，就可以使用 Cursor.GetXXX() 方法获取该记录指定列的数据。

7.4.2 创建和更新数据库

为方便用户管理 SQLite 数据库，Android 提供了 SQLiteOpenHelper 类。使用该类可以非常简单地创建数据库和对数据库进行版本升级。SQLiteOpenHelper 类包含下述一些常用方法。

- getReadableDatabase()。该方法以读写的方式打开数据库对应的 SQLiteDatabase 对象。
- getWritableDatabase()。该方法以写的方式打开数据库对应的 SQLiteDatabase 对象。
- onCreate(SQLiteDatabase db)。该方法在初次创建数据库时被调用。当使用前两种方法打开数据库连接时，如果数据库不存在，Android 系统就会自动创建一个数据库。onCreate() 方法只有在第一次创建数据库时才会被调用。可在覆写的 onCreate() 方法中为新创建的数据库添加表结构。
- onUpgrade(SQLiteDatabase db, int oldVersion, int newVersion)。该方法用于更新数据表结构，它将在数据库的版本发生变化时被调用。当创建 SQLiteOpenHelper 对象时指定的数据库版本号高于历史版本时，Android 系统就会自动触发 onUpgrade() 方法。
- close()。该方法用于关闭所有已打开的数据库连接。

下面创建一个名为 BookStore.db 的数据库，它只包含一张 Book 数据表。该数据表包含书号（主键）、书名、作者、定价和总页码几个数据列。

可使用下述 SQL 语句创建 Book 表的逻辑结构。

```
Create table Book(
    id integer primary key,      //书号
    author text,                 //作者
    price real,                  //定价
    pages integer,               //总页码
    name text                    //书名
)
```

可从 SQLiteOpenHelper 类中派生出 MyDatabseHelper 子类，并在该类中覆写 onCreate() 方法完成 Book 表的创建操作。

```
public class MyDatabseHelper extends SQLiteOpenHelper{
    //创建 Book 数据表的 SQL 语句字符串常量
    public static final String CREATE_BOOK = "create table Book("
        +" id integer primary key,"
        +"author text, "
        +"price real, "
        +"pages integer, "
        +"nametext)";
```

```
    private Context mContext;
    MyDatabseHelper(Context context, String name,
                    SQLiteDatabase.CursorFactory factory, int version) {
        super(context,name,factory,version);
        mContext=context;
    }
    @Override
    public void onCreate(SQLiteDatabase db) {
        //执行 Book 表创建语句
        db.execSQL(CREATE_BOOK);
        Toast.makeText(mContext,"Book Table Create Success!",Toast.LENGTH_SHORT).show();
    }
    @Override
    public void onUpgrade(SQLiteDatabase db, int oldVersion, int newVersion) {
    }
}
```

代码解释：

第一段用粗体标记的代码段定义了一个常量字符串，用于表示创建 Book 数据表时使用的 SQL 语句。

第二段用粗体标记的代码段给出了 SQL 语句的执行方法。可使用 SQLiteDatabase 对象的 execSQL( ) 方法执行 SQL 语句。当 SQL 语句执行完毕，可使用 Toast 对象提示 Book 表创建成功信息。

【例 7-4】设计一个应用程序，它只有一个 MainActivity，包含一个"创建 BOOKSTORE 数据库"按钮。如图 7-9 所示，单击"创建 BOOKSTORE 数据库"按钮即可新建一个上文定义的 Book 数据表。

在项目视图中，双击打开 MainActivity.java 文件，找到 onCreate( ) 方法，添加下述代码创建数据库和数据表。

图 7-9 MainActivity 界面

```
public class MainActivity extends AppCompatActivity {
    private MyDatabseHelper dbHelper;
    @Override
    protected void onCreate(Bundle savedInstanceState) {
        super.onCreate(savedInstanceState);
        setContentView(R.layout.activity_main);
        //创建 MyDatabseHelper 对象
        dbHelper=new MyDatabseHelper(this,"BookStore.db",null,1);
        //获取"创建 BOOKSTORE 数据库"按钮
        Button createDbtn=(Button)findViewById(R.id.create_DbTable);
        //为按钮创建单击事件监听器
        createDbtn.setOnClickListener(new View.OnClickListener() {
            @Override
            public void onClick(View v) {
                dbHelper.getWritableDatabase();
            }
        });
    }
}
```

代码解释：

第一段用粗体标记的代码段给出了 SQLite OpenHelper 对象的构造方法。可使用自 SQLiteOpenHelper 类继承的 MyDatabseHelper 子类的构造函数，将新创建的数据库命名为 BookStore.db，并将其版本号指定为 1。

第二段用粗体标记的代码段给出了打开数据库连接的实现方法。可使用 SQLiteOpenHelper 对象的 getWritableDatabase() 方法为操作数据库打开一个访问连接。当第一次调用该方法时，由于未在系统中查找到 BookStore.db 文件，Android 系统便会自动创建 BookStore 数据库，然后调用 MyDatabaseHelper 对象中的 onCreate() 方法创建 Book 数据表。

编译并运行程序，单击主界面上的"创建 BOOKSTORE 数据库"按钮，即可创建 BookStore 数据库，如图 7-10 所示。

可使用 Android SDK 自带的 adb 调试工具查看新建的数据库。操作步骤如下。

1）打开 Windows 命令行工具，在提示符下输入"adb shell"命令，进入 Android 模拟器的控制台，如图 7-11 所示。

图 7-10 创建数据库

图 7-11 进入 Android 模拟器控制台

2）使用"su"命令获得系统权限，如图 7-12 所示。

图 7-12 获取 Android 系统权限

3）使用"cd"命令进入保存应用程序数据库的目录，再使用"ls"命令查看该目录下的所有文件，如图 7-13 所示。

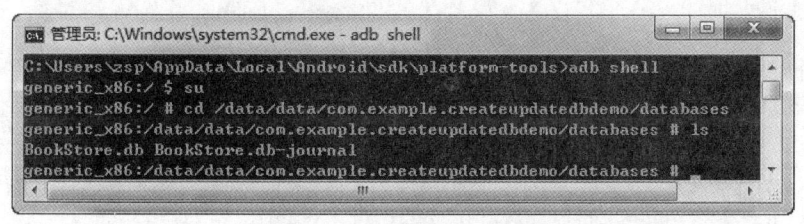

图 7-13 查看数据库中的文件

可以看到，该目录包括两个文件：一个是由应用创建的 BookStore.db 文件，另一个则是 Android 系统为支持数据库事务处理而产生的日志文件。

4）将 BookStore.db 作为 sqlite3 命令的输入参数，打开 BookStore 数据库，如图 7-14 所示。

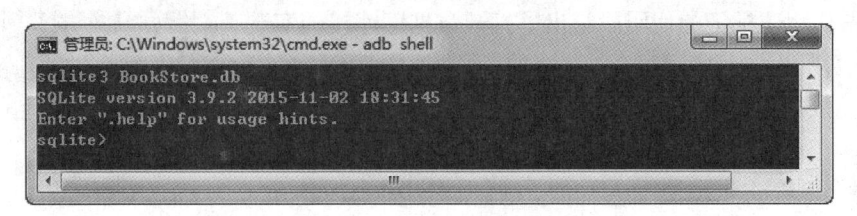

图 7-14　打开 BookStore 数据库

5）在 sqlite 提示符下，输入 ".table" 命令，列出所有的数据表，如图 7-15 所示。

图 7-15　列出所有的数据表

可以看到，由 MyDatabaseHelper 类创建的 Book 数据表。

6）在 sqlite 提示符下，输入 ".schema" 命令，查看创建 Book 数据表用到的 SQL 语句，如图 7-16 所示。

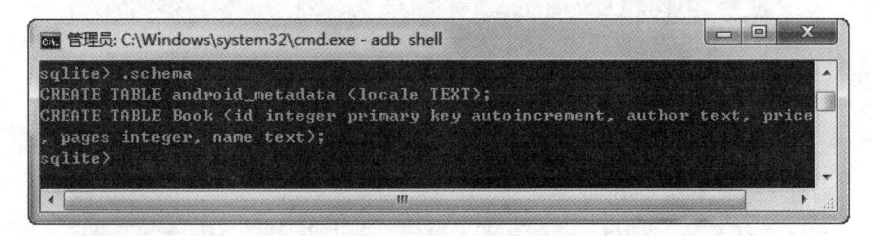

图 7-16　浏览建表语句

由此可知，BookStore 数据库和 Book 表已成功创建。

7）在 sqlite 提示符下，输入 ".exit 命令"，退出数据库管理。

为方便对 BookStore 数据库中输入的图书信息进行分类管理，可再添加一张名为 Category 的数据表，然后更新数据库。可使用下述 SQL 语句创建 Category 表的逻辑结构。

```
Create table Category(
    id integer primary key,         //主键
    category_name text,             //图书分类名
    category_code integer           //图书分类代码
)
```

为创建 Category 表，可修改 MyDataBaseHelper 类的定义。并将下述代码添加到 MyDataBaseHelper 类中。

```
public class MyDatabseHelper extends SQLiteOpenHelper{
    ...
    //创建 Category 表的 SQL 语句
    public static final String CREATE_CATEGORY = "create table Category ("
            + "id integer primary key autoincrement, "
            + "category_name text, "
            + "category_code integer)";
    private Context mContext;
    MyDatabseHelper(Context context, String name,
                    SQLiteDatabase.CursorFactory factory, int version){
        super(context,name,factory,version);
        mContext=context;
    }
    @Override
    public void onCreate(SQLiteDatabase db){
        //执行 Book 表创建语句
        db.execSQL(CREATE_BOOK);
        //执行 Category 表创建语句
        db.execSQL(CREATE_CATEGORY);
        Toast.makeText(mContext,"Book Table Create Success!",Toast.LENGTH_SHORT).show();
    }
    @Override
    public void onUpgrade(SQLiteDatabase db, int oldVersion, int newVersion){
        db.execSQL("drop table if exists Book");
        db.execSQL("drop table if exists Category");
        onCreate(db);
    }
}
```

代码解释：

第一段用粗体标记的代码段定义了一个常量字符串，用于表示创建 Category 表时使用的 SQL 语句。

第二段用粗体标记的代码段给出了 Category 表的创建方法。

第三段用粗体标记的代码段给出了 BookStore 数据库的更新方法。在覆写的 onUpgrade() 方法中，可先对数据库中已经存在的 Book 表和 Category 表执行 DROP 操作，将这两张数据表删除，然后再调用 onCreate() 方法重新创建数据表。

为了触发数据库更新操作，还应同步修改创建 SQLiteOpenHelper 对象时指定的数据库版本号。

在项目视图中，双击打开 MainActivity.java 文件，找到 onCreate() 方法，将创建 MyDatabseHelper 对象时指定的数据库版本号修改为 2（见下面用粗体标记的代码）。

```
public class MainActivity extends AppCompatActivity{
    private MyDatabseHelper dbHelper;
    @Override
    protected void onCreate(Bundle savedInstanceState){
        ...
        //创建 MyDatabseHelper 对象
        dbHelper=new MyDatabseHelper(this,"BookStore.db",null,2);
        ...
```

编译并运行程序，单击"创建 BOOKSTORE 数据库"按钮，此时将再次弹出数据库创建成功提示。为验证数据库是否创建成功，可使用". table"命令，列出数据库中所有的表，如图 7-17 所示。可以看到，在 BookStore 数据库中已经通过更新操作成功创建了 Category 表。

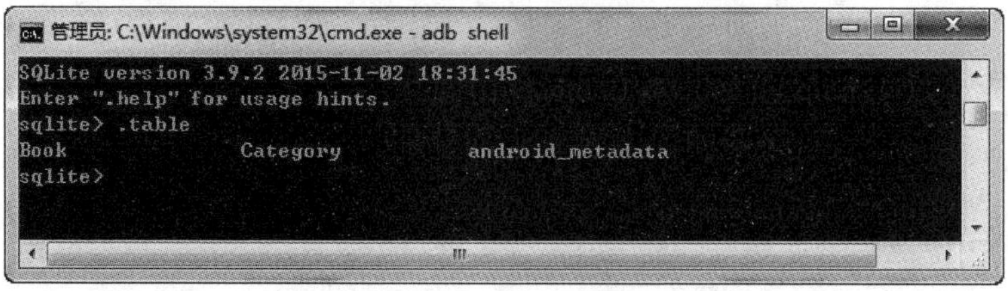

图 7-17 列出更新后的数据表

7.4.3 添加数据库记录

SQLiteDatabase 类提供了 insert()方法，用该方法可以方便地为数据表添加记录。该方法接收 3 个输入参数：第一个参数用于指定操作的数据库表名；第二个参数用于为输入可为空的列在未输入数据时自动赋 null 值；第三个参数则是一个 ContentValues 对象，它提供了一系列 put()方法的重载，可用于向 ContentValues 中添加数据。

【例 7-5】在例 7-4 的基础上，为 Book 数据表添加记录。

在项目视图中，双击打开 activity_main. xml 文件，为 MainActivity 增加一个"添加数据库记录"按钮，代码如下。

```xml
<LinearLayout …>
…
<Button
        android:id="@+id/add_data"
        android:layout_width="match_parent"
        android:layout_height="wrap_content"
        android:text="添加数据库记录"
/>
…
<LinearLayout/>
```

然后，再修改 MainActivity. java 文件，为"添加数据库记录"按钮增加单击事件处理逻辑。

```java
public class MainActivity extends AppCompatActivity {
private MyDatabseHelper dbHelper;
    @Override
    protected void onCreate(Bundle savedInstanceState) {
        …
        Button addData = (Button) findViewById(R. id. add_data);
        addData.setOnClickListener(new View.OnClickListener() {
            @Override
            public void onClick(View v) {
```

```java
                    SQLiteDatabase db = dbHelper.getWritableDatabase();
                    ContentValues values = new ContentValues();
                    //添加第一条数据
                    values.put("name", "Java Language");
                    values.put("author", "Zhangsan");
                    values.put("pages", 454);
                    values.put("price",16.96);
                    db.insert("Book", null, values);
                    values.clear();
                    //添加第二条数据
                    values.put("name", "C Language");
                    values.put("author", "Lisi");
                    values.put("pages", 510);
                    values.put("price", 19.95);
                    db.insert("Book", null, values);
                }
            });
        }
    }
```

代码解释：

用粗体标记的代码段给出了向 Book 数据表添加记录的方法。可使用 ContentValues 对象的 put() 方法，按照列名将各列记录值传入该对象存储起来；然后，使用 SQLiteDatabase 对象的 insert() 方法将数据记录逐一添加到 Book 数据表中。

编译并运行程序，单击"添加数据库记录"按钮，如图 7-18 所示。

使用 Android SDK 自带的 adb 调试工具，在命令提示符下输入 SQL 查询语句"select * from Book"，可以查询到新添加的两条数据库记录，如图 7-19 所示。

图 7-18 增加"添加数据库记录"按钮的 MainActivity 界面

图 7-19 查询新添加的数据库记录

7.4.4 更新数据库记录

SQLiteDatabase 类提供了 update() 方法可以更新数据库记录。该方法接收 4 个输入参数：第一个参数用于指定执行更新操作的数据库表名；第二个参数是一个 ContentValues 对象，用于封装更新的数据库记录；第三个和第四个参数则用于设置记录更新条件，默认为无条件更新所有记录。

Android 应用程序开发

【例7-6】 在例7-5的基础上，修改 Book 数据表中书名为"Java Language"的数据记录的定价信息。

在项目视图中，双击打开 activity_main.xml 文件，为 MainActivity 增加一个"更新数据库记录"按钮，代码如下。

```xml
<LinearLayout …>
…
<Button
        android:id="@+id/update_data"
        android:layout_width="match_parent"
        android:layout_height="wrap_content"
        android:text="更新数据库记录"
/>
…
<LinearLayout/>
```

然后，再修改 MainActivity.java 文件，为"更新数据库记录"按钮增加单击事件处理逻辑。

```java
public class MainActivity extends AppCompatActivity {
private MyDatabseHelper dbHelper;
    @Override
    protected void onCreate(Bundle savedInstanceState) {
        …
        Button updateData = (Button) findViewById(R.id.update_data);
        updateData.setOnClickListener(new View.OnClickListener() {
            @Override
            public void onClick(View v) {
                SQLiteDatabase db = dbHelper.getWritableDatabase();
                ContentValues values = new ContentValues();
                values.put("price", 10.99);
                db.update("Book", values, "name = ?", new String[]{"Java Language"});
            }
        }
    }
}
```

代码解释：

用粗体标记的代码段给出了更新 Book 数据表指定数据记录的方法。可使用 ContentValues 对象的 put() 方法封装数据记录的更新值；然后，使用 SQLiteDatabase 对象的 update() 方法执行数据更新操作。这里，使用 update() 方法的后两个输入参数指定数据记录的更新条件：第三个参数是 SQL 语句的更新条件，它表示更新所有 name 列等于？（占位符）的数据记录；第四个参数则提供了一个字符串数组以替换上述占位符的内容。

编译并运行程序，单击"更新数据库记录"按钮，如图7-20 所示。

使用 Android SDK 自带的 adb 调试工具，在命令提示符下输入 SQL 查询语句"select * from Book"，可以观察

图7-20 增加"更新数据库记录"按钮的 MainActivity 界面

122

到数据更新成功,如图 7-21 所示。

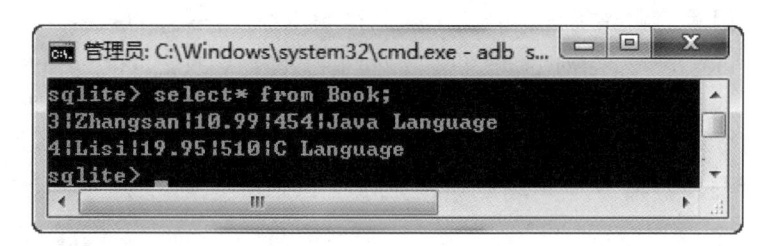

图 7-21 查看更新后的数据库记录

7.4.5 删除数据库记录

SQLiteDatabase 类提供了 delete()方法,使用该方法可以删除数据库记录。该方法接收 3 个输入参数:第一个参数用于指定操作的数据库表名;第二个和第三个参数则用于设置记录删除条件,默认为无条件删除所有记录。

【例 7-7】在例 7-6 的基础上,将 Book 数据表中超过 500 页的图书全部删除。

在项目视图中,双击打开 activity_main.xml 文件,为 MainActivity 增加一个"删除数据库记录"按钮,代码如下。

```
<LinearLayout …>
…
<Button
        android:id="@+id/delete_data"
        android:layout_width="match_parent"
        android:layout_height="wrap_content"
        android:text="删除数据库记录"
/>
…
<LinearLayout/>
```

然后修改 MainActivity.java 文件,为"删除数据库记录"按钮增加单击事件处理逻辑。

```
public class MainActivity extends AppCompatActivity {
private MyDatabseHelper dbHelper;
    @Override
    protected void onCreate(Bundle savedInstanceState) {
        …
        Button deleteButton = (Button) findViewById(R.id.delete_data);
        deleteButton.setOnClickListener(new View.OnClickListener() {
            @Override
            public void onClick(View v) {
                SQLiteDatabase db = dbHelper.getWritableDatabase();
                db.delete("Book", "pages > ?", new String[] {"500"});
            }
        });
    }
}
```

代码解释:

用粗体标记的代码段给出了删除 Book 数据表中满足指定条件的记录的方法。可使用

SQLiteDatabase 对象的 delete( ) 方法执行数据删除操作。这里，使用 delete( ) 方法的后两个输入参数指定数据记录的删除条件：第二个参数是 SQL 语句的删除条件，它表示删除所有 pages 列大于？（占位符）的数据记录；第三个参数则提供了一个字符串数组以替换上述占位符的内容。

编译并运行程序，单击"删除数据库记录"按钮，如图 7-22 所示。

使用 Android SDK 自带的 adb 调试工具，在命令提示符下输入 SQL 查询语句 select * from Book，可以观察到所有页数大于 500 页的图书都已成功删除，如图 7-23 所示。

图 7-22 增加"删除数据库记录"按钮的 MainActivity 界面

图 7-23 查看删除后的数据库记录

7.4.6 查询数据库记录

SQLiteDatabase 类提供了 query( ) 方法用于查询数据库记录。该方法接收 7 个输入参数：第一个参数用于指定查询的数据库表名；第二个参数用于指定查询的数据列，默认查询所有数据列；第三个和第四个参数用于设置记录查询条件，默认查询所有数据记录；第五个参数用于对查询结果进行分组统计的列名；第六个参数用于设定对查询结果的过滤条件，默认不过滤查询结果；第七个参数则指定查询结果的排序方式，不指定则使用默认的排序方式。调用 query( ) 方法后会返回一个 Cursor 对象，可从该对象取出查询到的结果。

【例 7-8】在例 7-7 的基础上，将 Book 数据表中所有图书全部查询出来。

在项目视图中，双击打开 activity_main.xml 文件，为 MainActivity 增加一个"查询数据库记录"按钮，代码如下。

```
<LinearLayout ……>
…
<Button
    android:id="@+id/query_data"
    android:layout_width="match_parent"
    android:layout_height="wrap_content"
    android:text="查询数据库记录"
/>
…
<LinearLayout/>
```

然后修改 MainActivity.java 文件，为"查询数据库记录"按钮增加单击事件处理逻辑：

```java
public class MainActivity extends AppCompatActivity {
private MyDatabseHelper dbHelper;
    @Override
    protected void onCreate(Bundle savedInstanceState) {
        ...
        Button queryButton = (Button) findViewById(R.id.query_data);
        queryButton.setOnClickListener(new View.OnClickListener() {
            @Override
            public void onClick(View v) {
                SQLiteDatabase db = dbHelper.getWritableDatabase();
                //查询 Book 数据表中所有的数据
                Cursor cursor = db.query("Book", null, null, null, null, null, null);
                if (cursor.moveToFirst()) {
                    do {
                        //遍历 Cursor 对象，取出数据并显示
                        String name = cursor.getString(cursor.getColumnIndex("name"));
                        String author = cursor.getString(cursor.getColumnIndex("author"));
                        int pages = cursor.getInt(cursor.getColumnIndex("pages"));
                        double price = cursor.getDouble(cursor.getColumnIndex("price"));
                        Log.d("MainActivity", "book name is " + name);
                        Log.d("MainActivity", "book author is " + author);
                        Log.d("MainActivity", "book pages is " + pages);
                        Log.d("MainActivity", "book price is " + price);
                    } while (cursor.moveToNext());
                }
                cursor.close();
            }
        });
    }
}
```

代码解释：

用粗体标记的代码段给出了查询 Book 数据表中满足指定条件的记录的方法。可使用 SQLiteDatabase 对象的 query() 方法执行数据查询操作。这里，query() 方法只使用了第一个参数指定查询 Book 表，其他参数全部设置为 null，表示将该表中的数据记录全部查询出来。该方法调用完后会返回一个 Cursor 对象，以遍历查询结果。可使用 Cursor 对象的 moveToFirst() 方法将游标移动至查询结果集合的第一条记录，再使用 while 循环和 cursor.moveToNext() 方法遍历结果集合中的所有记录。当取出每条记录后，可通过 Cursor 对象的 getColumnIndex() 方法获取某一列在数据表的索引；然后，使用 getXXX() 方法取出各个属性值；最后，在 Android Studio 的 Logcat 窗口将这些属性值逐条显示出来。

编译并运行程序，单击"查询数据库记录"按钮，如图 7-24 所示。

图 7-24 增加"查询数据库记录"按钮的 MainActivity 界面

图 7-25 所示是单击"查询数据库记录"按钮后，在 Logcat 窗口输出的查询结果。

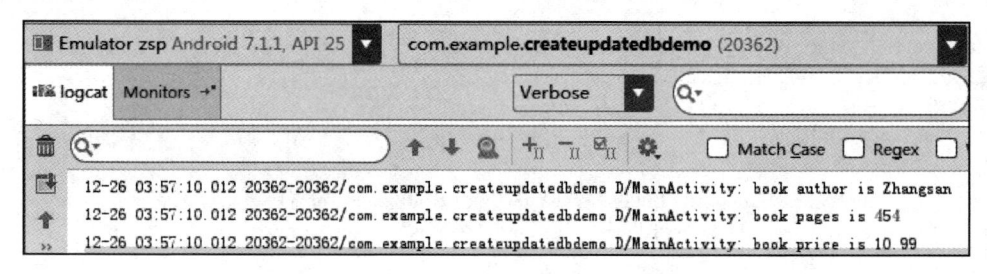

图 7-25 在 Logcat 窗口输出的查询结果

7.5 小结

本章主要介绍了 Android 对应用程序数据持久化存储的支持，包括 SharedPreferences 存储、文件存储和数据库存储。为记录、访问应用程序的中间数据和运行结果，Android 提供了 SharedPreferences 工具类，这种方法采用"键-值"对形式组织和管理数据，是一种"轻量级"的存储机制，具有实现简单等特点，适合于保存少量数据。与 SharedPreferences 存储方式相比，文件存储能够保存大容量数据，但是，不适合于处理结构化数据。数据库存储适合于处理结构化数据，同时能够保存大容量数据。借助于 Android 系统内嵌的 SQLite 数据库，数据存储机制能够非常方便地对数据进行增加、插入、删除和更新等操作。

7.6 习题

一、填空题

1. SharedPreferences 使用_____方式来存储数据。
2. Android 提供的持久化数据存储技术主要包括_____和_____。

二、判断题

1. SQLite 是 Android 自带的一个轻量级的数据库，支持基本 SQL 语法。（   ）
2. 使用 openFileOutput( ) 方式打开应用程序的输出流时，只需要指定文件名。（   ）
3. 应用程序想要操作 SD 卡数据，必须在清单文件中添加配置权限。（   ）
4. SQLiteDatabase 类的 update( ) 方法用于删除数据库表中的数据。（   ）

三、选择题

1. 下列关于 SharedPreferences 存取文件的描述中，错误的是（   ）。
   A. 属于移动存储解决方式
   B. SharedPreferences 处理的就是 key-value 对
   C. 读取 XML 的路径是 /sdcard/shared_prefs
   D. 文本的保存格式是 XML

2. 下列选项中，不属于 getSharedPreferences( ) 方法的文件操作模式参数的是（   ）。
   A. Context.MODE_PRIVATE
   B. Context.MODE_PUBLIC
   C. Context.MODE_WORLD_READABLE
   D. Context.MODE_WORLD_WRITEABLE

3. 下列方法中，（   ）方法是 sharedPreferences 获取其编辑器的方法。

A. getEdit( )　　　　B. edit( )　　　　C. setEdit( )　　　　D. getAll( )

4. Android 对数据库的表进行查询操作时，会使用 SQLiteDatabase 类中的（　　）方法。

A. insert( )　　　　B. execSQL( )　　　　C. query( )　　　　D. update( )

5. 下列关于 SQLite 数据库的描述中，错误的是（　　）。

A. SqliteOpenHelper 类有创建数据库和更新数据库版本的功能

B. SqliteDatabase 类是用来操作数据库的

C. 每次调用 SqliteDatabase 的 getWritableDatabase( ) 方法时，都会执行 SqliteOpenHelper 的 onCreate( ) 方法

D. 当数据库版本发生变化时，会调用 SqliteOpenHelper 的 onUpgrade( ) 方法更新数据库

6. 下列初始化 SharedPreferences 的代码中，正确的是（　　）。

A. SharedPreferences sp = new SharedPreferences( );

B. SharedPreferences sp = SharedPreferences.getDefault( );

C. SharedPreferences sp = SharedPreferences.Factory( );

D. SharedPreferences sp = getSharedPreferences( );

四、简答题

1. 简述 Android 提供的三种数据存储方式。

2. 简述读/写 SD 卡存储的文件的步骤。

拓展阅读

慈云桂

慈云桂长期从事无线电通信雷达和计算机方面的教学与科研工作。1964 年，她主导研制成功中国第一台专用数字计算机，通过鉴定，稳定性已达到国际先进水平。随后其研制的改进型 441B/Ⅲ型机是中国第一台具有分时操作系统和汇编语言、FORTRAN 语言及标准程序库的计算机。20 世纪 80 年代，她领导研制成功中国第一台亿次级巨型计算机，进入了国际巨型计算机的研制行列，使中国计算机事业进入了一个新阶段。

第 8 章
Android 核心组件——ContentProvider

ContentProvider 是 Android 为应用程序开发提供的核心组件之一。它是 Android 系统中不同应用程序间进行数据交换的标准 API。ContentProvider 的主要功能有数据存储、数据检索，以及为其他应用程序提供数据访问接口。

8.1 ContentProvider 简介

ContentProvider 主要为不同应用程序之间提供数据共享功能。与 SharedPreferences、文件存储等全局数据共享模式不同，ContentProvider 可以选择对一部分数据进行共享。因此，它能够有效保证应用程序中隐私数据的安全性。此外，Android 系统为一些经常使用的数据（如音乐、视频、图像、联系人等）内置了一系列 ContentProvider，当应用程序获得授权后，便能够安全地访问这些 ContentProvider。

当应用程序间共享数据时，可选择两种方法使用 ContentProvider：第一种方法是从 ContentProvider 类派生出一个自定义的子类，第二种方法则是将共享的数据添加到某一已存在的 ContentProvider 中。需要注意的是，当使用第二种方法时应保证已有的 ContentProvider 和共享的数据具有相同的数据类型，并且，应用程序具有获得该 ContentProvider 的访问权限。

对于 ContentProvider 来说，最重要的三个概念是数据模型、URI 和 ContentResolver。

（1）数据模型

ContentProvider 以数据表的方式将其内部存储的数据提供给外部访问者使用。在数据表中，每一行数据就是一条记录，而每一列数据则是具有特定类型和意义的属性。每一条数据记录都包含一个名为 "_ID" 的属性字段，用于唯一地标识一条记录。

（2）URI

每一个 ContentProvider 都会向外提供若干能够唯一标识自身数据集的公开 URI。如果 ContentProvider 管理多个数据集，它将为各个数据集分配一个独立的 URI。几乎所有的 ContentProvider 操作都会使用到 URI，如果要自定义一个 ContentProvider 子类，可将 URI 定义为常量。

（3）ContentResolver

ContentResolver 类提供了可以对 ContentProvider 中的数据进行查询、插入、修改和删除等操作的一系列方法。ContentResolver 与 ContentProvider 是一种多对多的关系。当 ContentProvider 在单实例模式下运行时，如果有多个应用程序使用 ContentResolver 访问 ContentProvider，那么由 ContentResolver 调用的数据访问操作将委托给同一个 ContentProvider 处理。

8.2 ContentProvider 的共享数据模型

以应用程序 A 使用 ContentResolver 对象访问应用程序 B 中存储的共享数据为例，其共享数据模型如图 8-1 所示。

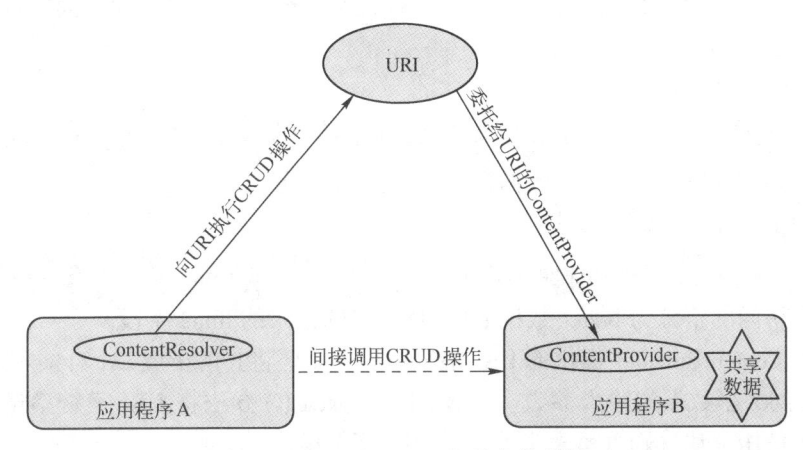

图 8-1 ContentProvider 的共享数据模型

从 ContentProvider、ContentResolver 和 URI（见 8.3 节）的关系来看，无论是 ContentProvider 还是 ContentResolver，它们所提供的 CRUD 操作（对数据记录的增、删、改、查）对象都是 URI。也就是说，URI 是 ContentProvider 和 ContentResolver 进行数据交互的标识。此外，由 ContentResolver 执行的 CRUD 操作并不是直接作用在 URI 上的，而是通过委托给该 URI 所对应的 ContentProvider 实现的。

1）当应用程序 A 调用 ContentResolver 的 insert( ) 方法时，相当于调用了绑定了该 URI 的 ContentProvider（属于应用程序 B）的 insert( ) 方法。

2）当应用程序 A 调用 ContentResolver 的 update( ) 方法时，相当于调用了绑定了该 URI 的 ContentProvider 的 update( ) 方法。

3）当应用程序 A 调用 ContentResolver 的 delete( ) 方法时，相当于调用了绑定了该 URI 的 ContentProvider 的 delete( ) 方法。

4）当应用程序 A 调用 ContentResolver 的 query( ) 方法时，相当于调用了绑定了该 URI 的 ContentProvider 的 query( ) 方法。

8.3 URI

当使用 ContentReslover 访问共享数据时，需要 ContentProvider 提供一个类似 URL 的 URI（Uniform Resource Indentifier，全局资源标识符）。ContentProvider 是以数据表的方式将其内部存储的数据提供给外部访问者使用的。一个 ContentProvider 可以包含多张数据表，使用 URI 能够唯一地标识应用程序期望访问的数据表。例如，可使用下述 URI 标识出 ContentProvider 提供给外部访问的 books 数据表。

content://com.demo.datashare/books

可将该 URI 的内容划分成三个不同的部分。

1）content://：它是 URI 的标准前缀。类似于访问 Web 网站经常用到的"HTTP://"，访问 ContentProvider 的默认协议是 content。

2) com.demo.datashare：它是 ContentProvider 的 authorities。为区分不同应用程序的共享资源，避免资源命名冲突，可将 authorities 设置成应用程序的包名。

3) books：共享的资源。一个 ContentProvider 可共享多张数据表，即多个不同的共享资源。对于各个共享资源，都需要定义出唯一的标识符路径。当需要访问不同的资源时，该部分内容是动态改变的。

此外，URI 还可以有如下形式：

content://com.demo.datashare/books/2

它表示要访问的资源为 books 数据表中 ID 为 2 的记录。

甚至，URI 还可以有如下形式：

content://com.demo.datashare/books/2/line2

它表示要访问的资源为 books 数据表中 ID 为 2 的记录的 line2 字段。

当得到了 ContentProvider 提供的 URI 字符串后，需要将其解析成 Uri 对象才能作为 ContentReslover 访问共享数据的输入参数。可使用 Uri.parse() 方法将 URI 字符串解析成 Uri 对象。例如，可使用下述代码解析上文给定的 URI 字符串。

Uri uri = Uri.parse("content://com.demo.datashare/books")

8.4　ContentResolver

对于每一个应用程序来说，如果要访问 ContentProvider 中的共享数据，就需要借助 ContentResolver 类。可使用 Android 应用组件（如 Activity、Service 或者其他 Context 对象）的成员方法 getContentResolver() 获取 ContentResolver 对象。

应用程序一旦获得了 ContentResolver 对象后，就可以使用 ContentResolver 的下述方法对共享数据进行 CRUD 操作。

（1）insert(Uri uri, ContentValues values)

该方法用于向 uri 对象插入 values 封装的数据。

（2）delete(Uri uri, String where, String[] selectionArgs)

该方法用于删除 uri 对象中满足 where 条件的所有记录。

（3）update(Uri uri, ContentValues values, String where, String[] selectionArgs)

该方法使用 values 封装的数据更新 uri 对象中所有满足 where 条件的记录。

（4）query(Uri uri, String[] projection, String selection, String[] selectionArgs, String sortOrder)

该方法用于查询 uri 对象中所有满足 selection 条件的记录，并取出查询结果中 projection 参数指定的属性列。

当使用 ContentResolver 发起数据操作请求后，Android 系统将判断请求的目标对象（ContentProvider）是否已经启动并运行。如果发现目标对象尚未启动，Android 系统将自动启动。

8.5　创建 ContentProvider

可按照下述步骤创建 ContentProvider。

1) 从 ContentProvider 类派生出一个自定义子类，并在子类中实现父类的 insert()、delete()、update() 和 query() 等抽象方法。

2) 在项目的 AndroidManifest.xml 清单文件中注册自定义子类，并为该类绑定 URI 资源。

8.5.1 定义 ContentProvider 子类

ContentProvider 类有 6 个抽象方法，在派生的子类中需要将这 6 个方法全部重写。

(1) onCreate()

该方法将在初始化 ContentProvider 时被调用。只有当 ContentResolver 尝试访问应用程序的共享数据时，ContentProvider 才会被初始化。通常，应将对 ContentProvider 数据库的创建和升级操作放入该方法中执行。

(2) query()

该方法用于在 ContentProvider 中查询数据。其中，uri 参数指定查询的数据表，projection 参数指定查询的属性列，selection 和 selectionArgs 参数设置查询条件，sortOrder 参数则指定查询结果中记录的排序方式。该方法用 Cursor 对象返回查询结果。

(3) insert()

该方法用于向 ContentProvider 插入一条新的记录。其中，uri 参数指定目标数据表，插入的记录保存在 values 参数中。该方法会在记录成功插入后，返回插入记录的 URI。

(4) update()

该方法用于更新 ContentProvider 的共享数据。其中，uri 参数指定目标数据表，values 参数保存更新的记录，selection 和 selectionArgs 参数设置更新条件。该方法会在记录更新成功后，返回受影响的记录个数。

(5) delete()

该方法用于从 ContentProvider 中删除数据。其中，uri 参数指定目标数据表，selection 和 selectionArgs 参数设置记录删除条件。该方法会在记录删除后，返回受影响的记录个数。

(6) getType()

该方法根据传入的 URI 返回其 MIME 类型。如果返回的数据包含多条记录，MIME 类型以"vnd.android.cursor.dir/"作为它的字符串前缀；否则，MIME 类型的字符串以"vnd.android.cursor.item/"作为前缀。

例如，可以用下述代码定义一个从 ContentProvider 类继承的子类。

```java
public class MyProvider extends ContentProvider {
    //第一次创建该 ContentProvider 时调用
    @Override
    public boolean onCreate() {
        System.out.println("===onCreate 方法被调用===");
        return false;
    }
    //实现查询方法，返回查询得到的 Cursor
    @Override
    public Cursor query(Uri uri, String[] projection, String selection,
        String[] selectionArgs, String sortOrder) {
        System.out.println(uri + "===query 方法被调用===");
        System.out.println("selection 参数为:" + selection);
```

```java
        return null;
    }
    //实现插入方法,返回新插入的记录的 URI
    @Override
    public Uri insert(Uri uri, ContentValues values) {
        System.out.println(uri + "===insert 方法被调用===");
        System.out.println("values 参数为:" + values);
        return null;
    }
    //实现删除方法,返回被更新的记录个数
    @Override
    public int update(Uri uri, ContentValues values, String selection,
        String[] selectionArgs) {
        System.out.println(uri + "===update 方法被调用===");
        System.out.println("where 参数为:"
        +selection+ ",values 参数为:" + values);
        return 0;
    }
    //实现删除方法,返回被删除的记录个数
    @Override
    public int delete(Uri uri, String selection, String[] selectionArgs) {
        System.out.println(uri + "===delete 方法被调用===");
        System.out.println("selection 参数为:" + selection);
        return 0;
    }
    //返回代表了该 ContentProvider 所提供数据的 MIME 类型
    @Override
    public String getType(Uri uri) {
        return null;
    }
}
```

在由 ContentProvider 子类实现的 6 个抽象方法中都会使用到一个 Uri 对象,它是由 ContentReslover 在调用这些同名方法时传入的。为了能够在使用这些方法时唯一地确定 URI 资源的存储位置,Android 提供了 UriMatcher 工具类。它主要提供了如下常用的两个方法。

方法 1:addURI(String authority, String path, int code)

该方法用于向 UriMatcher 注册 URI 资源。其中,前两个输入参数组合生成一个 URI 资源,第三个参数则用于为该 URI 资源指定一个整型的标识代码。

方法 2:match(Uri uri)

该方法用于为传入的 Uri 对象返回 ContentProvider 中一个最匹配的 URI 资源标识代码。ContentProvider 可利用该代码判断出外部应用期望访问的共享数据的存储位置。如果没有为传入的 Uri 对象查找到匹配的资源标识符,该方法将会返回-1。

下面修改 MyProvider 子类,为其添加一个 UriMatcher 对象,以确定出由外部传递过来的 URI 资源在 ContentProvider 中的数据存储位置。

```java
public class MyProvider extends ContentProvider {
    public static final int TABLE1_DIR=0;
    public static final int TABLE1_ITEM=1;
    public static final int TABLE2_DIR=2;
    public static final int TABLE2_ITEM=3;
```

```
            private static UriMatcher uriMatcher;
            static {
                    uriMatcher=new UriMatcher(UriMatcher.NO_MATCH);
                    uriMatcher.addURI("com.example.app.provider", "table1", TABLE1_DIR);
                    uriMatcher.addURI("com.example.app.provider", "table1/#", TABLE1_ITEM);
                    uriMatcher.addURI("com.example.app.provider", "table2", TABLE2_DIR);
                    uriMatcher.addURI("com.example.app.provider","table2/#", TABLE2_ITEM);
            }
            …
            @Override
            public Cursor query(Uri uri, String[] projection, String selection,
            String[] selectionArgs, String sortOrder) {
                switch(uriMatcher.match(uri)) {
                    case TABLE1_DIR:
                        //查询 table1 表中的所有记录
                        break;
                    case TABLE1_ITEM:
                        //查询 table1 表中的一条记录
                        break;
                    case TABLE2_DIR:
                        //查询 table2 表中的所有记录
                        break;
                    case TABLE2_ITEM:
                        //查询 table2 表中的一条记录
                        break;
                }
                …
            }
            …
}
```

代码解释：

第一段用粗体标记的代码段创建了一个 UriMatcher 对象，并给出了 URI 匹配资源的注册方法。首先，在 MyProvider 类中新增加 4 个整型常量：TABLE1_DIR 表示访问 table1 表中的所有记录，TABLE1_ITEM 表示访问 table1 表中的单条记录，TABLE2_DIR 表示访问 table2 表中的所有记录，TABLE2_ITEM 表示访问 table2 表中的单条记录。然后，使用静态代码块创建一个 UriMatcher 对象，并调用该对象的 addURI() 方法，为其注册期望匹配的 URI 资源。

第二段用粗体标记的代码段给出了如何使用 UriMatcher 对象的 match() 方法为外部应用传入的 URI 资源匹配共享数据。例如，当 query() 方法被调用时，它会利用 UriMatcher 对象的 match() 方法判断出外部应用期望访问的共享数据表。此外，由 MyProvider 子类实现的 insert()、update() 和 delete() 方法也可采用类似的方法匹配外部传入的 URI 资源。

8.5.2 配置 ContentProvider

Android 要求所有的应用程序组件（Activity、Service、ContentProvider 等）只有在清单文件中进行配置后，才能被使用。

为配置前文所定义的 MyProvider 子类，只需在 <application> 标签下添加 <provider> 子标签。

```
<application android:icon="@drawable/ic_launcher">
    …
```

```xml
<!--注册一个ContentProvider-->
<provider android:name=".MyProvider"
          android:authorities="com.example.app.provider.MyProvider"
          android:exported="true"/>
</application>
```

代码解释：

粗体标记的代码段给出了在清单文件中使用<provider>标签配置 MyProvider 子类的方法。其中，android：name 属性指定了 ContentProvider 的实现类的类名，这里是 .MyProvider，android：authorities 属性指定了外部应用访问 MyProvider 时 URI 资源的 authority，android：exported 属性则指定了 MyProvider 是否能够被其他应用调用。

8.6 使用 ContentResolver

根据 ContentProvider 的数据共享模型，当外部应用访问 ContentProvider 提供的共享数据时，它不能直接调用 ContentProvider 实现的 query()、insert()、update() 和 delete() 等方法，而是需要借助于 ContentResolver 提供的同名方法。ContentResolver 能够将共享数据的操作方法委托给任意 ContentProvider 执行。可使用 Context 类提供的 getContentResolver() 方法获得 ContentResolver 对象。

下面通过一个示例 Activity 来说明 ContentResolver 的使用方法。

```java
public class MainActivity extends Activity
{
    ContentResolver contentResolver;
    Uri uri = Uri.parse("content://com.example.app.provider.MyProvider/");
    @Override
    public voidonCreate(Bundle savedInstanceState)
    {
        super.onCreate(savedInstanceState);
        setContentView(R.layout.main);
        //获取 ContentResolver 对象
        contentResolver = getContentResolver();
    }
    public void query()
    {
        //调用 ContentResolver 的 query() 方法
        contentResolver.query(uri, null, "query_where", null, null);
    }
    public void insert()
    {
        ContentValues values = new ContentValues();
        values.put("name", "abc");
        //调用 ContentResolver 的 insert() 方法
        contentResolver.insert(uri, values);
    }
    public void update()
    {
        ContentValues values = new ContentValues();
        values.put("name", "efg");
        //调用 ContentResolver 的 update() 方法
```

```
            contentResolver.update(uri, values, "update_where", null);
        }
        public void delete()
        {
            //调用 ContentResolver 的 delete()方法
            int count = contentResolver.delete(uri, "delete_where", null);
        }
    }
```

代码解释：

第一段用粗体标记的代码段给出了 ContentResolver 对象的获取方法。可在 Activity 组件中使用 getContentResolver()方法获得一个 ContentResolver 对象。当得到 ContentResolver 对象之后，接下来就可以调用 ContentResolver 的 query()、insert()、update()和 delete()方法了。

第二段用粗体标记的代码段给出了如何使用 ContentResolver 的 query()方法查询 ContentProvider 的共享数据。它通过输入的 Uri 对象，将查询请求委托给 ContentProvider，再由 ContentProvider 执行 query()方法将查询结果返回给外部调用组件。

第三段用粗体标记的代码段给出了如何使用 ContentResolver 的 insert()方法向 ContentProvider 插入数据。它通过输入的 Uri 对象，将数据插入操作委托给 ContentProvider，再由 ContentProvider 执行 insert()方法插入外部调用组件传递过来的数据。

第四段用粗体标记的代码段给出了如何使用 ContentResolver 的 update()方法执行对 ContentProvider 共享数据的更新。它通过输入的 Uri 对象，将数据更新操作委托给 ContentProvider，再由 ContentProvider 执行 update()方法更新共享数据。

第五段用粗体标记的代码段给出了如何使用 ContentResolver 的 delete()方法执行对 ContentProvider 共享数据的删除。它通过输入的 Uri 对象，将数据删除操作委托给 ContentProvider，再由 ContentProvider 执行 delete()方法删除满足条件的共享数据。

8.7 访问系统内置的 ContentProvider

Android 系统内置了大量的 ContentProvider，如音频、视频、图像和通讯录等组件。当外部应用程序获得了对这些 ContentProvider 的访问权限后，只需通过 Android 官方文档获取 URI 和数据表结构，即可通过 ContentResolver 对它们进行数据访问操作。

【例 8-1】开发外部应用查询图 8-2 所示的系统通讯录中的联系人信息。该应用只有一个 MainActivity，当应用程序启动后，将自动读取 Android 系统的通讯录，并将所有联系人的信息显示到 MainActivity 界面中，如图 8-3 所示。

图 8-2　系统通讯录　　　　图 8-3　显示通讯录中所有的联系人信息

为方便外部访问系统通讯录中的联系人信息，Android 系统为管理联系人提供了 ContentProvider，它主要向外暴露如下 3 个 URI。

（1）ContactsContract. Contracts. CONTENT_URI

存储通讯录数据表。

（2）ContactsContract. CommonDataKinds. Phone. CONTENT_URI

存储联系人电话号码。

（3）ContactsContract. CommonDataKinds. Email. CONTENT_URI

存储联系人电子邮件。

当获得了 ContentProvider 可供使用的 URI 资源后，接下来就可以在外部应用中编写代码以使用 ContentResolver 来访问联系人信息。

为了能够将读取的联系人信息显示到 MainActivity 中。在项目视图中，双击打开 activity_main. xml 布局文件，为其添加一个 TextView 控件。

```xml
<LinearLayout xmlns:android="http://schemas.android.com/apk/res/android"
    xmlns:app="http://schemas.android.com/apk/res-auto"
    xmlns:tools="http://schemas.android.com/tools"
    android:layout_width="match_parent"
    android:layout_height="match_parent"
    android:orientation="vertical"
    android:gravity="center_horizontal"
    tools:context="com.example.syscontentproviderdemo.MainActivity">
<TextView
    android:id="@+id/result"
    android:layout_width="wrap_content"
    android:layout_height="wrap_content"
    android:text=""/>
</LinearLayout>
```

然后，双击打开 MainActivity. java 文件，找到 onCreate( ) 方法，为应用程序添加读取系统通讯录联系人信息的代码。

```java
public class MainActivity extends AppCompatActivity {
    //查询结果返回列
    String[] columns = {
            ContactsContract.Contacts.DISPLAY_NAME,
            ContactsContract.Contacts.ID
    };

    @Override
    protected void onCreate(Bundle savedInstanceState) {
        super.onCreate(savedInstanceState);
        setContentView(R.layout.activity_main);
        //申请读取通讯录的系统权限
        ActivityCompat.requestPermissions(MainActivity.this,
                new String[]{Manifest.permission.READ_CONTACTS},1);

        String queryresult = getQueryData();
        TextView resultview = (TextView)findViewById(R.id.result);
        resultview.setText("ID\t 姓名\t 电话号码\n" + queryresult);
```

```java
    }
    public String getQueryData(){
        String result="";
        //获取 ContentResolver 对象
        ContentResolver resolver=getContentResolver();
        //获取联系人游标
        Cursor cursor=
        resolver.query(ContactsContract.Contacts.CONTENT_URI,columns,null,null,null);
        //获取联系人数据表的_ID 字段索引
        int _idIndex=cursor.getColumnIndex(ContactsContract.Contacts.ID);
        //获取联系人数据表的 Name 字段索引
        int nameindex=cursor.getColumnIndex(ContactsContract.Contacts.DISPLAY_NAME);

        //遍历 Cursor 提取联系人数据
        while(cursor.moveToNext())
        {
            result=result+cursor.getString(_idIndex) + "\t";
            result=result+cursor.getString(nameindex)+ "\t";
            //获取电话号码游标
            Cursor phonecursor=
                    resolver.query(ContactsContract.CommonDataKinds.Phone.CONTENT_URI,
                    null,ContactsContract.CommonDataKinds.Phone.CONTACT_ID+"=?",
                    new String[]{cursor.getString(_idIndex)},null);
            String phonenumber="";
            //遍历 phonecursor 提取联系人电话号码
            while (phonecursor.moveToNext())
            {
                int numberFieldColumnIndex=
            phonecursor.getColumnIndex(ContactsContract.CommonDataKinds.Phone.NUMBER);
                String temp=phonecursor.getString(numberFieldColumnIndex);
                phonenumber=phonenumber+""+temp;
            }
            //关闭电话号码游标
            phonecursor.close();
            result=result+phonenumber+"\t\n";
        }
        //关闭联系人游标
        cursor.close();
        return result;
    }
}
```

代码解释:

第一段粗体标记的代码段给出了为应用程序申请读取系统通讯录权限的代码。可使用 requestPermissions()方法为外部应用申请获取系统敏感资源的权限。该方法需要接收 3 个输入参数：第一个参数是申请权限的应用组件；第二个参数是该组件向 Android 系统申请的具体权限；第三个参数则是权限申请的请求码，应保证它在应用程序中的唯一性。

第二段粗体标记的代码段给出了读取系统通讯录中联系人信息的方法。

对 ContentProvider 的操作包含两种数据类型，分别是联系人和电话号码。这两种数据类型的 URI 分别是 ContactsContract.Contacts.CONTENT_URI 和 ContactsContract.CommonDataKinds. Phone.CONTENT_URI。

数据查询操作由 MainActivity 类中自定义方法 getQueryData( ) 执行。它首先使用 Context. getContentResolver( ) 获取一个 ContentResolver 对象；然后使用 ContentResolver 对象的 query( ) 方法通过输入 Uri 对象——ContactsContract. Contacts. CONTENT_URI 将通讯录中的联系人姓名和 ID 全部查询出来，并返回指向首条记录的游标以遍历查询结果；最后，使用 ContentResolver 对象的 query( ) 方法通过输入 Uri 对象——ContactsContract. CommonDataKinds. Phone. CONTENT_URI 查询出指定联系人的电话号码。

由于通讯录是 Android 系统中的敏感信息，因此还需要在 AndroidManifest. xml 文件中为应用程序添加对系统通讯录读取权限的声明。

```
<manifest xmlns:android="http://schemas.android.com/apk/res/android"
    package="com.example.syscontentproviderdemo">
<uses-permission android:name="android.permission.READ_CONTACTS"/>
<application
    ...
</application>
</manifest>
```

编译并运行应用程序，可以查询到通讯录中所有的联系人信息，如图 8-3 所示。

8.8 实例练习——掌上个人图书管理系统

本实例要实现的是一个可随时随地管理个人图书信息的应用程序。它的主要功能是对读者个人图书信息的查询、插入、更新和删除。图 8-4 ~ 图 8-7 分别是应用程序的图书查询、图书插入、图书更新和图书删除界面。通过本实例，读者可综合掌握开发 ContentProvider 组件时经常使用到的 SQLite 数据库、ContentProvider、ContentResolver 和 UriMatcher 等技术。

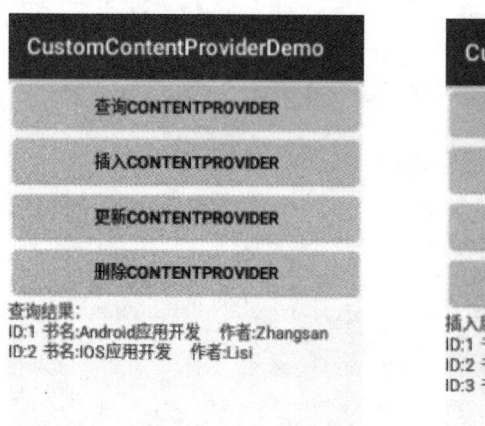

图 8-4　图书查询界面　　　　图 8-5　图书插入界面

本实例应用程序的开发过程如下。

1) 在 Android Studio 中导入 CustomContentProviderDemo 项目。

① 打开 Android Studio，单击 "Open an existing Android Studio project" 超链接。

② 在弹出的对话框中，选择项目文件所在的根目录，单击 "OK" 按钮。

③ Android Studio 将会自动导入项目文件，并生成项目结构。

图 8-6　图书更新界面　　　　　　　　　图 8-7　图书删除界面

本实例程序的项目目录结构如图 8-8 所示。

2）设计应用程序的底层数据库，包括数据库的存储文件名、数据库版本号、数据表及数据表的逻辑结构。此外，为方便外部应用访问数据库，还应设计可标识数据库中共享数据的 URI 资源。可使用下述代码为掌上图书管理系统定义描述数据库信息的辅助类（BookTableCPMetaData 和 BookTableMetaData）。

图 8-8　程序的项目目录结构

```
//定义描述数据库信息的辅助类
public class BookTableCPMetaData
{
    public static final String DATABASE_NAME = "books.db";
    public static final int DATABASE_VERSION = 1;
    public static final String AUTHORITY = "com.example.bookstorecontentprovider.bookprovider";
    public static final String BOOKS_TABLE_NAME = "books";
}
//定义描述数据库信息的辅助类
public static final class BookTableMetaData implements BaseColumns
{
    public static final String TABLE_NAME = "books";
    public static final String BOOK_NAME = "name";
    public static final String BOOK_ISBN = "isbn";
    public static final String BOOK_AUTHOR = "author";
    public static final String CREATED_DATE = "created";
    public static final String MODIFIED_DATE = "modified";
    public static final Uri CONTENT_URI =
            Uri.parse("content://"+BookTableCPMetaData.AUTHORITY+"/books");
    public static final Uri CONTENT_SINGLE_URI =
            Uri.parse("content://"+BookTableCPMetaData.AUTHORITY+"/books/#");
    public static final String CONTENT_TYPE = "vnd.android.cursor.dir/vnd.androidbook.book";
    public static final String CONTENT_ITEM_TYPE =
                    "vnd.android.cursor.item/vnd.androidbook.book";
    public static final String DEFAULT_SORT_ORDER = "modified DESC";
}
```

3）使用下述代码定义一个从 ContentProvider 类继承的子类，并在子类中重写父类的 onCreate()、query()、insert()、update()、delete() 和 getType() 方法。

```java
public class BookTableCP extends ContentProvider {
    public static final String TAG = "BTContentProvider";
    public DatabaseHelper openHelper = null;

    //定义数据库辅助操作类 DatabaseHelper
    public class DatabaseHelper extends SQLiteOpenHelper
    {
        public DatabaseHelper(Context context)
        {
            super(context,BookTableCPMetaData.DATABASE_NAME,
                null, BookTableCPMetaData.DATABASE_VERSION);
        }
        //创建 books 数据表
        @Override
        public void onCreate(SQLiteDatabase db) {
            String sql = "CREATE TABLE " +
                    BookTableMetaData.TABLE_NAME+
                    " (" + BookTableMetaData._ID+
                    " INTEGER PRIMARY KEY," +
                    BookTableMetaData.BOOK_NAME + " TEXT," +
                    BookTableMetaData.BOOK_ISBN + " TEXT," +
                    BookTableMetaData.BOOK_AUTHOR +
                    "TEXT," + BookTableMetaData.CREATED_DATE+
                    "INTEGER," +BookTableMetaData.MODIFIED_DATE +
                    "INTEGER"+");";
            Log.i(TAG, db.getPath());
            db.execSQL(sql);
        }

        //更新数据库版本
        @Override
        public void onUpgrade(SQLiteDatabase db, int oldVersion,int newVersion) {
            Log.i(TAG, "Upgrade  database from " + oldVersion +
                " to "+ newVersion + ", which will destroy old data!");
            String sql = "DROP TABLEIF EXISTS " + BookTableMetaData.TABLE_NAME;
            db.execSQL(sql);
            onCreate(db);
        }
    }


    private static final int
        INCOMMING_BOOK_COLLECTION_URI_INDICATOR = 1;
    private static final int
        INCOMMING_SINGLE_BOOK_URI_INDICATOR = 2;
    //创建 UriMatcher 对象
    private static UriMatcher sUriMatcher = null;
    static
    {
        sUriMatcher = new UriMatcher(UriMatcher.NO_MATCH);
        sUriMatcher.addURI(BookTableCPMetaData.AUTHORITY, "books",
            INCOMMING_BOOK_COLLECTION_URI_INDICATOR);
        sUriMatcher.addURI(BookTableCPMetaData.AUTHORITY,
            "books/#",INCOMMING_SINGLE_BOOK_URI_INDICATOR);
```

```java
}
//首次创建 ContentProvider 时调用该方法
@Override
public boolean onCreate() {
    Log.i(TAG, "create table");
    openHelper = new DatabaseHelper(this.getContext());
    Log.i(TAG, openHelper.toString());
    return true;
}
//返回 ContentProvider 所提供数据的 MIME 类型
@Override
public String getType(Uri uri) {
    switch(sUriMatcher.match(uri))
    {
        case INCOMMING_BOOK_COLLECTION_URI_INDICATOR:
            return BookTableMetaData.CONTENT_TYPE;
        case INCOMMING_SINGLE_BOOK_URI_INDICATOR:
            return BookTableMetaData.CONTENT_ITEM_TYPE;
        default:
            throw new IllegalArgumentException("Unknown URI " + uri);
    }
}
//插入记录操作
@Override
public Uri insert(Uri uri, ContentValues values) {
    Log.i(TAG, "insert()");
    long now = Long.valueOf(System.currentTimeMillis());
    if(values.containsKey(BookTableMetaData.CREATED_DATE) == false)
    {
        values.put(BookTableMetaData.CREATED_DATE, now);
    }
    if(values.containsKey(BookTableMetaData.MODIFIED_DATE) == false)
    {
        values.put(BookTableMetaData.MODIFIED_DATE, now);
    }
    if(values.containsKey(BookTableMetaData.BOOK_NAME) == false)
    {
        throw new SQLException("Failed to insert row, because Book Name is needed " + uri);
    }
    if(values.containsKey(BookTableMetaData.BOOK_ISBN) == false)
    {
        values.put(BookTableMetaData.BOOK_ISBN, "Unknown ISBN");
    }
    if(values.containsKey(BookTableMetaData.BOOK_AUTHOR) == false)
    {
        values.put(BookTableMetaData.BOOK_AUTHOR, "Unknown author");
    }
    SQLiteDatabase db = openHelper.getWritableDatabase();
    long rowID =
                db.insert(BookTableMetaData.TABLE_NAME,
                    BookTableMetaData.BOOK_NAME, values);
    if(rowID>0)
```

```java
            }
                Uri insertBookedUri =
                    ContentUris.withAppendedId(BookTableMetaData.CONTENT_URI, rowID);
            getContext().getContentResolver().notifyChange(insertBookedUri, null);
                return insertBookedUri;
            }
        throw new SQLException("Failed to insert row into " + uri);
    }
    //删除记录操作
    @Override
    public int delete(Uri uri, String selection, String[] selectionArgs) {
        Log.i(TAG, "delete()");
        SQLiteDatabase db = openHelper.getWritableDatabase();
        int count = 0;
        switch(sUriMatcher.match(uri))
        {
            case INCOMMING_BOOK_COLLECTION_URI_INDICATOR:
                count = db.delete(BookTableMetaData.TABLE_NAME, selection, selectionArgs);
                break;
            case INCOMMING_SINGLE_BOOK_URI_INDICATOR:
                String rowID = uri.getPathSegments().get(1);
                String where = BookTableMetaData._ID + "=" + rowID + (!TextUtils.isEmpty(selec-
                        tion)?" AND (" + selection + ')':"");
                count = db.delete(BookTableMetaData.TABLE_NAME, selection, selectionArgs);
                break;
            default:
                throw new IllegalArgumentException("Unknown URI " + uri);
        }
        this.getContext().getContentResolver().notifyChange(uri, null);
        return count;
    }
    //更新记录操作
    @Override
    public int update(Uri uri, ContentValues values, String selection, String[] selectionArgs) {
        Log.i(TAG, "update()");
        SQLiteDatabase db = openHelper.getWritableDatabase();
        int count = 0;
        switch(sUriMatcher.match(uri))
        {
            case INCOMMING_BOOK_COLLECTION_URI_INDICATOR:
                count = db.update(BookTableMetaData.TABLE_NAME, values, selection, selection-
                        Args);
                break;
            case INCOMMING_SINGLE_BOOK_URI_INDICATOR:
                String rowID = uri.getPathSegments().get(1);
                String where = "BookTableMetaData._ID" + "=" + rowID +
                    (!TextUtils.isEmpty(selection)?" AND(" + selection + ')':"");
                count = db.update(BookTableMetaData.TABLE_NAME,
                        values, where, selectionArgs);
                break;
            default:
                throw new IllegalArgumentException("Unknown URI " + uri);
```

```
            }
            getContext().getContentResolver().notifyChange(uri, null);
            return count;
        }
    }
    //查询记录操作
    @Override
    public Cursor query(Uri uri, String[] projection, String selection, String[]
                    selectionArgs, String sortOrder) {
        Log.i(TAG, "query()");
        Cursor cursor = null;
        SQLiteQueryBuilder qb = null;
        qb = new SQLiteQueryBuilder();
        switch(sUriMatcher.match(uri))
        {
            case INCOMMING_BOOK_COLLECTION_URI_INDICATOR:
                qb.setTables(BookTableMetaData.TABLE_NAME);
                qb.setProjectionMap(sBookProjectionMap);
                break;
            case INCOMMING_SINGLE_BOOK_URI_INDICATOR:
                qb.setTables(BookTableMetaData.TABLE_NAME);
                qb.setProjectionMap(sBookProjectionMap);
                qb.appendWhere(BookTableMetaData._ID + "=" +
                            uri.getPathSegments().get(1));
                break;
            default:
                throw new IllegalArgumentException("Unknown URI " + uri);
        }
        String orderBy = "";
        if(TextUtils.isEmpty(sortOrder))
        {
            orderBy = BookTableMetaData.DEFAULT_SORT_ORDER;
        }
        else
        {
            orderBy = sortOrder;
        }
        SQLiteDatabase db = openHelper.getReadableDatabase();
        Cursor c = qb.query(db, projection, selection, selectionArgs, null, null, orderBy);
        int i = c.getCount();
        ContentResolver cr = this.getContext().getContentResolver();
        c.setNotificationUri(cr, uri);
        return c;
    }
}
```

4) 在项目目录下，打开 AndroidManifest.xml 清单文件，在<application>标签下添加<provider>子标签，将第3）步创建的ContentProvider 子类注册到 Android 系统。

```
<application
        android:allowBackup="true"
        android:icon="@mipmap/ic_launcher"
        android:label="@string/app_name"
        android:roundIcon="@mipmap/ic_launcher_round"
```

```xml
            android:supportsRtl="true"
            android:theme="@style/AppTheme">
            …
    <provider android:authorities="com.example.bookstorecontentprovider.bookprovider"
        android:name="com.example.bookstorecontentprovider.BookTableCP" android:exported
        ="true">
    </provider>
</application>
```

5) 打开项目目录下的 activity_main.xml 文件，为启动界面增加 4 个按钮，分别用于激发调用 ContentProvider 的 query()、insert()、update() 和 delete() 方法，并增加 1 个文本框来显示上述操作后的结果。

```xml
<LinearLayout xmlns:android="http://schemas.android.com/apk/res/android"
    xmlns:app="http://schemas.android.com/apk/res-auto"
    xmlns:tools="http://schemas.android.com/tools"
    android:layout_width="match_parent"
    android:layout_height="match_parent"
    android:orientation="vertical"
    android:gravity="center_horizontal"
    tools:context="example.com.customcontentproviderdemo.MainActivity">
    …
    <Button
        android:id="@+id/queryContent"
        android:layout_width="match_parent"
        android:layout_height="wrap_content"
        android:text="查询 ContentProvider"
        />
    <Button
        android:id="@+id/insertContent"
        android:layout_width="match_parent"
        android:layout_height="wrap_content"
        android:text="插入 ContentProvider"
        />
    <Button
        android:id="@+id/updateContent"
        android:layout_width="match_parent"
        android:layout_height="wrap_content"
        android:text="更新 ContentProvider"
        />
    <Button
        android:id="@+id/deleteContent"
        android:layout_width="match_parent"
        android:layout_height="wrap_content"
        android:text="删除 ContentProvider"
        />
    <TextView
        android:id="@+id/viewContent"
        android:layout_width="match_parent"
        android:layout_height="wrap_content" />
</LinearLayout>
```

6）打开项目目录下的 MainActivity.java 文件，获取 ContentResolver 对象，完成对 ContentProvider 的调用，并分别为第 4）步中新增的 UI 控件添加处理逻辑。

```java
public class MainActivity extends AppCompatActivity {
    ContentResolver cr;
    ContentValues cv;
    String result = "";
    @Override
    protected void onCreate(Bundle savedInstanceState) {
        super.onCreate(savedInstanceState);
        setContentView(R.layout.activity_main);
        //获取 ContentResolver 对象，完成对 ContentProvider 的调用
        cr = this.getContentResolver();
        cv = new ContentValues();
        //添加第一条数据
        cv.put("name","Android 应用开发");
        cv.put("author","Zhangsan");
        cr.insert(BookTableCP.BookTableMetaData.CONTENT_URI,cv);
        //添加第二条数据
        cv.put("name","iOS 应用开发");
        cv.put("author","Lisi");
        cr.insert(BookTableCP.BookTableMetaData.CONTENT_URI,cv);
        //查询记录
        Button queryData = (Button) findViewById(R.id.queryContent);
        queryData.setOnClickListener(new View.OnClickListener() {
            @Override
            public void onClick(View v) {
                result = "查询后结果:\t\n";
                queryResult();
            }
        });
        //插入记录
        Button insertData = (Button) findViewById(R.id.insertContent);
        insertData.setOnClickListener(new View.OnClickListener() {
            @Override
            public void onClick(View v) {
                cv.put("name","Java 应用开发");
                cv.put("author","Wangwu");
                cr.insert(BookTableCP.BookTableMetaData.CONTENT_URI,cv);
                result = "插入后结果:\t\n";
                queryResult();
            }
        });
        //更新记录
        Button updateData = (Button) findViewById(R.id.updateContent);
        updateData.setOnClickListener(new View.OnClickListener() {
            @Override
            public void onClick(View v) {
                cv.put("author","Wangliu");
                cr.update(BookTableCP.BookTableMetaData.CONTENT_URI,cv,"name=?",new String
                        []{"Java 应用开发"});
```

```java
                    result = "更新后结果:\t\n";
                    queryResult();
                }
            });
            //删除记录
            Button delData = (Button) findViewById(R.id.deleteContent);
            delData.setOnClickListener(new View.OnClickListener() {
                @Override
                public void onClick(View v) {
                    cr.delete(BookTableCP.BookTableMetaData.CONTENT_URI,"name=?",new String[]
                                                                        {"Java应用开发"});
                    result = "删除后结果:\t\n";
                    queryResult();
                }
            });
    }
    //记录查询函数
    void queryResult()
    {
        Cursor cursor = cr.query(BookTableCP.BookTableMetaData.CONTENT_URI,null,null,null,null);
        //获得_ID字段的索引
        int idIndex = cursor.getColumnIndex(BookTableCP.BookTableMetaData._ID);
        //获得 Name 字段的索引
        int nameIndex = cursor.getColumnIndex(BookTableCP.BookTableMetaData.BOOK_NAME);
        //获得 Author 字段的索引
        int authorIndex = cursor.getColumnIndex(BookTableCP.BookTableMetaData.BOOK_AUTHOR);
        while (cursor.moveToNext())
        {
            result = result+"ID:"+cursor.getString(idIndex) + "\t";
            result = result + "书名:" + cursor.getString(nameIndex) + "\t";
            result = result+"作者:"+cursor.getString(authorIndex) + "\t\n";
        }
        //显示查询结果
        TextView tv = (TextView) findViewById(R.id.viewContent);
        tv.setText(result);
        cursor.close();
    }
}
```

8.9 小结

本章主要介绍了 Android 系统中 ContentProvider 组件的功能和用法，它通过把应用程序的数据按照"固定规范"暴露出来，从而实现跨应用数据共享。ContentProvider 是 Android 系统内不同程序之间进行数据交换的标准接口。学习本章应重点掌握 3 个组件的用法：ContentResolver、URI 和 ContentProvider。其中，ContentResolver 用于操作 ContentProvider 提供的数据；URI 是 ContentProvider 和 ContentResolver 进行数据交互的标识；ContentProvider 则是所有 ContentProvider 组件的基类。同时，应注意防止对 ContentProvider 的滥用，当 Android 应用程序内部共享访问数据时，无须使用 ContentProvider。

8.10 习题

一、判断题

1. URI 主要由三部分组成,分别是 scheme、authority 和 path。( )
2. ContentProvider 的主要功能是实现跨应用共享数据。( )
3. 在 Android 中通过 ContentResolver 查询手机通讯录时,不需要加入读取手机通讯录的权限。( )
4. Android 系统的 UriMatcher 类用于匹配 URI。( )

二、选择题

1. 如果一个应用程序想要访问另外一个应用程序的数据库,那么需要通过( )实现。

   A. BroadcastReceiver   B. Activity   C. ContentProvider   D. AIDL

2. 下列方法中,能够得到 ContentProvider 的实例对象的方法是( )。

   A. new ContentResolver( )   B. getContentResolver( )
   C. newInstance( )   D. ContentUris. newInstance( )

3. 下列关于 ContentProvider 的描述中,错误的是( )。

   A. ContentProvider 是一个抽象类,只有继承后才能使用
   B. ContentProvider 只有在 AndroidManifest. xml 文件中注册后才能运行
   C. ContentProvider 为其他应用程序提供了统一的访问数据库的方式
   D. 以上说法都不对

三、简答题

1. 简述 ContentProvider 的工作原理。
2. 简述 URI。

拓展阅读

王选

计算机"接纳"汉字,永远要感谢这个光辉的名字——王选(汉字激光照排创始人)。

1964 年—1966 年,他从事 DJS 21 计算机 ALGOL 60 语言的编译程序开发,为主要承担者。该系统是国内最早及真正实用的高级语言编译系统之一,被列入《中国计算机工业发展简史》及《中国计算机行业大事年表(1956—1983)》。

1972 年,参与研制的 DJS150 计算机遇到磁带纠错的难题,他在家用手工对几百种编码方案进行筛选、计算,设计出磁带 2 位纠错方案。

王选还是中国计算机汉字激光照排系统和电子出版系统的技术总负责人。

第 9 章 Android 应用界面设计

对于 Android 应用开发而言，界面设计尤为重要。设计良好的 UI（用户界面）不仅能够增强用户与软件的黏性，还有利于用户在人机对话中更好地与应用逻辑交互。Android 为应用程序开发提供了丰富多彩的 UI 控件，合理地将这些控件搭配在一起就能够开发出美观的用户界面。本章将详细介绍 Android 中基本 UI 控件的知识，并通过具体实例的实现过程讲解各个控件的使用方法。

9.1 UI 控件简介

Android 的 UI 控件建立在视图（View）和视图容器（ViewGroup）这两个类的基础之上。View 类是所有 UI 控件的父类，而 ViewGroup 类则通常作为容器管理各种 UI 控件。Android SDK 采用了"组合器"设计模式来组织用户界面：既可以使用 ViewGroup 包裹若干个独立的视图控件，又可以将 ViewGroup 作为一个普通的视图控件来使用。图 9-1 所示为 Android UI 控件层次。

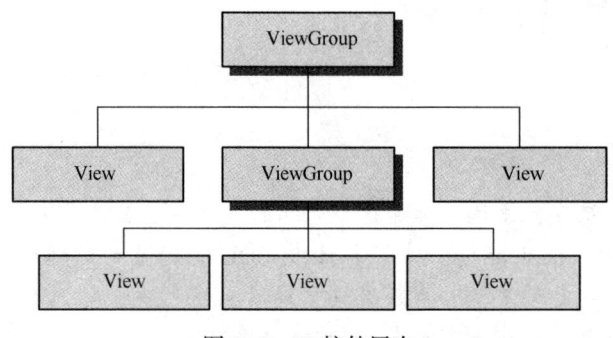

图 9-1 UI 控件层次

9.1.1 View 类

View 类是 Android 界面设计中要用到的基础类。几乎所有的 UI 控件（如 TextView、Button 和 EditText 等）都是从 View 类继承而来的。一个视图（View）占用屏幕中的一块矩形区域，并负责渲染这块区域。此外，View 类控件还能够处理矩形区域内发生的各种事件、设置矩形区域是否可见，还可单独设置它能否获得用户输入焦点等。

在设计 Android 应用的 UI 时，通常会采用在 XML 布局文件中设置标签属性值的方法来控制 UI 控件的外观。表 9-1 列出了 View 类控件常用的设置属性。

表 9-1　View 类控件常用的设置属性

属　性	功　能
android:id	设置视图控件的标识符
android:background	设置视图控件的背景色
android:clickable	设置视图控件是否响应单击事件
android:visibility	设置视图控件是否可见
android:alpha	设置视图控件的透明度

9.1.2　ViewGroup 类

ViewGroup 类是一个从 View 类继承而来的抽象类，它经常作为各种 UI 控件的容器类来使用。在 ViewGroup 中，使用 ViewGroup.LayoutParams 和 ViewGroup.MarginLayoutParams 这两个内部类来控制 UI 控件在容器内的布局。表 9-2 列出了可由 ViewGroup.LayoutParams 类设置的控件属性。表 9-3 则列出了可由 ViewGroup.MarginLayoutParams 类设置的控件属性。

表 9-2　由 ViewGroup.LayoutParams 类设置的控件属性

属　性	功　能
android:layout_height	设置 UI 控件的高度
android:layout_width	设置 UI 控件的宽度

表 9-3　由 ViewGroup.MarginLayoutParams 类设置的控件属性

属　性	功　能
android:layout_marginTop	设置 UI 控件与上部相邻控件的页边距
android:layout_marginLeft	设置 UI 控件与左侧相邻控件的页边距
android:layout_marginBottom	设置 UI 控件与下部相邻控件的页边距
android:layout_marginRight	设置 UI 控件与右侧相邻控件的页边距

9.1.3　使用 XML 布局文件控制 UI

Android 推荐使用 XML 布局文件设计 UI。这种方法充分体现了 MVC 设计模式的优点，它不仅简单明了，还能够很好地将应用程序的视图控制逻辑从 Java 代码中分离出来。

当在 Android 应用的 app\src\main\res\layout 目录下创建 XML 布局文件后，全局变量 R.layout 将自动收录该布局资源。可使用下述 Java 代码为 Activity 指定 UI。

Activity.SetContentView(R.layout.<XML 布局文件名>);

当在布局文件内添加了 UI 控件标签后，应为其设置 android:id 属性。Android 系统将使用 android:id 属性值作为 UI 控件在应用程序中的唯一标识。可使用下述 Java 代码获取指定的 UI 控件。

Activity.FindViewById(R.id.<android.id 属性值>);

当成功获取 UI 控件之后，就能够使用 Java 代码灵活地对 UI 控件的外观和行为进行控制了。需要注意的是，XML 布局文件并不是控制 UI 的唯一方式。Android 也支持完全抛弃

XML 布局文件，仅使用 Java 代码的方式控制 UI。甚至，还可以使用 XML 布局文件与 Java 代码混合编程的方式来控制 UI。

9.2 布局管理器

Android 中有很多 UI 控件，在进行界面设计时应首先考虑这些控件的整体摆放方式。可采用编写 Java 代码的方法来控制 UI 控件在界面中的摆放位置和大小。但是，这种方法会在很大程度上增加界面设计的复杂性。此外，当显示屏幕的分辨率发生变化时，还需要 UI 进行额外适配。为提高界面设计的效率，Android 提供了一系列布局管理器。这些布局管理器可以按照不同的规律整齐地控制 UI 控件在界面中的显示位置。

图 9-2 所示为 Android SDK 中布局管理器的层次结构。从该层次结构可以看出，Android 提供了 6 种不同类型的布局管理器来组织界面中的不同控件，这些布局管理器均派生自 ViewGroup 这一抽象的父类。在各个布局管理器中均实现了父类的 addView() 方法，可使用该方法为布局管理器添加 UI 控件。

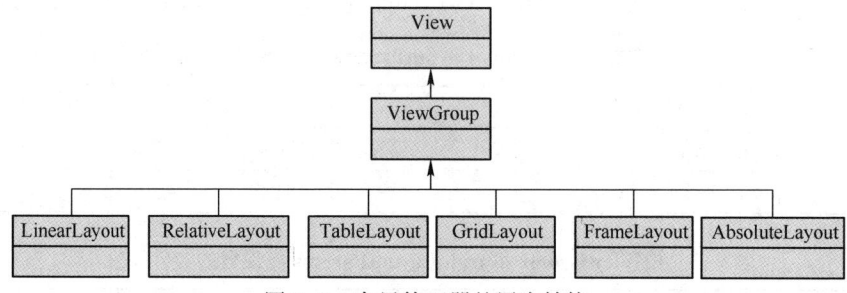

图 9-2 布局管理器的层次结构

9.2.1 线性布局

线性布局（LinearLayout）将它包裹的所有 UI 控件沿显示屏幕的水平方向或竖直方向依次排列。表 9-4 列出了线性布局常用的 XML 属性。

表 9-4 线性布局常用的 XML 属性

XML 属性	功　　能
android:orientation	设置 UI 控件的排列方向
android:layout_width	设置线性布局的宽度
android:layout_height	设置线性布局的高度
android:gravity	设置 UI 控件在布局内的对齐方式
android:layout_weight	设置控件在布局内的占用比例

【例 9-1】定义一个线性布局，向该布局添加 3 个按钮控件，并设定这些控件在布局内沿竖直方向排列。

```
<?xml version="1.0" encoding="utf-8"?>
<LinearLayout
    xmlns:android="http://schemas.android.com/apk/res/android"
    xmlns:tools="http://schemas.android.com/tools"
    android:id="@+id/activity_main"
```

```xml
        tools:context="com.example.zsp.linearlayoutdemo.MainActivity"
        android:orientation="vertical"
        android:layout_width="match_parent"
        android:layout_height="match_parent">

<Button
        android:id="@+id/button1"
        android:layout_width="match_parent"
        android:layout_height="wrap_content"
        android:text="按钮 1"/>
<Button
            android:id="@+id/button2"
            android:layout_width="match_parent"
            android:layout_height="wrap_content"
            android:text="按钮 2"/>
<Button
            android:id="@+id/button3"
            android:layout_width="match_parent"
            android:layout_height="wrap_content"
            android:text="按钮 3"/>
</LinearLayout>
```

代码解释：

用粗体标记的代码段给出了线性布局的设置方法。依题目要求，在<LinearLayout>标签内，将android:orientation 的属性值设置为"vertical"，控制布局内的所有控件沿竖直方向依次排列；此外，将 android:layout_width 和 android:layout_height 的属性值设置为"match_parent"，控制将线性布局的宽度和高度填满整个屏幕。

编译并运行程序，可以看到布局内的按钮控件全部沿竖直方向自上向下整齐排列，如图 9-3 所示。

图 9-3 竖直方向排列的线性布局

修改代码，将线性布局内控件的排列方向修改为水平方向（见下面用粗体标记的代码段）。

```xml
<LinearLayout xmlns:android="http://schemas.android.com/apk/res/android"
    xmlns:tools="http://schemas.android.com/tools"
    android:id="@+id/activity_main"
    tools:context="com.example.zsp.linearlayoutdemo.MainActivity"
    android:orientation="horizontal"
    android:layout_width="match_parent"
    android:layout_height="match_parent">
    ...
</LinearLayout>
```

重新编译并运行程序，可以看到布局内的按钮控件已全部修改为沿水平方向自左向右整齐排列，如图 9-4 所示。

需要注意的是，当将线性布局的排列方向设置为 vertical 时，不能将布局内控件的高

Android 应用程序开发

度指定为 match_parent，否则会使该控件占满屏幕的竖直方向，而无法显示其余控件；反之，当将线性布局的排列方向设置为 horizontal 时，也不能将布局内控件的宽度指定为 match_parent。

可进一步修改线性布局，为其增加 android:gravity 属性（见下面用粗体标记的代码段）。

```
<LinearLayout xmlns:android="http://schemas.android.com/apk/res/android"
    xmlns:tools="http://schemas.android.com/tools"
    android:id="@+id/activity_main"
    tools:context="com.example.zsp.linearlayoutdemo.MainActivity"
    android:orientation="horizontal"
    android:layout_width="match_parent"
    android:layout_height="match_parent"
    android:gravity="center">
    …
</LinearLayout>
```

重新编译并运行程序，可以看到沿水平方向排列的按钮控件已经被调整到了显示屏幕的中央，如图 9-5 所示。类似地，也可以尝试为 android:gravity 属性设置其他属性值，观察该属性对 UI 控件显示位置的影响。

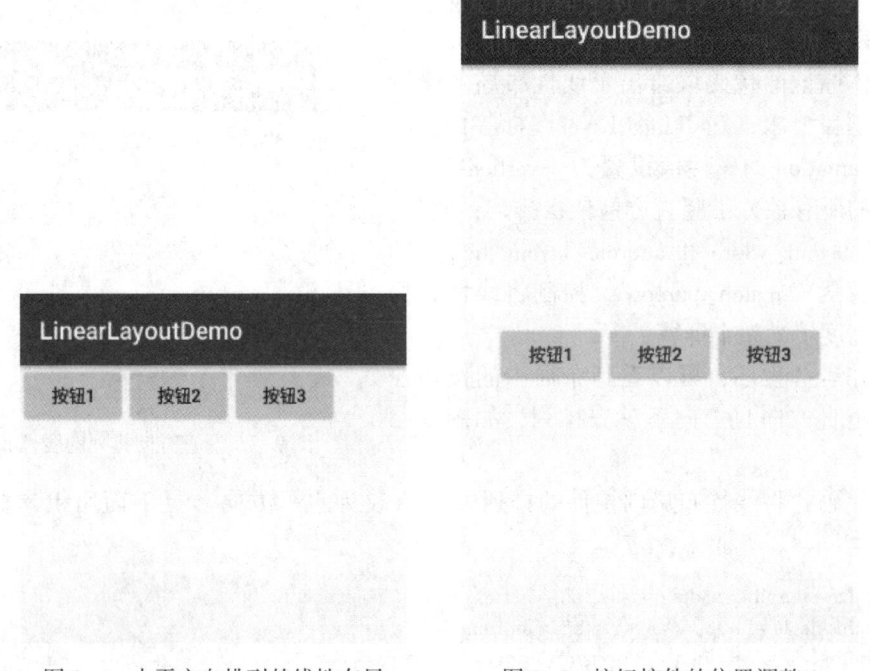

图 9-4 水平方向排列的线性布局　　图 9-5 按钮控件的位置调整 1

除了可以设置 <LinearLayout> 标签的属性之外，还可以在控件的标签内使用 android:layout_gravity 属性单独地调整这些控件在线性布局内的显示位置。

```
<Button
    android:id="@+id/button1"
    android:layout_width="wrap_content"
    android:layout_height="wrap_content"
    android:text="按钮 1"
    android:layout_gravity="top"/>
```

152

```
<Button
        android:id="@+id/button2"
        android:layout_width="wrap_content"
        android:layout_height="wrap_content"
        android:text="按钮 2"
        android:layout_gravity="center"/>
<Button
        android:id="@+id/button3"
        android:layout_width="wrap_content"
        android:layout_height="wrap_content"
        android:text="按钮 3"
        android:layout_gravity="bottom"/>
```

编译并重新运行程序，可以看到 3 个按钮控件虽然还是沿水平方向依次排列，但是通过对按钮控件 android:layout_gravity 属性的设置，它们分别显示在屏幕的顶端、中央和底部，如图 9-6 所示。

为了使 UI 能够自动适配不同的显示屏幕分辨率，可以在线性布局内为 UI 控件标签增加 android:layout_width 和 android:layout_weight 属性，使其按照一定的显示比例进行缩放。

```
<Button
        android:id="@+id/button1"
        android:layout_width="0dp"
        android:layout_height="wrap_content"
        android:text="按钮 1"
        android:layout_gravity="top"
        android:layout_weight="1"/>
<Button
        android:id="@+id/button2"
        android:layout_width="0dp"
        android:layout_height="wrap_content"
        android:text="按钮 2"
        android:layout_gravity="center"
        android:layout_weight="2"/>
<Button
        android:id="@+id/button3"
        android:layout_width="0dp"
        android:layout_height="wrap_content"
        android:text="按钮 3"
        android:layout_gravity="bottom"
        android:layout_weight="3"/>
```

代码解释：

首先，将 UI 控件的 android:layout_width 属性设置为"0dp"，取消该属性对控件宽度的设置；然后，为 UI 控件增加 android:layout_weight 属性，设置它对屏幕宽度的占用比例。例如，分别将 3 个按钮控件的 android:layout_weight 属性值设置为 1、2、3，表示按照 1:2:3 的屏幕占用比例设置各个按钮控件的宽度。

编译并重新运行程序，可以看到 3 个按钮控件在水平方向上以指定的比例占满了屏幕的显示空间，如图 9-7 所示。

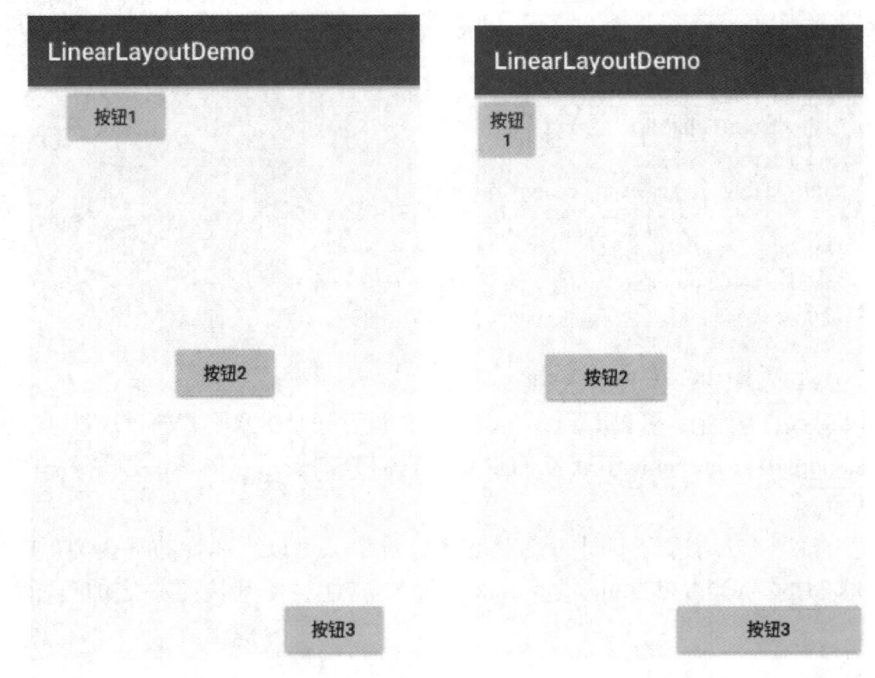

图 9-6　按钮控件的位置调整 2　　　　图 9-7　按钮控件的位置调整 3

9.2.2　相对布局

与线性布局相比，相对布局（RelativeLayout）更加灵活，它以相对定位的方式控制控件在布局内的位置。表 9-5 列出了相对布局常用的 XML 属性。

表 9-5　相对布局常用的 XML 属性

XML 属性	功　　能
android:gravity	设置 UI 控件在布局内的对齐方式
android:ignoregravity	设置 UI 控件忽略 gravity 属性

由于相对布局还包含了一个内部类——RelativeLayout.LayoutParams，因此还可为相对布局内的控件指定表 9-6 所列的 XML 属性。

表 9-6　相对布局内控件的 XML 属性

XML 属性	作　　用
android:layout_centerHorizontal	设置 UI 控件在布局内水平居中
android:layout_centerVertical	设置 UI 控件在布局内竖直居中
android:layout_centerInParent	设置 UI 控件在布局内居中
android:layout_layout_alignParentLeft	设置 UI 控件与布局左侧对齐
android:layout_layout_alignParentTop	设置 UI 控件与布局顶端对齐
android:layout_layout_alignParentRight	设置 UI 控件与布局右侧对齐
android:layout_layout_alignParentBottom	设置 UI 控件与布局底端对齐

此外，也可使用表 9-7 所列的 XML 属性，为控件指定相对于参考控件的摆放位置。

表 9-7 相对参考控件摆放位置的 XML 属性

XML 属性	作　用
android:layout_toRightOf	将 UI 控件摆放到参考控件的右侧
android:layout_toLeftOf	将 UI 控件摆放到参考控件的左侧
android:layout_above	将 UI 控件摆放到参考控件的顶端
android:layout_below	将 UI 控件摆放到参考控件的底端
android:layout_alignTop	设置 UI 控件与参考控件顶端对齐
android:layout_alignBottom	设置 UI 控件与参考控件底端对齐
android:layout_alignLeft	设置 UI 控件与参考控件左侧对齐
android:layout_alignRight	设置 UI 控件与参考控件右侧对齐

【例 9-2】定义一个相对布局，向该布局添加 5 个按钮控件，并设定这些控件在布局内的排列规则。

```xml
<?xml version="1.0" encoding="utf-8"?>
<RelativeLayout xmlns:android="http://schemas.android.com/apk/res/android"
    xmlns:tools="http://schemas.android.com/tools"
    android:id="@+id/activity_main"
    android:layout_width="match_parent"
    android:layout_height="match_parent"
    tools:context="com.example.zsp.relativelayoutdemo.MainActivity" >

<Button
        android:id="@+id/button1"
        android:layout_width="wrap_content"
        android:layout_height="wrap_content"
        android:layout_alignParentLeft="true"
        android:layout_alignParentTop="true"
        android:text="BUTTON 1" />
<Button
        android:id="@+id/button2"
        android:layout_width="wrap_content"
        android:layout_height="wrap_content"
        android:layout_alignParentRight="true"
        android:layout_alignParentTop="true"
        android:text="BUTTON 2" />
<Button
        android:id="@+id/button3"
        android:layout_width="wrap_content"
        android:layout_height="wrap_content"
        android:layout_centerInParent="true"
        android:text="BUTTON 3" />
<Button
        android:id="@+id/button4"
        android:layout_width="wrap_content"
        android:layout_height="wrap_content"
        android:layout_alignParentBottom="true"
```

```
                android:layout_alignParentLeft="true"
                android:text="BUTTON 4" />
        <Button
                android:id="@+id/button5"
                android:layout_width="wrap_content"
                android:layout_height="wrap_content"
                android:layout_alignParentBottom="true"
                android:layout_alignParentRight="true"
                android:text="BUTTON 5" />
</RelativeLayout>
```

代码解释：

用粗体标记的代码段给出了使用相对布局摆放 UI 控件的方法。可为 UI 控件设置 android:layout_alignParentBottom 等属性，以控制它在布局内的摆放位置。在本例中，将 BUTTON 1 摆放到布局的左上角，将 BUTTON 2 摆放到布局的右上角，将 BUTTON 3 摆放到布局的中央，将 BUTTON 4 摆放到布局的左下角，将 BUTTON 5 摆放到布局的右下角。

编译并运行程序，可以看到布局内的按钮控件已按照设定方向摆放，如图 9-8 所示。

可进一步修改 XML 文件，首先设置好一个 UI 控件的摆放位置，然后以该控件作为参考，放置其余 UI 控件。

```
<Button
        android:id="@+id/button3"
        android:layout_width="wrap_content"
        android:layout_height="wrap_content"
        android:layout_centerInParent="true"
        android:text="BUTTON 3" />
<Button
        android:id="@+id/button1"
        android:layout_width="wrap_content"
        android:layout_height="wrap_content"
        android:layout_above="@id/button3"
        android:layout_toLeftOf="@id/button3"
        android:text="BUTTON 1" />
<Button
        android:id="@+id/button2"
        android:layout_width="wrap_content"
        android:layout_height="wrap_content"
        android:layout_above="@id/button3"
        android:layout_toRightOf="@id/button3"
        android:text="BUTTON 2" />
<Button
        android:id="@+id/button4"
        android:layout_width="wrap_content"
        android:layout_height="wrap_content"
        android:layout_below="@id/button3"
        android:layout_toLeftOf="@id/button3"
        android:text="BUTTON 4" />
<Button
        android:id="@+id/button5"
        android:layout_width="wrap_content"
        android:layout_height="wrap_content"
```

```
android:layout_below="@id/button3"
android:layout_toRightOf="@id/button3"
android:text="BUTTON 5" />
```

代码解释：

用粗体标记的代码段给出了在相对布局内使用参考控件摆放其他控件的方法。可为 UI 控件设置 android:layout_below、android:layout_toRightOf 属性和 android:layout_toLeftOf 等属性，以控制它在布局内的摆放位置。在本例中，首先将 BUTTON 3 放置到布局的中央，然后分别使用 android:layout_above、android:layout_below、android:layout_toLeftOf 和 android:layout_toRightOf 属性，为其他控件指定其相对参考控件@id/button3 的摆放位置。需要注意的是，在代码中必须将参考控件放置在其他控件之前，否则将出现找不到参考控件引用的错误。

重新运行程序，可以看到在布局内以 BUTTON 3 按钮为中心，其他按钮分别按照配置的属性围绕在该按钮周围，如图 9-9 所示。

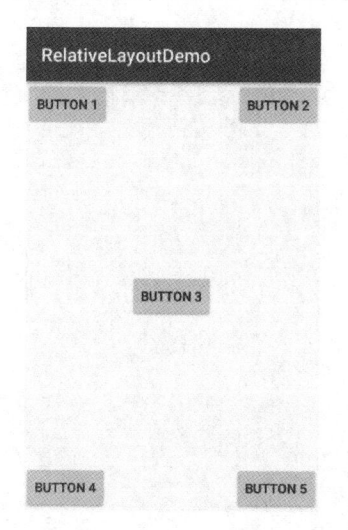

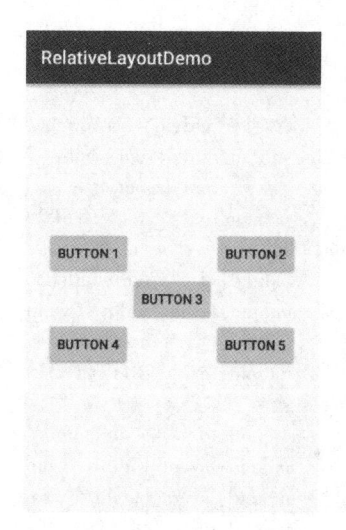

图 9-8　使用相对布局设定控件的摆放位置　　图 9-9　使用参考控件设定控件的位置

9.2.3　表格布局

表格布局（TableLayout）是采用行和列的形式来排列布局内的 UI 控件的。它无须声明行、列数目来指定布局外观，仅需通过添加 TableRow 标签和 UI 控件标签的方法便能增加行和列。当需要为表格增加一行时，只需为其添加一个 TableRow 标签即可；而 TableRow 也可以作为容器包裹子控件，每添加一个子控件，表格布局就增加一列。

表格布局继承自线性布局，因此线性布局所有可设置的 XML 属性也可用于表格布局。此外，表格布局还可以使用表 9-8 所列的 XML 属性。

表 9-8　表格布局常用的 XML 属性

XML 属性	作　用
android:collapseColumns	设置需要被隐藏的列
android:shrinkColumns	设置允许被收缩的列
android:stretchColumns	设置允许被拉伸的列

【例 9-3】 定义一个表格布局，向该布局添加 4 个按钮控件，并设定这些控件在布局内的排列规则。

```xml
<?xml version="1.0" encoding="utf-8"?>
<TableLayout xmlns:android="http://schemas.android.com/apk/res/android"
    xmlns:tools="http://schemas.android.com/tools"
    android:id="@+id/activity_main"
    android:layout_width="match_parent"
    android:layout_height="match_parent"
    android:shrinkColumns="1"
    android:stretchColumns="2"
    tools:context="com.example.zsp.tablelayoutdemo.MainActivity" >
<Button
        android:id="@+id/button1"
        android:layout_width="wrap_content"
        android:layout_height="wrap_content"
        android:text="BUTTON 1"/>
<TableRow>
<Button
        android:id="@+id/button2"
        android:layout_width="wrap_content"
        android:layout_height="wrap_content"
        android:text="BUTTON 2"/>
<Button
        android:id="@+id/button3"
        android:layout_width="wrap_content"
        android:layout_height="wrap_content"
        android:text="BUTTON 33333"/>
<Button
        android:id="@+id/button4"
        android:layout_width="wrap_content"
        android:layout_height="wrap_content"
        android:text="BUTTON 4"/>
</TableRow>
</TableLayout>
```

代码解释：

用粗体标记的代码段给出了使用表格布局摆放 UI 控件的方法。在本例中，通过为表格布局标签设置 android:shrinkColumns 属性指定第二列内的 UI 控件可收缩以适配 UI。同时，也为表格布局标签设置了 android:stretchColumns 属性指定第三列内的 UI 控件可拉伸以适配 UI。此外，还使用了 <TableRow> 标签为表格布局增加新的一行。

编译并运行程序，可以看到表格布局将按钮分成两行显示（见图 9-10）：第一行单独用一列放置 BUTTON 1 按钮；第二行依次放置正常显示的 BUTTON 2 按钮、收缩显示的 BUTTON 33333 按钮和拉伸显示的 BUTTON 4 按钮。

可进一步修改 XML 文件，为线性布局增加 android:collapseColumns 属性。

```xml
<TableLayout xmlns:android="http://schemas.android.com/apk/res/android"
    xmlns:tools="http://schemas.android.com/tools"
    android:id="@+id/activity_main"
    android:layout_width="match_parent"
    android:layout_height="match_parent"
```

```
android:shrinkColumns="1"
android:stretchColumns="2"
android:collapseColumns="0"
tools:context="com.example.zsp.tablelayoutdemo.MainActivity">
```

代码解释：

用粗体标记的代码段给出了在表格布局中隐藏显示 UI 控件的方法。在本例中，通过为表格布局标签设置 android:collapseColumns 属性指定隐藏第一列的所有控件。需要注意的是，android:collapseColumns 属性仅对包含有多列的表格布局有效。

编译并重新运行程序，可看到放置在第二行第一列中的 BUTTON 2 已经隐藏显示，而 BUTTON 4 控件则自动拉伸占满了整个屏幕的水平空间，如图 9-11 所示。

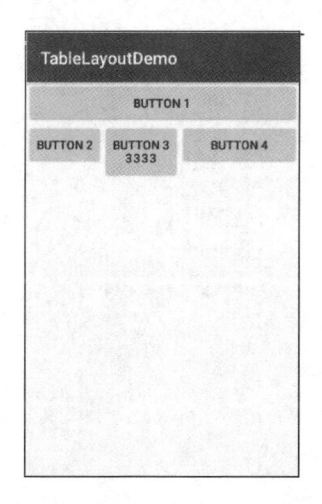

图 9-10　使用表格布局设定 UI 控件的位置　　图 9-11　在表格布局内隐藏显示 UI 控件

9.2.4　网格布局

网格布局（GridLayout）是在 Android 4.0 版本之后新增加的布局方式。它将 UI 划分为网格，可将 UI 控件随意地摆放到各个网格单元中。网格布局比表格布局更加灵活，当使用网格布局时，UI 控件可占用多个网格单元；而在表格布局中，不能将 UI 控件跨行设置。表 9-9 列出了网格布局常用的 XML 属性。

表 9-9　网格布局常用的 XML 属性

XML 属性	作　　用
android:alignmentMode	设置网格布局的对齐方式
android:columnCount	设置网格布局的列数目
android:rowCount	设置网格布局的行数目
android:useDefaultMargins	设置是否使用默认页边距

由于网格布局还包含了一个内部类——GridLayout.LayoutParams，因此还可以为网格布局内的 UI 控件指定表 9-10 所列的 XML 属性。

表 9-10　网格布局内 UI 控件常用的 XML 属性

XML 属性	作　用
android:layout_row	设置 UI 控件放置的行
android:layout_column	设置 UI 控件放置的列
android:layout_rowSpan	设置 UI 控件跨行的个数
android:layout_columnSpan	设置 UI 控件跨列的个数

【例 9-4】通过定义一个网格布局，设计一个简易计算器 UI。

```xml
<?xml version="1.0" encoding="utf-8"?>
<GridLayout xmlns:android="http://schemas.android.com/apk/res/android"
    xmlns:tools="http://schemas.android.com/tools"
    android:layout_width="match_parent"
    android:layout_height="wrap_content"
    android:columnCount="4"
    android:rowCount="6"
    android:alignmentMode="alignBounds"
    tools:context="com.example.zsp.gridlayoutdemo.MainActivity" >
<TextView
    android:id="@+id/text"
    android:layout_width="match_parent"
    android:layout_height="wrap_content"
    android:layout_columnSpan="4"
    android:text="0" />
<Button
    android:id="@+id/button1"
    android:layout_width="wrap_content"
    android:layout_height="wrap_content"
    android:text="1" />
<Button
    android:id="@+id/button2"
    android:layout_width="wrap_content"
    android:layout_height="wrap_content"
    android:text="2" />
<Button
    android:id="@+id/button3"
    android:layout_width="wrap_content"
    android:layout_height="wrap_content"
    android:text="3" />
<Button
    android:id="@+id/buttonadd"
    android:layout_width="wrap_content"
    android:layout_height="wrap_content"
    android:text="+" />
<Button
    android:id="@+id/button4"
    android:layout_width="wrap_content"
    android:layout_height="wrap_content"
    android:text="4" />
<Button
    android:id="@+id/button5"
```

```xml
            android:layout_width="wrap_content"
            android:layout_height="wrap_content"
            android:text="5" />
<Button
            android:id="@+id/button6"
            android:layout_width="wrap_content"
            android:layout_height="wrap_content"
            android:text="6" />
<Button
            android:id="@+id/buttondown"
            android:layout_width="wrap_content"
            android:layout_height="wrap_content"
            android:text="-" />
<Button
            android:id="@+id/button7"
            android:layout_width="wrap_content"
            android:layout_height="wrap_content"
            android:text="7" />
<Button
            android:id="@+id/button8"
            android:layout_width="wrap_content"
            android:layout_height="wrap_content"
            android:text="8" />
<Button
            android:id="@+id/button9"
            android:layout_width="wrap_content"
            android:layout_height="wrap_content"
            android:text="9" />
<Button
            android:id="@+id/buttonelim"
            android:layout_width="wrap_content"
            android:layout_height="wrap_content"
            android:text="/" />
<Button
            android:id="@+id/button0"
            android:layout_width="wrap_content"
            android:layout_height="wrap_content"
            android:layout_columnSpan="2"
            android:layout_gravity="fill"
            android:text="0" />
<Button
            android:id="@+id/buttongrade"
            android:layout_width="wrap_content"
            android:layout_height="wrap_content"
            android:text="=" />
<Button
            android:id="@+id/buttonride"
            android:layout_width="wrap_content"
            android:layout_height="wrap_content"
            android:layout_rowSpan="2"
            android:layout_gravity="fill"
            android:text="*" />
```

```xml
<Button
    android:id="@+id/buttonce"
    android:layout_width="wrap_content"
    android:layout_height="wrap_content"
    android:layout_columnSpan="3"
    android:layout_gravity="fill"
    android:text="CE" />
</GridLayout>
```

代码解释：

用粗体标记的代码段给出了使用网格布局摆放 UI 控件的方法。在本例中，使用了 android:columnCount 和 android:rowCount 属性定义了一个 6 行 4 列的网格布局，并且在 UI 控件标签内使用 android:layout_rowSpan 和 android:layout_columnSpan 属性设置了相应控件占用的行、列个数。

编译并运行程序，可以看到布局内的所有 UI 控件已按照设定的属性有序摆放，如图 9-12 所示。

图 9-12 使用网格布局设计的简易计算器

9.2.5 帧布局

帧布局（FrameLayout）为容器内各个 UI 控件创建一个空白的显示区域（又称为一帧）。采用帧布局方式设计 UI 时，只能在屏幕左上角显示一个控件，如果要添加多个控件，这些控件会按照加入的顺序在屏幕的左上角重叠显示。表 9-11 列出了帧布局常用的 XML 属性。

表 9-11 帧布局常用的 XML 属性

XML 属性	作　用
android:foreground	设置帧布局的前景图像
android:foregroundgravity	设置帧布局中前景图像的对齐方式
android:useDefaultMargins	设置帧布局是否使用默认页边距

【例9-5】通过定义一个帧布局，设计一个具有文字重影效果的UI。

```xml
<?xml version="1.0" encoding="utf-8"?>
<FrameLayout xmlns:android="http://schemas.android.com/apk/res/android"
    xmlns:tools="http://schemas.android.com/tools"
    android:id="@+id/activity_main"
    android:layout_width="match_parent"
    android:layout_height="match_parent"
    tools:context="com.example.zsp.framelayoutdemo.MainActivity">

    <TextView
        android:id="@+id/view1"
        android:layout_width="wrap_content"
        android:layout_height="wrap_content"
        android:text="较大"
        android:textSize="50pt"/>
    <TextView
        android:id="@+id/view2"
        android:layout_width="wrap_content"
        android:layout_height="wrap_content"
        android:text="一般"
        android:textSize="20pt"/>
    <TextView
        android:id="@+id/view3"
        android:layout_width="wrap_content"
        android:layout_height="wrap_content"
        android:text="较小"
        android:textSize="10pt"/>
</FrameLayout>
```

代码解释：

本例代码定义了一个帧布局，它按照字体从大到小的顺序向布局添加了3个文本框UI控件。

编译并运行程序，可以看到文本框控件被固定显示在布局的左上角，并且逐层覆盖显示，如图9-13所示。

图9-13 具有文字重影效果的UI

9.2.6 绝对布局

绝对布局（AbsoluteLayout）不提供任何布局控制，而是通过指定UI控件在屏幕上的显示位置（X、Y坐标）来设置控件的摆放位置。需要注意的是，因显示屏幕的分辨率存在较大差异，使用绝对布局开发UI时，需要额外考虑不同分辨率下的适配性。

【例9-6】通过定义一个绝对布局，设计一个用户登录界面。

```xml
<?xml version="1.0" encoding="utf-8"?>
<AbsoluteLayout xmlns:android="http://schemas.android.com/apk/res/android"
    xmlns:tools="http://schemas.android.com/tools"
    android:id="@+id/activity_main"
    android:layout_width="match_parent"
    android:layout_height="match_parent"
    tools:context="com.example.zsp.absolutelayoutdemo.MainActivity">

    <TextView
```

```xml
            android:layout_x="20dp"
            android:layout_y="20dp"
            android:layout_width="wrap_content"
            android:layout_height="wrap_content"
            android:text="登录名:" />
<EditText
            android:layout_x="80dp"
            android:layout_y="15dp"
            android:layout_width="wrap_content"
            android:width="300px"
            android:layout_height="wrap_content"/>
<TextView
            android:layout_x="20dp"
            android:layout_y="80dp"
            android:layout_width="wrap_content"
            android:layout_height="wrap_content"
            android:text="密码:" />
<EditText
            android:layout_x="80dp"
            android:layout_y="75dp"
            android:layout_width="wrap_content"
            android:width="300px"
            android:layout_height="wrap_content"
            android:password="true"/>
<Button
            android:layout_x="130dp"
            android:layout_y="135dp"
            android:layout_width="wrap_content"
            android:layout_height="wrap_content"
            android:text="登录"/>
</AbsoluteLayout>
```

代码解释:

用粗体标记的代码段给出了使用绝对布局摆放 UI 控件的方法。可在 UI 控件的标签内使用 android:layout_x 和 android:layout_y 属性为其设置屏幕上显示的 X、Y 坐标。需要注意的是，UI 控件的绝对坐标需要在界面调试时不断地进行调整，才能确定出理想的显示位置。

编译并运行程序，可以看到使用绝对布局摆放的 UI 控件组合成一个简单的用户登录界面，如图 9-14 所示。

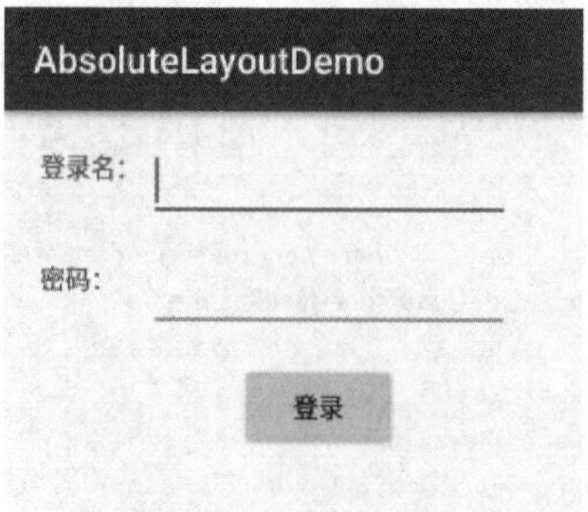

图 9-14　使用绝对布局设计的用户登录界面

9.3 列表视图

当手机屏幕空间有限，无法完整地将 UI 的所有内容显示出来时，可使用列表视图（ListView）通过垂直滚动将屏幕外的内容显示在屏幕内。ListView 类直接从 AbsListView 类继承，它的数据项则来自一个继承了 ListAdapter 接口的适配器。表 9-12 列出了 ListView 常用的 XML 属性。

表 9-12 ListView 常用的 XML 属性

XML 属性	作 用
android:divider	设置数据项之间的间隔样式
android:dividerHeight	设置数据项之间的间隔距离
android:entries	设置列表视图的数据项
Android:footerDividersEnabled	设置是否在表尾显示分割线
Android:headererDividersEnabled	设定是否在表头显示分割线

下面是经常使用的几种操作 ListView 的方法。

（1）addFooterView(View v)

该方法用于增加一个表尾视图。

（2）removeFooterView(View v)

该方法用于删除一个表尾视图。

（3）addHeaderView(View v)

该方法用于删除一个表头视图。

（4）removeHeaderView(View v)

该方法用于增加一个表头视图。

（5）getAdapter()

该方法用于获得当前绑定的 ListAdapter 适配器。

（6）setAdapter(ListAdapter adapter)

该方法用于为 ListView 设置一个 ListAdapter 适配器。

（7）setSelection(int position)

该方法用于设定 ListView 显示当前选择项。

（8）getCheckItemIds()

该方法用于获取 ListView 的当前选择项。

在 Android 应用中有两种方法使用 ListView：第一种方法是使用一个从 ListActivity 继承的 Activity，并为其绑定 ListAdapter，这种方法适用于将 ListView 作为整个 Activity UI 的情况；第二种方法则是直接在 UI 中创建 ListView 控件。

9.3.1 以 ListActivity 使用 ListView

ListActivity 类从 Activity 类继承而来，它通过绑定 ListAdapter 对象来显示一个数据列表。ListActivity 类已经包含了一个 ListView 的内部类，因此，如果对列表项的显示格式没有特殊要求，不必使用布局文件即可创建 ListView。在 ListActivity 类的 onCreate() 方法中，可使用

setListAdapter()方法为ListView绑定ListAdapter对象。此外，可以使用ListActivity的getListView()方法获得其内部包含的ListView对象。

可使用下述代码定义一个从ListActivity继承的子类，显示一个预定义的一线城市列表（部分）。

```java
public class MainActivity extends ListActivity{
    private String[] citys={"北京","上海","广州","天津","重庆","深圳","杭州","南京"};
    @Override
    protected void onCreate(Bundle savedInstanceState) {
        super.onCreate(savedInstanceState);
        TextView header=new TextView(MainActivity.this);
        header.setText("一线城市列表(部分)");

        ListView citylist=getListView();
        citylist.addHeaderView(header);
        citylist.setAdapter(new ArrayAdapter<String>(this,android.R.layout.simple_list_item_1,
                citys));
    }
}
```

代码解释：

用粗体标记的代码段给出了创建自定义ListActivity子类的方法。该类从ListActivity类继承，它通过重写父类的onCreate()方法向ListView中添加了一系列数据项。可使用ArrayAdapter将存储在数组的数据项传递给ListView显示。ArrayAdapter通过泛型指定要适配的数据类型，可在其构造函数中传递要适配的数据。ArrayAdapter有多个构造函数的重载，可根据实际情况选择最合适的一种。由于本例的数据项是字符串类型，因此将ArrayAdapter的泛型指定为String，然后在其构造函数中依次传入当前上下文、ListView子项布局的id及要适配的数据。需要注意的是，本例代码中使用了android.R.layout.simple_list_item_1作为子项布局的id。它是一个Android系统内置的布局文件，可将该布局作为应用程序的UI显示一段文本。

编译并运行程序，可以通过滚动方式查看屏幕外的数据，如图9-15所示。

图9-15 使用ListActivity创建ListView

9.3.2 以 UI 控件使用 ListView

以 ListActivity 方式使用 ListView 是将整个 Activity 都作为一个 ListView，由于这样的界面较单一，一般很少使用。为满足复杂 UI 的设计要求，常将 ListView 作为 UI 控件使用。

可使用下述代码在一个线性布局中添加一个 ListView 控件，在控件中以蓝色分割条来隔离各个列表项。

```xml
<?xml version="1.0" encoding="utf-8"?>
<LinearLayout xmlns:android="http://schemas.android.com/apk/res/android"
    xmlns:tools="http://schemas.android.com/tools"
    android:id="@+id/activity_main"
    android:layout_width="match_parent"
    android:layout_height="match_parent"
    android:orientation="vertical"
    tools:context="com.example.zsp.listviewdemo.MainActivity">
<!--设定列表项的分割线为蓝色,并且数据项之间分割 10 个 dp -->
<ListView
    android:id="@+id/listviewsimple"
    android:layout_width="wrap_content"
    android:layout_height="wrap_content"
    android:divider="#00F"
    android:dividerHeight="10dp"/>
</LinearLayout>
```

为了向 ListActivity 控件添加列表项数据，可使用下述代码创建一个 Activity。首先，使用 findViewById() 方法得到界面布局中定义的 ListView 控件；然后使用一个 ArrayAdapter 对象将列表项数据传递给 ListView 控件。

```java
public class MainActivity extends AppCompatActivity {
    private ListView lstview;
    private ArrayAdapter<String> adapter;
    private List<String> cities;
    @Override
    protected void onCreate(Bundle savedInstanceState) {
        super.onCreate(savedInstanceState);
        setContentView(R.layout.activity_main);
        cities = new ArrayList<String>();
        cities.add("北京");
        cities.add("上海");
        cities.add("广州");
        cities.add("天津");
        cities.add("重庆");
        cities.add("杭州");
        cities.add("南京");
        lstview = (ListView) findViewById(R.id.listviewsimple);
        adapter = new ArrayAdapter<String>
            (MainActivity.this, android.R.layout.simple_list_item_single_choice, cities);
        lstview.setChoiceMode(ListView.CHOICE_MODE_SINGLE);
        lstview.setAdapter(adapter);
    }
}
```

编译并运行程序，可以看到以 UI 控件方式创建的 ListView，如图 9-16 所示。

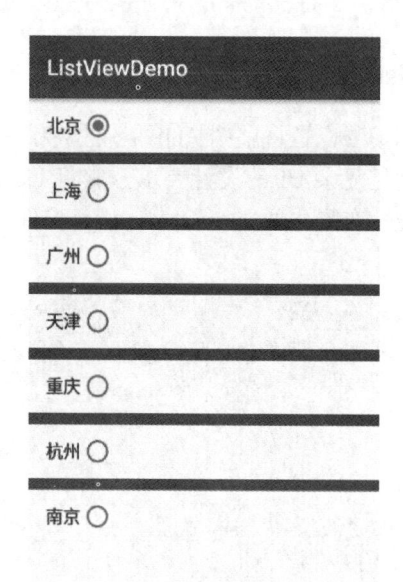

图 9-16　以 UI 控件方式创建的 ListView

9.3.3　Adapter 接口

在 9.3.1 小节和 9.3.2 小节的示例代码中，都使用了 ArrayAdapter 对象为 ListView 提供列表项。ArrayAdapter 实现了 Adapter 接口。Adapter 接口是连接 ListView 控件后台数据和前端 UI 的纽带，它能够封装很多复杂的数据类型，包括数组、链表、数据库和集合等。许多高级的 UI 控件（如 ListView、GridView、Spinner 和 Gallery 等），都需要使用 Adapter 接口的实现类为其提供数据源。

Adapter 接口及其实现类的继承关系如图 9-17 所示。Adapter 接口常用的实现类有 ArrayAdapter、SimpleAdapter 和 CursorAdapter。ArrayAdapter 通常用于将数组或 List 集合的数据封装成列表项，SimpleAdapter 可用于将 List 集合的对象封装成列表项，CursorAdapter 则仅用于封装由数据库游标提供的数据。此外，BaseAdapter 类是所有 Adapter 实现类的基类，它同时实现了 ListAdapter 和 SpinnerAdapter 两个接口。

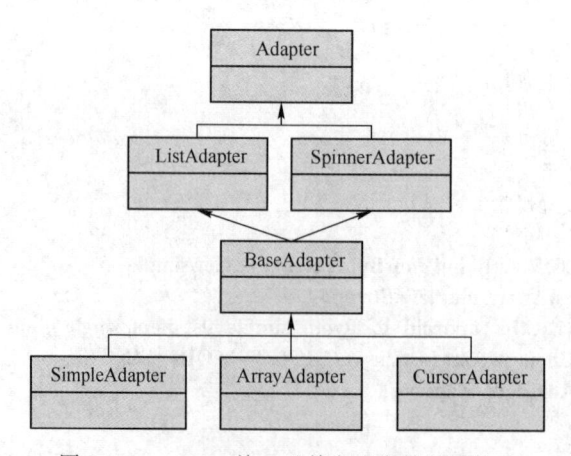

图 9-17　Adapter 接口及其实现类的继承关系

9.4 常用 Widget 组件

Android 提供了一个名为 Widget 的包，它包含了文本框、按钮、进度条和图片等在 UI 设计中需要经常使用的控件。

9.4.1 文本框

文本框（TextView）是一块用于显示文本的屏幕区域。文本框的显示区域不可编辑，往往用来在屏幕中显示静态字符串。TextView 类定义了文本框的属性和基本操作方法。它属于 android.Widget 包，并从 android.view.View 类继承而来。当使用 TextView 类时，必须导入其所在的包路径，即 android.Widget.TextView。Android 为文本框控件提供了 <TextView> 标签，可通过在该标签下设置不同的属性来控制文本框的显示外观和行为。表 9-13 列出了 TextView 常用的 XML 属性。

表 9-13 TextView 常用的 XML 属性

XML 属性	作 用
android:autoLink	将文本设置为可单击的链接
android:ellipsize	当文字过长无法显示完整时，设置省略符的显示位置
android:textAllCaps	设置是否将源文本全部转换为大写
android:cursorVisible	设置是否显示光标
Android:text	设置文本框的显示内容
Android:singleLine	设置文本框的内容是否单行显示
Android:textSize	设置文本的字体大小
Android:textColor	设置文本的颜色
Android:password	设置文本框内容是否以密码方式显示
Android:drawableTop	在文本上方放置一个 drawable 对象
Android:drawableBottom	在文本下方放置一个 drawable 对象
Android:drawableLeft	在文本左侧放置一个 drawable 对象
Android:drawableRight	在文本右侧放置一个 drawable 对象
Android:drawablePadding	设置文本与 drawable 对象之间的间隔

【例 9-7】在一个线性布局中添加 5 个不同显示风格的 TextView 控件。

```
<?xml version="1.0" encoding="utf-8"?>
<LinearLayout xmlns:android="http://schemas.android.com/apk/res/android"
    xmlns:tools="http://schemas.android.com/tools"
    android:id="@+id/activity_main"
    android:layout_width="match_parent"
    android:layout_height="match_parent"
    android:orientation="vertical"
    tools:context="com.example.zsp.textviewdemo.MainActivity">

<TextView
        android:layout_width="match_parent"
```

```
                android:layout_height="wrap_content"
                android:text="Android 界面编程！"
                android:textSize="20pt"/>
<TextView
                android:layout_width="match_parent"
                android:layout_height="wrap_content"
                android:text="abcdefghijklmnopqrstuvwxyzabcdefghijklmnopqrstuvwxyz"
                android:singleLine="true"
                android:ellipsize="middle"
                android:textAllCaps="true"
                android:ellipsize="middle"
                android:capitalize="characters" />
<TextView
                android:layout_width="match_parent"
                android:layout_height="wrap_content"
                android:text="电子邮件：hitzsp@163.com"
                android:autoLink="email"/>
<TextView
                android:layout_width="match_parent"
                android:layout_height="wrap_content"
                android:text="字体颜色"
                android:textColor="#f00"/>
<TextView
                android:layout_width="match_parent"
                android:layout_height="wrap_content"
                android:text="12345678"
                android:password="true"/>
</LinearLayout>
```

代码解释：

用粗体标记的代码段给出了为 TextView 控件设置不同外观属性的方法。

编译并运行程序，可以看到以不同外观显示的 TextView 控件，如图 9-18 所示。

图 9-18　不同外观显示的 TextView 控件

除了为 TextView 控件提供可设置不同属性的<TextView>标签之外，Android 还提供了用于控制文本框的显示外观和行为的若干方法，见表 9-14。

表 9-14 TextView 类常用的方法

方　　法	作　　用
TextView( )	TextView 的构造方法
getText( )	获得文本的内容
length( )	获得文本的长度
setTextColor( )	设置文本的显示颜色
setLinkTextColor( )	设置链接文本的显示颜色

9.4.2 按钮

按钮（Button）是一个可响应应用户单击操作的 UI 控件。Button 类定义了按钮的属性和基本操作方法。它属于 android.Widget 包，并从 android.Widget.TextView 类继承而来。从类的层次关系来看，Button 类继承了 android.Widget.TextView 类的方法和属性，同时又是 CompoundButton、CheckBox、RadioButton 及 ToggleButton 类的父类。Android 为 Button 控件提供了<Button>标签，可通过在该标签下设置不同的属性来控制按钮的显示外观和行为。表 9-15 列出了 Button 类常用的 XML 属性。

表 9-15 Button 类常用的 XML 属性

XML 属性	作　　用
android:layout_height	设置按钮控件的高度
android:layout_width	设置按钮控件的宽度
android:text	设置按钮控件显示的文字
android:textSize	设置按钮控件显示文字的大小
android:textColor	设置按钮控件显示文字的颜色
android:background	设置按钮控件的背景
android:shadowRadius	设置按钮控件显示文字的阴影半径
android:shadowDx	设置按钮控件显示文字的横坐标偏移
android:shadowDy	设置按钮控件显示文字的纵坐标偏移

【例 9-8】在一个线性布局中添加两个不同显示风格的 Button 控件。

```
<?xml version="1.0" encoding="utf-8"?>
<LinearLayout xmlns:android="http://schemas.android.com/apk/res/android"
    xmlns:tools="http://schemas.android.com/tools"
    android:id="@+id/activity_main"
    android:layout_width="match_parent"
    android:layout_height="match_parent"
    android:orientation="vertical"
    android:gravity="center"
    tools:context="com.example.zsp.buttondemo.MainActivity">
```

```
<Button
        android:layout_width="wrap_content"
        android:layout_height="wrap_content"
        android:text="按钮 1"
        android:textSize="12pt"
        android:textColor="#fff"
        android:shadowColor="#00f"
        android:shadowRadius="1"
        android:shadowDx="5"
        android:shadowDy="5"/>
<Button
        android:layout_width="wrap_content"
        android:layout_height="wrap_content"
        android:textColor="#fff"
        android:text="按钮 2"
        android:textSize="10pt"
        android:background="@drawable/red"/>
</LinearLayout>
```

代码解释：

用粗体标记的代码段给出了为 Button 控件设置不同外观属性的方法。

编译并运行程序，可以看到两个以不同外观显示的 Button 控件，如图 9-19 所示。

图 9-19 不同外观显示的 Button 控件

9.4.3 文本编辑框

文本编辑框（EditText）不仅能够显示文本，还允许用户在控件内输入并编辑文本。EditText 类定义了文本编辑框的属性和基本操作方法。它属于 android.Widget 包，并从 android.Widget.TextView 类继承而来。在 Android SDK 中，EditText 类派生了两个子类：AutoCompleteTextView 和 ExtractEditText。Android 为文本编辑框控件提供了 <EditText> 标签，可通过在该标签下设置不同的属性来控制文本编辑框的显示外观和行为。表 9-16 列出了 EditText 类常用的 XML 属性。

表 9-16　EditText 类常用的 XML 属性

XML 属性	作　用
android:hint	设置文本编辑框的提示文字
android:selectAllOnFocus	设置是否自动选取文本编辑框内所有的文本内容
android:inputType	设置文本编辑框输入文本的类型
android:editable	设置文本编辑框内的文本是否可编辑

【例 9-9】 在一个表格布局中添加 5 个不同显示风格的 EditText 控件。

```
<?xml version="1.0" encoding="utf-8"?>
<TableLayout xmlns:android="http://schemas.android.com/apk/res/android"
    xmlns:tools="http://schemas.android.com/tools"
    android:id="@+id/activity_main"
    android:layout_width="match_parent"
    android:layout_height="match_parent"
    android:stretchColumns="1"
    tools:context="com.example.zsp.edittextdemo.MainActivity">

<TableRow>
<TextView
        android:layout_width="match_parent"
        android:layout_height="wrap_content"
        android:text="用户名:"
        android:textSize="16sp"/>
<EditText
        android:layout_width="match_parent"
        android:layout_height="wrap_content"
        android:hint="请填写登录账号"
        android:selectAllOnFocus="true"/>
</TableRow>
<TableRow>
<TextView
        android:layout_width="match_parent"
        android:layout_height="wrap_content"
        android:text="密码:"
        android:textSize="16sp"/>
<EditText
        android:layout_width="match_parent"
        android:layout_height="wrap_content"
        android:inputType="numberPassword"/>
</TableRow>
<TableRow>
<TextView
        android:layout_width="match_parent"
        android:layout_height="wrap_content"
        android:text="年龄:"
        android:textSize="16sp"/>
<EditText
        android:layout_width="match_parent"
        android:layout_height="wrap_content"
        android:inputType="number"/>
```

```
</TableRow>
<TableRow>
<TextView
        android:layout_width="match_parent"
        android:layout_height="wrap_content"
        android:text="出生日期："
        android:textSize="16sp"/>
<EditText
        android:layout_width="match_parent"
        android:layout_height="wrap_content"
        android:inputType="date"/>
</TableRow>
<TableRow>
<TextView
        android:layout_width="match_parent"
        android:layout_height="wrap_content"
        android:text="电话号码："
        android:textSize="16sp"/>
<EditText
        android:layout_width="match_parent"
        android:layout_height="wrap_content"
        android:hint="请填写您的电话号码"
        android:selectAllOnFocus="true"
        android:inputType="phone"/>
</TableRow>
</TableLayout>
```

代码解释：

用粗体标记的代码段给出了为 EditText 控件设置不同外观属性的方法。

编译并运行程序，可以看到以不同外观显示的 EditView 控件，如图 9-20 所示。

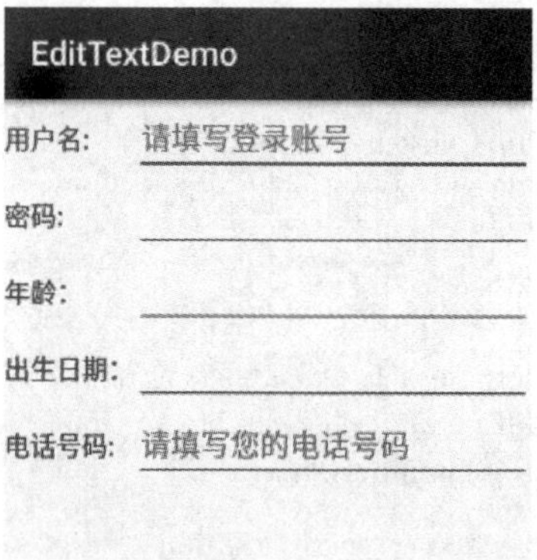

图 9-20　不同外观显示的 EditView 控件

9.4.4　图片显示框

图片显示框（ImageView）的主要功能是在 UI 显示各种来源的图片。此外，它还提供了缩放和渲染图片的诸多功能。ImageView 类定义了图片显示框的属性和基本操作方法，它属于 android.Widget 包，并从 android.view.View 类继承而来。在 Android SDK 中，ImageView 类派生了两个子类：ImageButton 和 ZoomButton。Android 为图片显示框控件提供了

<ImageView>标签，可通过在该标签下设置不同的属性来控制图片显示框的显示外观和行为。表 9-17 列出了 ImageView 类常用的 XML 属性。

表 9-17　ImageView 类常用的 XML 属性

XML 属性	作　用
android:adjustViewBounds	设置当 ImageView 调整边界时是否保持图片的纵横比例
android:scaleType	设置应如何调整图片大小和位置以使其适合 ImageView
android:cropToPadding	设置是否剪切图片以适应 ImageView 的内边距
android:src	设置 ImageView 显示图片的来源
android:maxHeight	设置 ImageView 的最大高度
android:maxWidth	设置 ImageView 的最大宽度

【例 9-10】在一个线性布局中添加一个 ImageView 控件。

```xml
<?xml version="1.0" encoding="utf-8"?>
<LinearLayout xmlns:android="http://schemas.android.com/apk/res/android"
    xmlns:tools="http://schemas.android.com/tools"
    android:id="@+id/activity_main"
    android:layout_width="match_parent"
    android:layout_height="match_parent"
    android:orientation="vertical"
    tools:context="com.example.zsp.imageviewdemo.MainActivity">
<ImageView
    android:id="@+id/image_ctrl"
    android:layout_width="match_parent"
    android:layout_height="match_parent"
    android:src="@drawable/bk1"
    android:scaleType="centerCrop"/>
</LinearLayout>
```

代码解释：
用粗体标记的代码段给出了为 ImageView 控件设置不同外观属性的方法。
编译并运行程序，可以看到由 ImageView 控件加载并显示的图片资源，如图 9-21 所示。

图 9-21　由 ImageView 控件加载并显示图片

9.4.5 进度条

进度条（ProgressBar）用于向用户动态显示某个耗时操作的完成进度，从而更好地体现 UI 的友好性。ProgressBar 类定义了进度条控件的属性和基本操作方法，它属于 android. Widget 包，并从 android. view. View 类继承而来。Android 为进度条控件提供了 <ProgressBar> 标签，可通过在该标签下设置不同的属性来控制进度条控件的显示外观和行为。表 9-18 列出了 ProgressBar 类常用的 XML 属性。

表 9-18 ProgressBar 类常用的 XML 属性

XML 属性	作　　用
android:max	设置进度条的最大值
android:progress	设置当前一级进度递增值
android:secondaryProgress	设置当前二级进度递增值
android:visibility	设置进度条是否可见
android:style	设置进度条的类型

为满足应用程序对 UI 设计的复杂要求，Android 内置了多种风格的进度条。可使用 android. R. attr 类设置进度条的类型，见表 9-19。

表 9-19 android. R. attr 类设置的进度条类型

类型名称	类　　型
progressBarStyleHorizontal	水平进度条
progressBarStyleSmall	小圆圈进度条
progressBarStyleLarge	大圆圈进度条
progressBarStyleLargeInverse	倒转大圆圈进度条
progressBarStyleSmallInverse	倒转小圆圈进度条

【例 9-11】在一个线性布局中添加 5 个不同显示风格的 ProgressBar 控件。

```
<?xml version="1.0" encoding="utf-8"?>
<LinearLayout xmlns:android="http://schemas.android.com/apk/res/android"
    xmlns:tools="http://schemas.android.com/tools"
    android:id="@+id/activity_main"
    android:layout_width="match_parent"
    android:layout_height="match_parent"
    android:orientation="vertical"
    tools:context="com.example.zsp.ProgressBardemo.MainActivity">
<TextView
    android:layout_width="wrap_content"
    android:layout_height="wrap_content"
    android:text="android:style/Widget.ProgressBar.Small" />
<ProgressBar
    style="@android:style/Widget.ProgressBar.Small"
    android:layout_width="wrap_content"
    android:layout_height="wrap_content" />
```

```xml
<TextView
        android:layout_width="wrap_content"
        android:layout_height="wrap_content"
        android:text="android:style/Widget.ProgressBar.Large" />
<ProgressBar
        android:id="@+id/pbLarge"
        style="@android:style/Widget.ProgressBar.Large"
        android:layout_width="wrap_content"
        android:layout_height="wrap_content" />
<TextView
        android:layout_width="wrap_content"
        android:layout_height="wrap_content"
        android:text="android:style/Widget.ProgressBar.Inverse" />
<ProgressBar
        style="@android:style/Widget.ProgressBar.Inverse"
        android:layout_width="wrap_content"
        android:layout_height="wrap_content" />
<TextView
        android:layout_width="wrap_content"
        android:layout_height="wrap_content"
        android:text="android:style/Widget.ProgressBar.Small.Inverse" />
<ProgressBar
        style="@android:style/Widget.ProgressBar.Small.Inverse"
        android:layout_width="wrap_content"
        android:layout_height="wrap_content" />
<TextView
        android:layout_width="wrap_content"
        android:layout_height="wrap_content"
        android:text="android:style/Widget.ProgressBar.Large.Inverse" />
<ProgressBar
        style="@android:style/Widget.ProgressBar.Large.Inverse"
        android:layout_width="wrap_content"
        android:layout_height="wrap_content" />
<TextView
        android:layout_width="wrap_content"
        android:layout_height="wrap_content"
        android:text="android:style/Widget.ProgressBar.Horizontal" />
<ProgressBar
        android:id="@+id/pbHor"
        style="@android:style/Widget.ProgressBar.Horizontal"
        android:layout_width="match_parent"
        android:layout_height="wrap_content"
        android:max="100"
        android:progress="20"
        android:secondaryProgress="60"/>
<LinearLayout
        android:layout_width="match_parent"
        android:layout_height="match_parent"
        android:orientation="horizontal" >
<Button
        android:id="@+id/btnAdd"
        android:layout_width="wrap_content"
```

```
                    android:layout_height="wrap_content"
                    android:text="  +  "/>
    <Button
                    android:id="@+id/btnReduce"
                    android:layout_width="wrap_content"
                    android:layout_height="wrap_content"
                    android:layout_marginLeft="30dp"
                    android:text="  -  "/>
    <Button
                    android:id="@+id/btnVisible"
                    android:layout_width="wrap_content"
                    android:layout_height="wrap_content"
                    android:layout_marginLeft="30dp"
                    android:text="VISIBLELARGE"/>
</LinearLayout>
</LinearLayout>
```

代码解释:

用粗体标记的代码段给出了为 ProgressBar 控件设置不同外观属性的方法。可使用 style 属性指定控件的显示风格；可使用 android:max、android:progress 和 android:secondaryProgress 等属性指定水平进度条的最大值和多级进度值。

编译并运行程序，可以看到在 UI 内显示了多种风格的进度条，如图 9-22 所示。

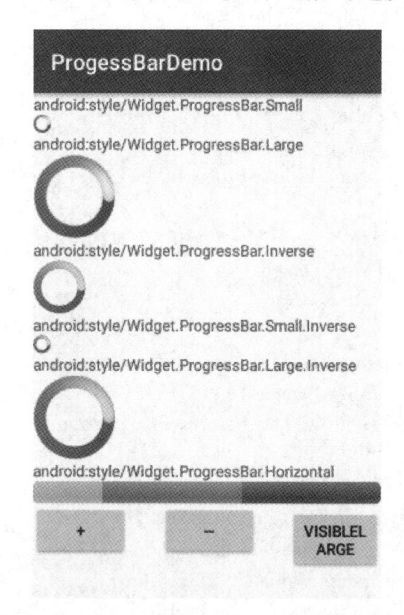

图 9-22 多种风格的进度条

基于上文所设计的 UI，可使用下述代码为界面底部的三个按钮分别绑定单击事件处理逻辑，以动态地对水平进度条的进度值进行调整或者控制是否隐藏进度条控件。

```
public class MainActivity extends AppCompatActivity {
    private Button btnAdd, btnReduce, btnVisible;
    private ProgressBar pbHor, pbLarge;
    @Override
    protected void onCreate(Bundle savedInstanceState) {
```

```java
        super.onCreate(savedInstanceState);
        setContentView(R.layout.activity_main);
        btnAdd = (Button) findViewById(R.id.btnAdd);
        btnReduce = (Button) findViewById(R.id.btnReduce);
        btnVisible = (Button) findViewById(R.id.btnVisible);
        pbHor = (ProgressBar) findViewById(R.id.pbHor);
        pbLarge = (ProgressBar) findViewById(R.id.pbLarge);
        btnAdd.setOnClickListener(mathClick);
        btnReduce.setOnClickListener(mathClick);
        btnVisible.setOnClickListener(new View.OnClickListener() {

            @Override
            public void onClick(View v) {
                if (pbLarge.getVisibility() == View.VISIBLE) {
                    pbLarge.setVisibility(View.GONE);
                } else {
                    pbLarge.setVisibility(View.VISIBLE);
                }
            }
        });
    }
    private View.OnClickListener mathClick = new View.OnClickListener() {
        @Override
        public void onClick(View v) {
            switch (v.getId()) {
                case R.id.btnAdd:
                    if (pbHor.getProgress() < 90) {
                        pbHor.setProgress((int) (pbHor.getProgress() * 1.2));
                    }
                    if (pbHor.getSecondaryProgress() < 100) {
                        pbHor.setSecondaryProgress((int) (pbHor
                            .getSecondaryProgress() * 1.2));
                    }
                    break;
                case R.id.btnReduce:
                    if (pbHor.getProgress() > 10) {
                        pbHor.incrementProgressBy(-10);
                    }
                    if (pbHor.getSecondaryProgress() > 20) {
                        pbHor.incrementSecondaryProgressBy(-10);
                    }
                    break;
            }
        }
    };
}
```

代码解释:

第一段以粗体标记的代码段给出了控制进度条控件隐藏显示的方法。这里使用 setVisibility() 方法设置是否隐藏"大圆圈进度条"。

第二段以粗体标记的代码段给出了控制水平进度条控件各级进度值调整的方法。这里使用 setProgress()、setSecondaryProgress()、incrementProgressBy() 和 incrementSecondaryProgressBy( )等方法调整水平进度条的进度值。

编译并重新运行程序，在单击"+"或"-"按钮后，可看到水平进度条的各级进度值发生了相应改变，如图 9-23 所示。

单击"VISIBLELARGE"按钮，隐藏"大圆圈进度条"，如图 9-24 所示。

图 9-23　控制水平进度条的进度值　　　　图 9-24　隐藏"大圆圈进度条"

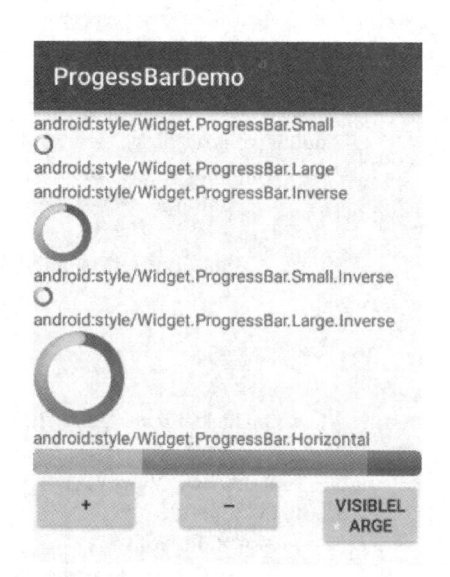

9.4.6　提示框

提示框（Toast）是一种非常方便的消息提示框，它会在程序界面显示一条简单的信息以提醒用户某个事件的发生。Toast 不会获得应用程序的输入焦点。当提示信息显示一段时间后，Toast 将自动消失。

可使用下述步骤创建 Toast。

1）调用 Toast 类的构造函数或 makeText( ) 静态方法创建一个 Toast 对象。

2）调用 Toast 对象的属性设置方法设置消息提示框的对齐方式和页边距等。

3）当有消息发生时调用 Toast 对象的 show( ) 方法将其显示出来。

【例 9-12】创建一个在 Activity 启动时显示的 Toast 提醒消息。

```
public class MainActivity extends AppCompatActivity {
    @Override
    protected void onCreate(Bundle savedInstanceState) {
        super.onCreate(savedInstanceState);
        setContentView(R.layout.activity_main);
        Toast tShow=Toast.makeText(this,"主页面启动",Toast.LENGTH_SHORT);
        tShow.setGravity(Gravity.CENTER,0,0);
        tShow.show();
    }
}
```

代码解释：

用粗体标记的代码段给出了 Toast 的创建和使用方法。本例首先使用 Toast.makeText( ) 静态函数创建了一个 Toast 对象，并设置待提醒的信息及消息提醒框的显示时间；然后，使用 Toast 对象的 setGravity( ) 方法设置消息框的显示位置；最后，调用 Toast 对象的 show( ) 方法显示消息提示框。

编译并运行程序，可以看到当主页面启动时将弹出 Toast，如图 9-25 所示。

图 9-25　弹出 Toast

9.4.7　单选按钮和复选框

单选按钮（RadioButton）控件和复选框（CheckBox）控件都继承自 Button 类，因此它们可直接使用 Button 类的属性和方法。与普通按钮不同的是，单选按钮和复选框增加了一个可选中的功能。因此，Android 为<RadioButton>和<CheckBox>标签增加了一个 android:checked 属性，它用于指定单选按钮和复选框控件在初始状态下是否被选中。

【例 9-13】在表格布局中添加一组单选按钮和三个复选框。

```
<?xml version="1.0" encoding="utf-8"?>
<TableLayout xmlns:android="http://schemas.android.com/apk/res/android"
    android:layout_width="match_parent"
    android:layout_height="match_parent">
    <TableRow>
        <TextView
            android:layout_width="wrap_content"
            android:layout_height="wrap_content"
            android:text="性别："/>
        <!-- 定义一组单选按钮 -->
        <RadioGroup android:id="@+id/rg"
            android:orientation="horizontal"
            android:layout_gravity="center_horizontal">
```

```xml
            <!-- 定义两个单选按钮 -->
            <RadioButton android:layout_width="wrap_content"
                android:layout_height="wrap_content"
                android:id="@+id/male"
                android:text="男"
                android:checked="true"/>
            <RadioButton android:layout_width="wrap_content"
                android:layout_height="wrap_content"
                android:id="@+id/female"
                android:text="女"/>
        </RadioGroup>
    </TableRow>
    <TableRow>
        <TextView
            android:layout_width="wrap_content"
            android:layout_height="wrap_content"
            android:text="喜欢的颜色:"/>
        <!-- 定义一个垂直的线性布局 -->
        <LinearLayout android:layout_gravity="center_horizontal"
            android:orientation="vertical"
            android:layout_width="wrap_content"
            android:layout_height="wrap_content">
            <!-- 定义三个复选框 -->
            <CheckBox android:layout_width="wrap_content"
                android:layout_height="wrap_content"
                android:text="红色"
                android:checked="true"/>
            <CheckBox android:layout_width="wrap_content"
                android:layout_height="wrap_content"
                android:text="蓝色"/>
            <CheckBox android:layout_width="wrap_content"
                android:layout_height="wrap_content"
                android:text="绿色"/>
        </LinearLayout>
    </TableRow>
    <TextView
        android:id="@+id/show"
        android:layout_width="wrap_content"
        android:layout_height="wrap_content"/>
</TableLayout>
```

代码解释：

用粗体标记的代码段给出了为 RadioButton 和 CheckBox 控件设置不同外观属性的方法。RadioButton 和 CheckBox 的不同在于：通常需要将多个 RadioButton 编为一个用 RadioGroup 管理的控件组，以支持用户的单选操作；而 CheckBox 则支持用户的多选操作。

编译并运行程序，可以看到一个可供用户选择的信息输入界面，如图 9-26 所示。

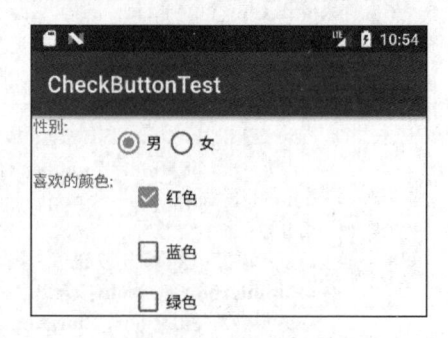

图 9-26 可供用户选择的信息输入界面

9.4.8 拖动条

拖动条（SeekBar）扩展了进度条（ProgressBar）的功能。它在进度条的基础上，增加了一个可拖动的滑块。可使用滑块的位置来标识数值，并且拖动条也允许用户拖动滑块来改变数值。因此，拖动条常用于对应用程序中的某种数值进行调节（如调节音量）。SeekBar 类定义了拖动条控件的属性和基本操作方法。它属于 android.Widget 包，并从 android.widget.ProgressBar 类继承而来。作为 ProgressBar 的子类，SeekBar 主要继承父类的属性和方法。除构造函数外，SeekBar 只定义了 setOnSeekBarChangeListener( ) 方法和 thumb 属性。

【例 9-14】 在线性布局中添加一个图片显示控件和一个拖动条。

```xml
<?xml version="1.0" encoding="utf-8"?>
<LinearLayout xmlns:android="http://schemas.android.com/apk/res/android"
    android:orientation="vertical"
    android:layout_width="match_parent"
    android:layout_height="match_parent" >
    <ImageView
        android:id="@+id/image"
        android:layout_width="match_parent"
        android:layout_height="240dp"
        android:src="@drawable/lijiang" />
    <!-- 定义一个拖动条,并改变它的滑块外观 -->
    <SeekBar
        android:id="@+id/seekbar"
        android:layout_width="match_parent"
        android:layout_height="wrap_content"
        android:max="255"
        android:progress="255"
        android:thumb="@drawable/ic_launcher"/>
</LinearLayout>
```

代码解释：

用粗体标记的代码段给出了为 SeekBar 控件设置不同外观属性的方法。可使用 max 属性指定控件的最大值，可使用 progress 属性指定控件的初始值，可使用 thumb 属性为拖动条指定一个自定义滑块。

编译并运行程序，可以看到在图片下部有一个拖动条，如图 9-27 所示。

基于例 9-14 所设计的 UI，可使用下述代码为拖动条绑定一个处理滑块位置发生改变的事件监听器。

图 9-27 拖动滑块改变图片透明度

```java
public class MainActivity extends Activity
{
    ImageView image;
    @Override
```

```
public void onCreate(Bundle savedInstanceState)
{
    super.onCreate(savedInstanceState);
    setContentView(R.layout.main);
    image = (ImageView)findViewById(R.id.image);
    SeekBar seekBar = (SeekBar)findViewById(R.id.seekbar);
    seekBar.setOnSeekBarChangeListener(new OnSeekBarChangeListener()
    {
        //当拖动条的滑块位置发生改变时触发该方法
        @Override
        public void onProgressChanged (SeekBar arg0, int progress, boolean fromUser)
        {
            //动态改变图片的透明度
            image.setImageAlpha(progress);
        }
        @Override
        public void onStartTrackingTouch(SeekBar bar)
        {
        }
        @Override
        public void onStopTrackingTouch(SeekBar bar)
        {
        }
    });
}
```

代码解释：

用粗体标记的代码段给出了当拖动条的滑块位置发生改变时所触发的方法。

编译并重新运行程序，可以看到图 9-27 所示的图片将随拖动条滑块的变化不断调整透明度。

9.5 菜单

菜单（Menu）是应用中常见的用户界面组件。要提供熟悉、一致的用户体验，应使用 Menu 显示 Activity 中的用户操作和其他选项。从 Android 3.0（API 级别 11）开始，采用 Android 技术的设备无须再提供一个专用的"菜单"按钮。随着这种改变，Android 应用逐渐摆脱了对传统菜单的依赖，取而代之的是使用活动栏显示常见的用户操作。尽管某些菜单项的设计和用户体验已发生改变，但由其定义一系列操作和菜单项所使用的语义仍是开发活动栏的基础。

Android 提供了 3 种类型的菜单，分别是 OptionMenu、SubMenu 和 ContextMenu。

（1）OptionMenu

OptionMenu 是 Android 最常见的菜单，它是通过按压移动设备的 Menu 键来调用显示的。OptionMenu 最多只能显示 6 个菜单项，并且这些菜单项不支持复选。可通过复写 Activity 的 onCreateOptionsMenu() 方法创建 OptionMenu，该方法会在 Menu 第一次生成时调用。如果需要动态加载菜单列表，可重写 onPrepareOptionsMenu() 方法。此外，可以通过重写 onOptionsItemSelected() 方法处理用户对菜单项的选择操作。

（2）SubMenu

SubMenu 继承自 Menu 类，它表示一个可包含多个菜单项的子菜单。SubMenu 既不支持为菜单项设置图标，也不支持子菜单嵌套。除了直接从 Menu 类继承的属性和方法外，Android SDK 还为 SubMenu 提供了许多方法。例如，可使用 setHeaderTitle()方法设置菜单头的标题，可使用 setHeaderView()方法设置菜单头。

（3）ContextMenu

ContextMenu 继承自 Menu 类，它是通过长按某个视图组件后出现的一种菜单。可使用下述步骤开发 ContextMenu。

1）重写视图组件的 onCreateContextMenu()方法。

2）调用 registerForContextMenu()方法，为视图组件注册 ContextMenu。

3）为响应对菜单项的选择操作，可以重写 onContextItemSelected()方法或者为其绑定一个事件监听器。

【例 9-15】 为 Android 应用添加 Menu 和 SubMenu。

```java
public class MainActivity extends Activity
{
    //定义字体大小菜单项的标识
    final int FONT_10 = 0x111;
    final int FONT_12 = 0x112;
    final int FONT_14 = 0x113;
    final int FONT_16 = 0x114;
    final int FONT_18 = 0x115;
    //定义普通菜单项的标识
    final int PLAIN_ITEM = 0x11b;
    //定义字体颜色菜单项的标识
    final int FONT_RED = 0x116;
    final intFONT_BLUE = 0x117;
    final int FONT_GREEN = 0x118;
    private EditText edit;
    @Override
    public void onCreate( Bundle savedInstanceState)
    {
        super. onCreate( savedInstanceState);
        setContentView( R. layout. main);
        edit = ( EditText) findViewById( R. id. txt);
    }
    //当用户单击 MENU 键时触发该方法
    @Override
    public boolean onCreateOptionsMenu( Menu menu)
    {
        //---------------向 Menu 中添加"字体大小"子菜单---------------
        SubMenu fontMenu = menu. addSubMenu( "字体大小");
        //设置菜单的图标
        fontMenu. setIcon( R. drawable. font);
        //设置菜单头的图标
        fontMenu. setHeaderIcon( R. drawable. font);
        //设置菜单头的标题
        fontMenu. setHeaderTitle( "选择字体大小");
        fontMenu. add( 0, FONT_10, 0, "10 号字体");
```

```java
            fontMenu.add(0, FONT_12, 0, "12号字体");
            fontMenu.add(0, FONT_14, 0, "14号字体");
            fontMenu.add(0, FONT_16, 0, "16号字体");
            fontMenu.add(0, FONT_18, 0, "18号字体");
            //--------------向Menu中添加普通菜单项--------------
            menu.add(0, PLAIN_ITEM, 0, "普通菜单项");
            //--------------向Menu中添加"字体颜色"子菜单--------------
            SubMenu colorMenu = menu.addSubMenu("字体颜色");
            colorMenu.setIcon(R.drawable.color);
            //设置菜单头的图标
            colorMenu.setHeaderIcon(R.drawable.color);
            //设置菜单头的标题
            colorMenu.setHeaderTitle("选择文字颜色");
            colorMenu.add(0, FONT_RED, 0, "红色");
            colorMenu.add(0, FONT_GREEN, 0, "绿色");
            colorMenu.add(0, FONT_BLUE, 0, "蓝色");
            return super.onCreateOptionsMenu(menu);
        }

        //选项菜单的菜单项被单击后的回调方法
        @Override
        public boolean onOptionsItemSelected(MenuItem mi)
        {
            //判断单击的是哪个菜单项,并针对性地做出响应
            switch (mi.getItemId())
            {
                case FONT_10:
                    edit.setTextSize(10 * 2);
                    break;
                case FONT_12:
                    edit.setTextSize(12 * 2);
                    break;
                case FONT_14:
                    edit.setTextSize(14 * 2);
                    break;
                case FONT_16:
                    edit.setTextSize(16 * 2);
                    break;
                case FONT_18:
                    edit.setTextSize(18 * 2);
                    break;
                case FONT_RED:
                    edit.setTextColor(Color.RED);
                    break;
                case FONT_GREEN:
                    edit.setTextColor(Color.GREEN);
                    break;
                case FONT_BLUE:
                    edit.setTextColor(Color.BLUE);
                    break;
                case PLAIN_ITEM:
                    Toast toast = Toast.makeText(MainActivity.this
                        , "您单击了普通菜单项",
```

```
                                    Toast.LENGTH_SHORT);
                        toast.show();
                        break;
                }
                return true;
        }
}
```

代码解释:

第一段用粗体标记的代码段给出了 OptionMenu 和 SubMenu 的创建方法。可重写 Activity 的 onCreateOptionsMenu() 方法创建 OptionMenu, 并使用 Menu.addSubMenu() 方法为 OptionMenu 添加子菜单。

第二段用粗体标记的代码段给出了菜单项单击操作的事件处理方法。这里重写 Activity 的 onOptionsItemSelected() 方法, 以处理用户对菜单项的选择操作。

编译并运行程序, 单击模拟器的"MENU"键, 可以看到在屏幕底部弹出了选项菜单, 如图 9-28 所示。

9.6 活动栏

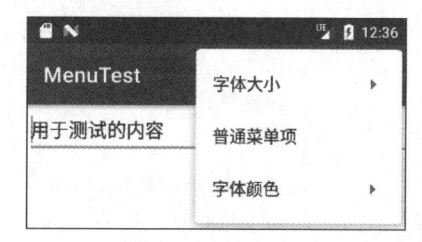

图 9-28 选项菜单

活动栏 (ActionBar) 是 Android 3.0 以后加入系统 API 中的新组件, 它取代了传统的标题栏和菜单, 并提供了额外的用户动作和界面导航功能。

新版本的 Android 程序已默认启用了活动栏, 因此只需要在 AndroidManifest.xml 清单文件的 SDK 配置中确认应用程序运行的最低版本高于 11 (Android 3.0 的版本号), 或者将应用程序的 android:theme 配置成 Theme.Holo 或其子类, 即可启用活动栏。

下述代码中用粗体标记的代码段给出了配置应用程序启用活动栏的方法。

```
<application
        android:allowBackup="true"
        android:icon="@mipmap/ic_launcher"
        android:label="@string/app_name"
        android:supportsRtl="true"
        android:theme="@style/Theme.AppCompat">
<activity android:name=".MainActivity">
```

若要关闭活动栏, 可将 android:theme 的属性值设置为"@style/Theme.AppCompat.NoActionBar"。需要注意的是, 一旦为应用程序配置了关闭活动栏, 那么在程序运行过程中将无法再操作活动栏。

【例 9-16】 使用活动栏显示选项菜单。

```
<?xml version="1.0" encoding="utf-8"?>
<menu xmlns:android="http://schemas.android.com/apk/res/android">
 <item android:title="@string/font_size"
        android:showAsAction="always|withText"
        android:icon="@drawable/font">
    <menu>
        <!-- 定义一组单选菜单项 -->
        <group android:checkableBehavior="single">
            <!-- 定义多个菜单项 -->
```

```xml
                    <item
                        android:id = "@+id/font_10"
                        android:title = "@string/font_10"/>
                    <item
                        android:id = "@+id/font_12"
                        android:title = "@string/font_12"/>
                    <item
                        android:id = "@+id/font_14"
                        android:title = "@string/font_14"/>
                    <item
                        android:id = "@+id/font_16"
                        android:title = "@string/font_16"/>
                    <item
                        android:id = "@+id/font_18"
                        android:title = "@string/font_18"/>
                </group>
            </menu>
        </item>
        <!--定义一个普通菜单项 -->
        <item android:id = "@+id/plain_item"
            android:showAsAction = "always|withText"
            android:title = "@string/plain_item" >
        </item>
        <item android:title = "@string/font_color"
            android:showAsAction = "always"
            android:icon = "@drawable/color" >
            <menu>
                <!-- 定义一组允许复选的菜单项 -->
                <group>
                    <!-- 定义三个菜单项 -->
                    <item
                        android:id = "@+id/red_font"
                        android:title = "@string/red_title"/>
                    <item
                        android:id = "@+id/green_font"
                        android:title = "@string/green_title"/>
                    <item
                        android:id = "@+id/blue_font"
                        android:title = "@string/blue_title"/>
                </group>
            </menu>
        </item>
    </menu>
```

代码解释：

其中的三行用粗体标记的代码段给出了使用活动栏显示选项菜单的方法。可在表示菜单的 XML 资源文件中为 <item> 标签指定 android:showAsAction 属性来控制将指定的菜单项显示到活动栏上。

编译并运行程序，可以看到图 9-29 所示的活动栏。

图 9-29 使用 ActionBar 显示选项菜单

9.7 对话框

对话框（Dialog）是一个不填充屏幕的小窗口，它用于提示用户做出决定或者输入必要的信息。Dialog 类是所有对话框的基类。但是，在应用程序开发时却不能直接实例化该类的对象，而是要使用它的下述四个子类生成对话框对象。

（1）AlertDialog

这种类型的对话框的主要功能是提醒消息的发生。它既是四种对话框中功能最强大、使用方法最灵活的，也是其他三种对话框的父类。

（2）ProgressDialog

这种类型的对话框的主要功能是提醒应用程序的处理进度。它只是对进度条控件的简单封装。

（3）DatePickerDialog

这种类型的对话框的主要功能是提醒用户为应用程序输入操作日期。它只是对 DatePicker 控件的简单封装。

（4）TimePickerDialog

这种类型的对话框的主要功能是提醒用户为应用程序输入操作时间。它只是对 TimePicker 控件的简单封装。

由 AlertDialog 生成的对话框可将界面划分为 4 个区域，即图标区、标题区、内容区和按钮区。相应地，可采用下述步骤创建一个对话框。

1）创建 AlertDialog. builder 对象。
2）调用 AlertDialog. builder 对象的 setTitle()或 setCustomTitle()方法设置标题。
3）调用 AlertDialog. builder 对象的 setIcon()方法设置图标。
4）调用 AlertDialog. builder 对象的 setXXX()方法为不同风格的对话框设置显示内容。
5）调用 AlertDialog. builder 对象的 setPositiveButton()、setNagativeButton()或 setNeutralButton()方法添加多个按钮。
6）调用 AlertDialog. builder 对象的 create()方法创建 AlertDialog 对象。
7）调用 AlertDialog 对象的 show()方法显示对话框。

【例 9-17】创建一个仅包括文本框和按钮的简单对话框。

```
AlertDialog. Builder builder = new AlertDialog. Builder(this);
//设置对话框标题
builder. setTitle("简单对话框");
//设置图标
builder. setIcon( R. drawable. tools );
builder. setMessage("对话框的测试内容\n 第二行内容");
//为 AlertDialog. Builder 添加"确认"按钮
builder. setPositiveButton("确认", null);
//为 AlertDialog. Builder 添加"取消"按钮
builder. setNegativeButton("取消", null);
builder. create();
builder. show();
```

编译并运行程序，可以看到图 9-30 所示的对话框。

图 9-30 创建的简单对话框

9.8 小结

本章主要介绍了 Android 应用界面设计的基础知识。Android 应用界面设计的基础是了解 View 和 ViewGroup 的功能与基本用法。因此，应重点掌握各种布局管理器的特点和使用方法，并能根据应用程序界面的设计要求，选择一个最适合的界面布局。此外，本章还详细介绍了 Android 应用界面设计中经常使用到的 UI 控件，包括列表视图、Widget 组件、菜单、活动栏和对话框等。可按照先了解这些 UI 控件类提供的基本属性和方法，再通过示例应用加深理解的学习步骤来掌握这些 UI 控件的使用方法。

9.9 习题

一、填空题

1. Android 的常见布局都直接或者间接地继承自_____类。
2. Android 中的 TableLayout 继承自_____。
3. 表格布局（TableLayout）可以通过_____控制表格的行数。
4. _____布局通过相对定位的方式指定控件的位置。

二、判断题

1. ViewGroup 是装载界面控件的容器。（   ）
2. 如果在帧布局（FrameLayout）中放入三个所有属性都相同的按钮，那么能够在屏幕上显示的是第一个被添加的按钮。（   ）
3. Android 中的布局文件通常放在 res/layout 文件夹中。（   ）
4. TableLayout 继承自 LinearLayout，因此它完全支持 LinearLayout 所支持的属性。（   ）
5. LinearLayout 中的 android:layout_weight 属性用于设置布局内控件所占的比例。（   ）
6. 对于 Android 的控件样式，每一个 XML 属性都对应一个 Java 方法。（   ）
7. 当指定 RadioButton 的 android:checked 属性为 true 时，表示未选中状态。（   ）
8. AlertDialog 能够直接通过 new 关键字创建对象。（   ）
9. Toast 是 Android 系统提供的轻量级信息提醒机制，用于向用户提示即时消息。（   ）
10. ListView 中的数据是通过 Adapter 加载的。（   ）

三、选择题

1. 下列属性中，用于设置线性布局方向的是（   ）。
   A．orientation   B．gravity   C．layout_gravity   D．padding
2. 下列选项中，不属于 Android 布局的是（   ）。
   A．FrameLayout   B．LinearLayout   C．Button   D．RelativeLayout
3. 帧布局（FrameLayout）是将其中的组件放在自己的（   ）位置。
   A．左上角   B．右上角   C．左下角   D．右下角
4. 对于 XML 布局文件，android:layout_width 属性的值不可以是（   ）。
   A．match_parent   B．fill_parent
   C．wrap_content   D．match_content
5. 下列关于 RelativeLayout 的描述，正确的是（   ）。
   A．RelativeLayout 表示绝对布局，可以自定义控件的 x、y 坐标

B. RelativeLayout 表示帧布局，可以实现标签切换功能

C. RelativeLayout 表示相对布局，其中控件的位置都是相对位置

D. RelativeLayout 表示表格布局，需要配合 TableRow 一起使用

6. 在 XML 布局中定义了一个 Button，决定 Button 上显示文字的属性是（　　）。

　　A. android:value　　　　　　　　　　B. android:text

　　C. android:id　　　　　　　　　　　　D. android:textvalue

7. 下列选项中，用于设置 TextView 中文字显示的大小的是（　　）。

　　A. android:textSize="18"　　　　　　B. android:size="18"

　　C. android:textSize='18sp'　　　　　　D. android:size="18sp"

8. 对于 EditText 控件，当文本内容为空时，如果想做一些提示，可以使用（　　）属性。

　　A. android:text　　　　　　　　　　B. android:background

　　C. android:inputType　　　　　　　　D. android:hint

9. 为了让一个 ImageView 显示一张图片，可以设置（　　）属性。

　　A. android:src　　　　　　　　　　　B. android:background

　　C. android:img　　　　　　　　　　　D. android:value

10. 下列关于 ListView 的说法中，正确的是（　　）。

　　A. ListView 的条目不能设置单击事件

　　B. ListView 不设置 Adapter 也能显示数据内容

　　C. 当数据超出能显示范围时，ListView 自动具有可滚动的特性

　　D. 若 ListView 当前能显示 10 条，一共有 100 条数据，则产生了 100 个 View

11. 下列关于 AlertDialog 的描述，错误的是（　　）。

　　A. 使用 new 关键字创建 AlertDialog 的实例

　　B. 对话框的显示需要调用 show() 方法

　　C. setPositiveButton() 方法是用来设置确定按钮的

　　D. setNegativeButton() 方法是用来设置取消按钮的

四、简答题

1. 列举 Android 中的常用布局，并简述它们各自的特点。

2. 简述 AlertDialog 的创建过程。

3. 列举 Android 中的常用控件和组件，并简述它们各自的特点。

拓展阅读

王安

1948 年，华裔传奇科学家王安发明了"脉冲传输控制装置"（Pulse transfer controlling device），实现了对磁芯存储器的读后写（Write-after-Read）。1949 年，王安申请了专利，并以 50 万美元的价格卖给了 IBM。1964 年，他推出用电晶体制造的桌上电脑，并由此开始了王安电脑公司的成功历程。

王安曾经被 IBM 的面试官拒绝过，并建议他应该去修理厂应聘。但他通过自己的努力，建立了一个曾经让 IBM 十分头痛的企业。

第 10 章 Android 网络开发技术

对于搭载 Android 系统的手持终端而言，它的主要优点是携带方便，并且总能处于联网状态。因此，对网络访问能力的支持是许多 Android 应用程序必不可少的功能。本章将详细介绍由 Android 提供的一系列网络开发技术，包括 Socket 通信、HTTP 通信、WebView 网络开发技术、蓝牙通信及 WiFi 通信技术。

10.1 Android 网络通信简介

移动设备之所以能上网是因为在设备底层使用了 TCP/IP，该协议可以使设备终端通过无线网络建立 TCP 连接。TCP 能够向上层网络提供接口，使上层网络的数据传输建立在"无差别"的网络之上。

所谓无线网络就是采用无线传输介质（如无线电波、红外线等）的网络，它包括远距离无线连接的全球语音和数据网络、WiFi 局域网技术，以及近距离无线连接的蓝牙技术和射频技术。

Android SDK 提供了大量支持网络开发的包，见表 10-1。

表 10-1 Android SDK 提供的网络开发的包

包 名	描 述
java.net	提供了网络开发中经常使用到的类，包括流、数据包 Socket、Internet 协议和常见 HTTP 处理
java.io	提供了若干可被 Socket 和链接使用的类
java.nio	包含了表示特定数据类型的缓冲区类
org.apache.*	包含了很多为 HTTP 通信提供精确控制和功能的包
android.net	包含了支持网络访问的 Socket 和 URI 类
android.net.http	包含处理 SSL 证书的类

Android 应用通信功能的开发既可以使用系统提供的 WebView 组件，也可以使用 HTTP 技术、Socket 技术和 WiFi 通信技术，还可以借助蓝牙通信技术。

10.1.1 Socket 通信简介

Socket 通常也称为"套接字"，它主要用于描述通信链的句柄，包括 IP 地址和端口。应用程序通常使用"套接字"向网络发出通信请求，或应答从网络传递而来的通信请求。Socket 是 Java 语言常用的网络通信方式，而 Android 又是采用 Java 语言进行开发的。因此，Android 中的 Socket 通信，实际采用的就是 Java 语言的 Socket 通信机制。

Socket 工作机制包括服务器端和客户端两部分。服务器端可以包含多个端口，每个端口由端口号标识。当客户端与服务器端建立连接时，首先，需要服务器端打开端口监听来自客户端的请求；然后，客户端才能通过 IP 地址和端口号向服务器端发送连接请求；最后，服务器端接受请求。连接成功后，双方方可进行通信。Socket 的工作机制如图 10-1 所示。

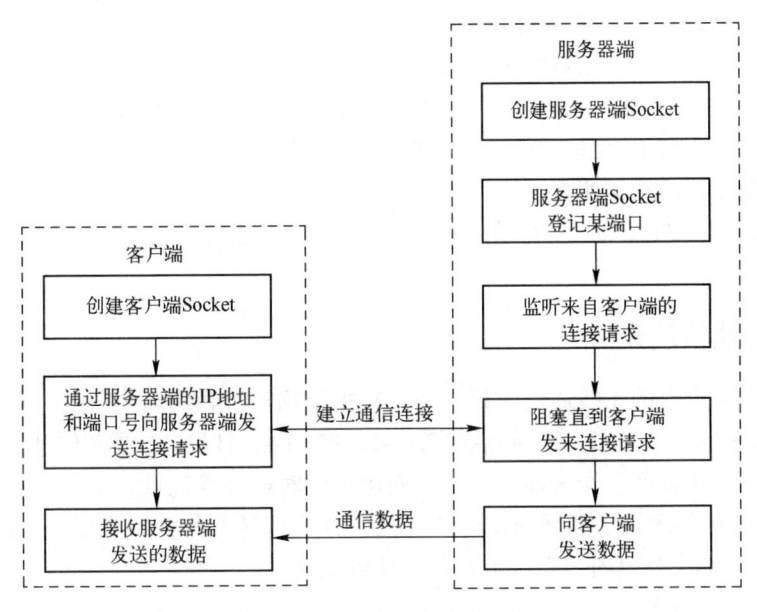

图 10-1 Socket 的工作机制

Socket 机制主要使用到的类有 java.net.ServerSocket 和 java.net.Socket 等。服务器端以监听端口（port）作为输入参数来实例化一个 ServerSocket 类，可以使用 ServerSocket 的 accept() 方法接收来自客户端的连接请求。

```
ServerSocket ss = new ServerSocket(port);
Socket socket = ss. accept();
```

客户端则直接以服务器的 IP 地址（dstName）和监听端口（dstPort）作为参数实例化 Socket 类，并用 Socket 对象连接服务器端。

```
Socket socket = new Socket(dstName, dstPort);
```

当服务器端和客户端连接建立完成后，便可以进行网络通信了。服务器端和客户端之间是以流的方式进行通信的。服务器端通过调用 Socket 的 getOutputStream() 方法获得输出流，并通过向其写入数据将信息传递给客户端。

```
DataOutputStream dout = new DataOutputStream (socket.getOutputStream());
```

客户端通过调用 Socket 的 getInputStream() 方法获得输入流，并通过它接收服务器端发送的数据。

```
DataInputStream dout = new DataInputStream (socket.getInputStream());
```

10.1.2 HTTP 通信简介

HTTP（Hyper Text Transfer Protocol，超文本传输协议）是 Web 联网的基础，也是移动

设备联网常用的协议之一。HTTP 是建立在 TCP 之上的一种应用，用于传输 WWW 方式的数据。HTTP 采用了请求-应答通信模式，是一种属于应用层的面向对象的协议。

HTTP 的工作流程大致如下：客户端向服务器端发出 HTTP 请求；服务器端接收到客户端的请求后，执行对请求的处理逻辑；处理完成后，再通过 HTTP 应答将结果返回给客户端。这里的客户端一般是运行 Android 系统的移动设备，服务器端则是 HTTP 服务器。HTTP 的请求方法包括 POST 和 GET 方法。

HTTP 主要用于 Web 浏览器和 Web 服务器之间的数据交换。例如在 Web 浏览器地址栏中输入 http://host:port/path。其中，http 表示要通过 HTTP 定位网络资源；host 表示 Internet 上的服务器主机域名或 IP 地址；port 用于指定服务器的端口号，默认为 80；path 则用于指定请求资源在服务器的存储路径。

Android 采用的 HTTP 的版本是 HTTP1.1，可使用 Java 语言的 java.net.URL 类进行 HTTP 通信开发。

10.1.3 蓝牙通信简介

蓝牙是使用最广泛的无线通信协议之一，它主要用于近距离无线通信。蓝牙通信工作在 ISM（Industrial Scientific Medical）频段的 2.4~2.485 GHz，其最高数据传输速率可达 3 Mbit/s。蓝牙通信具有发射功率低、安全性高、易于使用和即时连接等优点。

Android 系统已经内置了蓝牙通信的协议栈，并为蓝牙通信开发提供了 android.bluetooth 包。在 android.bluetooth 包内，有以下一些蓝牙通信类。

（1）BluetoothAdapter

该类代表一个本地蓝牙适配器，它是所有蓝牙交互的入口。

（2）BluetoothDevice

该类代表一个远程的蓝牙设备，可使用该类提供的方法请求远端蓝牙设备连接或获取远端蓝牙设备的名称、地址、种类及绑定状态。

（3）BluetoothSocket

该类代表一个蓝牙的套接字接口，它是应用程序通过输入流、输出流与蓝牙设备进行通信的连接点。

（4）BluetoothServerSocket

该类可打开服务连接以监听可能到来的连接请求。

10.1.4 WiFi 通信简介

WiFi 又称无线通信 802.11b 标准，它是一种将个人计算机、手持设备等终端以无线的方式互相连接的技术。与蓝牙通信相比，WiFi 是一种更加快速的通信协议，其无线信号覆盖的范围更大。Android 系统为 WiFi 通信开发提供了下述类。

（1）ScanResult

该类主要是通过对 WiFi 设备的扫描来获取周边 WiFi 热点的信息。

（2）WiFiConfiguration

该类主要用来进行 WiFi 的网络配置，包括安全配置等。

（3）WiFiInfo

该类主要用来描述 WiFi 无线连接。

（4）WiFiManager

该类提供了管理 WiFi 无线连接的大部分 API。

10.2 WebView

Android 系统内置了一款高性能的 WebKit 浏览器，它被封装为 Android SDK 的 WebView 控件。通过 WebView 控件既可直接浏览网页内容，也能够载入显示 HTML 文件。此外，WebView 控件还能够对 JavaScript 提供支持。

WebView 控件的常用方法见表 10-2。

表 10-2 WebView 控件的常用方法

方 法 名 称	方 法 说 明
addJavascriptInterface()	绑定一个 JavaScript 对象
canGoBack()	判断能否从当前网页返回上一个打开的网页
canGoForward()	判断能否从当前网页返回下一个打开的网页
goBack()	在 WebView 历史记录中后退一步
goForward()	在 WebView 历史记录中前进一步
loadUrl()	读取指定 URL 地址的数据
reload()	重新加载页面
getProgress()	获得页面加载进度

【例 10-1】使用 WebView 控件浏览网页。如图 10-2 所示，该应用程序的主界面包含一个文本编辑框和一个 WebView 控件。文本编辑框用于接收用户输入的 URL，WebView 控件则用于加载、显示输入 URL 的网页。

图 10-2 使用 WebView 控件浏览网页

该应用程序的界面布局代码如下。

```
<?xml version="1.0" encoding="utf-8"?>
<LinearLayout xmlns:android="http://schemas.android.com/apk/res/android"
```

```xml
        android:orientation="vertical"
        android:layout_width="match_parent"
        android:layout_height="match_parent">
        <EditText
            android:id="@+id/url"
            android:layout_width="match_parent"
            android:layout_height="wrap_content"
            />
        <!--显示页面的 WebView 组件 -->
        <WebView
            android:id="@+id/show"
            android:layout_width="match_parent"
            android:layout_height="match_parent"
            />
</LinearLayout>
```

代码解释:

用粗体标记的代码段给出了为 UI 添加 WebView 控件的方法。可使用<WebView>标签在布局文件中为应用程序添加 WebView 控件。

在 MainActivity.java 文件中，使用下述代码加载并显示指定 URL 的网页（见粗体标记）。

```java
public class MainActivity extends Activity{
    EditText url;
    WebView show;
    @Override
    public void onCreate(Bundle savedInstanceState)
    {
        super.onCreate(savedInstanceState);
        setContentView(R.layout.main);
        //获取页面中文本框、WebView 组件
        url = (EditText) findViewById(R.id.url);
        show = (WebView) findViewById(R.id.show);
        show.setWebViewClient(new WebViewClient());
    }
    @Override
    public boolean onKeyDown(int keyCode, KeyEvent event)
    {
        if (keyCode == KeyEvent.KEYCODE_MENU)
        {
            String urlStr = url.getText().toString();
            //加载、并显示 urlStr 对应的网页
            show.loadUrl(urlStr);
            return true;
        }
        return false;
    }
}
```

代码解释:

用粗体标记的代码段给出了使用 WebView 控件浏览网页的方法。可使用 WebView 的 loadUrl() 方法，加载、显示指定 URL 的网页。需要注意的是，WebView 如何发送网页浏览请求、如何解析服务器响应的 HTML 页面，对用户来说是透明的。

该应用需要访问互联网，因此还应在 AndroidManifest.xml 清单文件为应用程序添加互联网访问权限，代码如下。

```
<uses-permission android:name="android.permission.INTERNET"/>
```

编译并运行程序，在文本框中输入浏览网页的 URL，并单击手机上的"搜索"按钮，即可浏览指定的 Web 页面。

10.3　HTTP 通信

HTTP 详细规定了浏览器和万维网（World Wide Web，WWW）服务器之间互相通信的规则。客户机和服务器都必须支持 HTTP，才能在万维网上发送和接收 HTML 文档。

HTTP 包含了 GET 和 POST 两种请求网络资源的方式。GET 方式一般用于从服务器获取或查询资源信息。而 POST 方式则用于向服务器提交更新的资源信息。在过去，Android 为发送 HTTP 请求提供了两种方式：HttpURLConnection 和 HttpClient。但是，由于 HttpClient 存在 API 数量过多、扩展困难等缺点，Android 已不建议再使用这种方式。自 Android 6.0 之后，HttpClient 的功能已被完全移除。因此，本节仅介绍使用 HttpURLConnection 方式开发 HTTP 网络应用。

10.3.1　HttpURLConnection 简介

HttpURLConnection 是 Java 的标准类，它继承自 HttpConnection 类。HttpURLConnection 类的常用方法见表 10-3。

表 10-3　HttpURLConnection 类的常用方法

方 法 名 称	方 法 说 明
getResponseCode()	获取服务器的响应代码
getResponseMessage()	获取服务器的响应信息
getResponseMethod()	获取发送请求的方法
setRequestMethod()	设置发送请求的方法
setDoInput()	设置输入流
setDoOutput()	设置输出流
setConnectTimeout()	设置连接超时时间

HttpURLConnection 是一个抽象类，无法直接用以实例化对象。在应用程序开发中，通常使用 URL 类的 openConnection() 方法获得一个 HttpURLConnection 对象。

```
URL url = new URL("http://www.baidu.com");
HttpURLConnection urlConn = (HttpURLConnection)url.openConnection();
```

openConnection() 方法仅创建了 HttpURLConnection 对象，并不执行真正的连接操作。因此，应用程序通常需要在与服务器连接之前调用 setRequestMethod()、setDoInput() 和 setDoOutput() 等方法对 HttpURLConnection 的属性进行必要的配置。

当完成了对 HttpURLConnection 对象的初始化之后，就可以使用 GET 方式或 POST 方式与服务器进行通信了。

10.3.2 使用 HttpURLConnection

HttpURLConnection 默认情况下会使用 GET 方式请求网络资源。GET 请求可使用 InputStreamReader 对象将服务器上存储的网页内容读取为字节流并将其解码为字符串。但是，InputStreamReader 每次只可读取一个字符。为提高数据读取的效率，Java 用 BufferedReader 进一步封装了 InputStreamReader 类，可以使用该类逐行读取服务器上存储的网页内容。

【例 10-2】使用 HttpURLConnection 获取 HTML 网页。如图 10-3 所示，该应用程序的主界面包含一个"查询"按钮和一个滚动视图（ScrollView）控件。"查询"按钮用于发送访问 HTML 网页的请求，ScrollView 控件则用于将服务器返回的网页数据显示出来。

图 10-3 使用 HttpURLConnection 查看 HTML 代码

该应用程序的界面布局代码如下。

```xml
<?xml version="1.0" encoding="utf-8"?>
<LinearLayout xmlns:android="http://schemas.android.com/apk/res/android"
    android:orientation="vertical"
    android:layout_width="match_parent"
    android:layout_height="match_parent" >
    <Button
        android:id="@+id/send_request"
        android:layout_width="match_parent"
        android:layout_height="wrap_content"
        />
    <!--显示页面的 ScrollView 组件 -->
    <ScrollView
        android:layout_width="match_parent"
        android:layout_height="match_parent" >
        <TextView
            android:id="@+id/response_text"
            android:layout_width="match_parent"
            android:layout_height="match_parent" />
    </ScrollView>
</LinearLayout>
```

可在 MainActivity.java 文件中，使用下述代码发送访问 HTML 网页的请求，以及将从服务器返回的网页数据显示到主界面中。

```java
public class MainActivity extends AppCompatActivity implements View.OnClickListener {
    TextView responseText;
    @Override
    protected void onCreate(Bundle savedInstanceState) {
        super.onCreate(savedInstanceState);
        setContentView(R.layout.activity_main);
        Button sendRequest = (Button) findViewById((R.id.send_request));
        responseText = (TextView) findViewById(R.id.send_request); {
            sendRequest.setOnClickListener(this);
        }
    @Override
```

```java
            public void onClick(View v) {
        if(v.getId() == R.id.send_request) {
            sendRequestWithHttpURLConnection();
        }
    }
}
    private void sendRequestWithHttpURLConnection() {
        new Thread(new Runnable() {
            @Override
            public void run() {
                HttpsURLConnection connection = null;
                BufferedReader reader = null;
                try {
                    URL url = new URL("http:///www.baidu.com");
                    connection = (HttpsURLConnection) url.openConnection();
                    connection.setRequestMethod("GET");
                    connection.setConnectTimeout(8000);
                    connection.setReadTimeout(8000);
                    InputStream in = connection.getInputStream();
                    //下面对获取到的输入流进行读取
                    reader = new BufferedReader(new InputStreamReader(in));
                    StringBuilder response = new StringBuilder();
                    String line;
                    while ((line = reader.readLine()) != null) {
                        response.append(line);
                    }
                    showResponse(response.toString());
                } catch (Exception e) {
                    e.printStackTrace();
                } finally {
                    if (reader != null) {
                        try {
                            reader.close();
                        } catch (IOException e) {
                            e.printStackTrace();
                        }
                    }
                    if (connection != null) {
                        connection.disconnect();
                    }
                }
            }
        }).start();
    }
    private void showResponse(final String response) {
        runOnUiThread(new Runnable() {
            @Override
            public void run() {
                //在这里进行UI操作，将结果显示到界面上
                responseText.setText(response);
            }
        });
    }
}
```

代码解释：

用粗体标记的代码段给出了使用 HttpURLConnection 获取 HTML 网页的方法。可使用 URL 的 openConnection() 方法发出一条 HTTP 请求，并为获取的 HttpURLConnection 对象配置相关的 HTTP 连接属性。当获得了连接的 InputStream 对象之后，可使用 BufferedReader 对 InputStream 对象进一步封装，以按行读取由服务器返回的 HTML 网页的内容。

该应用需要访问互联网，因此还应在 AndroidManifest.xml 清单文件为应用程序添加互联网访问权限。

```
<uses-permission android:name="android.permission.INTERNET"/>
```

编译并运行程序，单击"查询"按钮，可以看到由应用程序获取的 HTML 网页代码，如图 10-3 所示。

10.4 Socket 通信

Socket 是 TCP/IP 上的一种通信，它通过在通信的两端各建立一个 Socket，从而形成一个网络虚拟链路。Socket 通信包括两部分：一部分为监听的服务器（Server）端，另一部分则是主动发出连接请求的客户（Client）端。Server 端一旦启动完成，将一直监听 Socket 端口；当 Client 端向 Server 端发出连接请求时，Server 端就会给予应答并返回一个 Socket 对象；之后，Server 端与 Client 端的数据交互就可使用这个 Socket 进行操作了。

Socket 有两种主要的通信方式：基于 TCP 的 Socket 通信和基于 UDP 的 Socket 通信。

10.4.1 基于 TCP 的 Socket 通信

Client 端如果要发起一次通信，必须知道运行 Server 端的主机 IP 地址，然后通过指定的端口和 Server 建立连接，最后进行通信。Socket 通信方式如图 10-4 所示。

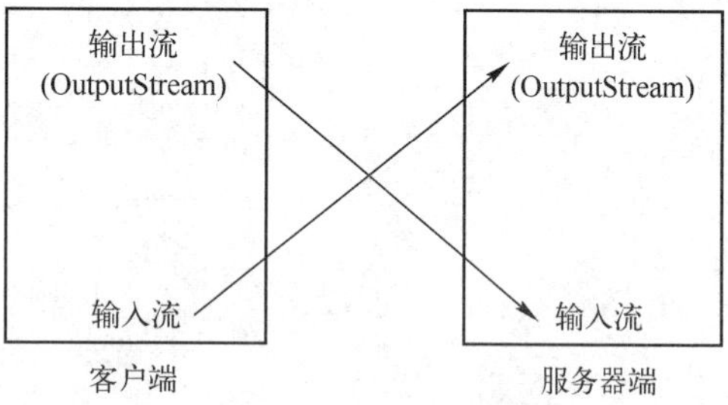

1. 建立基于 TCP 的 Server 端

可使用下述步骤建立基于 TCP 的 Server 端。

图 10-4 Socket 通信方式

1）指定一个端口实例化一个 ServerSocket 对象。

```
//创建一个监听9090端口的ServerSocket对象
ServerSocket server = new ServerSocket(9090);
```

2）收到 Client 端的连接请求后调用 ServerSocket 的 accept() 方法，返回一个连接的 Socket 对象。

```
Socket client = server.accept();
```

3）根据应用程序需要，获取 Socket 的输出流（PrintStream），向 Client 端写入数据。

```
PrintStream out = new PrintStream(client.getOutputStream());
```

4）根据应用程序需要，获取 Socket 的输入流（BufferedReader），从 Client 端读取数据。

```
BufferedReader msg = new BufferedReader(new InputStreamReader(client.getInputStream()));
```

5）使用输入流或输出流，从 Client 端读取或写入数据。

6）使用 BufferedReader.close() 或 PrintStream.close() 方法关闭输入流或输出流。

2. 建立基于 TCP 的 Client 端

可使用下述步骤建立基于 TCP 的 Client 端。

1）通过指定 Server 的 IP 和端口，向 Server 端发出连接请求。

```
Socket client = new Socket("192.168.0.1",9090);
```

2）获取 Socket 的输出流（PrintStream），向 Server 端写入数据。

```
PrintStream out = new PrintStream(client.getOutputStream());
```

3）获取 Socket 的输入流（BufferedReader），从 Server 端读取数据。

```
BufferedReader msg = new BufferedReader(new InputStreamReader(client.getInputStream()));
```

4）使用输入流或输出流，从 Server 端读取或写入数据。

5）使用 BufferedReader.close()或 PrintStream.close()方法关闭输入流或输出流。

【例 10-3】建立基于 TCP 的 Socket 通信程序。该 Socket 应用程序的服务器端运行在个人计算机上，客户端则运行在处于同一局域网内的 Android 手持终端。

服务器端的代码如下。

```java
import java.io.BufferedReader;
import java.io.InputStreamReader;
import java.io.PrintStream;
import java.net.ServerSocket;
import java.net.Socket;
public class Server{
public static void main(String[] args) throws Exception {    //所有异常抛出
//设置监听端口 9090
ServerSocket server = new ServerSocket(9090);

    Socket client = server.accept();                          //接收客户端请求
    //获得客户端的数据流
    PrintStream out = new PrintStream(client.getOutputStream());
    BufferedReader msg = new BufferedReader(new InputStreamReader
                    (client.getInputStream()));              //对收到的数据在缓冲区进行读取
    StringBuffer info = new StringBuffer();                  //接收客户端发送回来的信息
    info.append("I'm server! :");                            //回应给客户端的数据
    info.append(msg.readLine());                             //接收客户端的数据
    out.print(info);                                         //发送信息到客户端
    out.close();                                             //关闭输出流
    msg.close();                                             //关闭输入流
    client.close();                                          //关闭客户端连接
    server.close(); }}                                       //关闭服务器端连接
```

使用下述代码设计 Socket 客户端应用程序的界面布局。

```xml
<Button
    android:id="@+id/send"
    android:layout_width="fill_parent"
    android:layout_height="wrap_content"
    android:text="连接到服务器" />
<TextView
    android:id="@+id/info"
    android:layout_width="fill_parent"
    android:layout_height="wrap_content"
```

```
        android：text="正在连接到服务器..."/>
</ LinearLayout>
```

可在 MainActivity.java 文件中，使用下述代码发送连接服务器的请求，并将从服务器返回的数据显示到主界面中。

```
public class MainActivity extends AppCompatActivity {
    //定义按钮组件
    private Button send = null;
    //定义文本组件
    private TextView info = null;
    private Handler handler = null;
    private String str="";
    @Override
    public void onCreate (Bundle savedInstanceState) {
        super.onCreate (savedInstanceState);
        //调用布局文件
        super.setContentView (R.layout.activity_main);
        this.send = (Button) super.findViewById (R.id.send);    //取得按钮组件
        this.info = (TextView) super.findViewById(R.id.info);    //取得文本显示组件
        this.send.setonClickListener (new SendOnClickListenerImpl());  //设置事件
private class SendOnClickListener Impl implements OnClickListener {
    @Override
    public void onClick (View view) {
        new Thread() {
            @Override
            public void run(){
                //要执行的方法
                try {
                    Socket client = new Socket ("10.0.2.2",9090); //指定服务器及端口号
                    //客户端向服务器端发送数据，获取客户端到服务器端的输出流
                    PrintStream out = new PrintStream (client.getOutputStream());
                    BufferedReadermsg=newBufferedReader (new InputStreamReader
                            (client.getInputstream()));    //对返回的数据流
                                                            //进行缓冲区读取
                    out.println("已经连接上服务器");    //发送数据
                    str = msg.readLine();
                    out.close();
                    //关闭输出流
                    msg.close ();
                    //关闭输入流
                    client.close(); } catch (Exception e) {   //关闭连接
                e.printStackTrace(); }
                handler.sendEmptyMessage(0); } }.start();  //执行完毕后给 handler 发送一
                                                          //个空消息
        handler = new Handler() {
            @Override
            //当有消息发送出来的时候就执行 Handler()方法
            public void handl eMessage (Message mg) {
                super.handleMessage (mg);
                info.setText(str); } ; } } }    //设置文本内容
```

客户端应用需要访问计算机网络，因此还应在 AndroidManifest.xml 清单文件为其添加网络访问权限。

```
<uses-permission android:name="android.permission.INTERNET"/>
```

编译并运行程序,单击"连接到服务器"按钮,可以看到由服务器端在连接成功时返回的提示信息,如图 10-5 所示。

图 10-5　建立基于 TCP 的 Socket 通信

10.4.2　基于 UDP 的 Socket 通信

TCP 是一种面向连接的传输协议,建立连接时要经过"三次握手",断开连接要经过"四次握手",中间传输数据时也要回复 ACK 包确认,这样的多重机制保证了数据能够正确到达,不会丢失或出错。UDP 则是一种非连接的传输协议,没有建立连接和断开连接的过程。它只是简单地把数据发送到网络中,不需要 ACK 包确认。因此,在更加重视传输效率而非可靠性的情况下,UDP 是一种很好的选择。例如,视频通信或音频通信。

基于 UDP 的 Socket 通信程序同样分服务器端和客户端。

可参考下述代码设计基于 UDP 的服务器端。

```
//创建服务器端 socket,并使之监听 9999 端口
DatagramSocket socket = new DatagramSocket(9999);
byte data[] = new byte[1024];
//准备接收数据
DatagramPacket packet = new DatagramPacket(data, data.length);
//接收到数据报文,并将报文中的数据复制到指定的 DatagramPacket 实例中
socket.receive(packet);
String s = packet.getData();   //接收 DatagramPacket 实例中的数据,转换成字符串
```

可参考下述代码设计基于 UDP 的客户端。

```
DatagramSocket socket = new DatagramSocket(9999);    //创建客户端 socket
InetAddress serverAddress = InetAddress.getByName("211.699.1.1");    //服务器端地址

DatagramPacket packet = new DatagramPacket(data, data.length,
    serverAddress, 9999);                            //打包要发送的数据
socket.send(packet);                                 //发送 DatagramPacket 对象
```

10.5　蓝牙通信

1. Android 蓝牙通信基础类

蓝牙是一种支持设备之间短距离通信的无线电通信技术。它能在包含移动电话、PDA、无线耳机、笔记本计算机和蓝牙打印机等众多设备之间进行无线信息交换。Android 为支持蓝牙开发提供了 android.bluetooth 包,它包括下述基础类。

(1) BluetoothAdapter

该类代表一个本地蓝牙适配器,它是所有蓝牙交互的入口。可使用该类提供的方法发现

其他蓝牙设备、查询绑定的蓝牙设备、使用已知 MAC 地址创建蓝牙设备，以及建立一个 BluetoothServerSocket 监听来自其他蓝牙设备的连接。表 10-4 列出了该类提供的常用常量，表 10-5 列出了该类提供的常用方法。

表 10-4　BluetoothAdapter 类的常用常量

常 量 名 称	常 量 说 明
STATE_OFF	蓝牙已关闭
STATE_ON	蓝牙已打开
STATE_TURNING_OFF	蓝牙关闭中
STATE_TURNING_ON	蓝牙打开中
SCAN_MODE_CONNECTABLE	蓝牙可连接
SCAN_MODE_NONE	蓝牙不能扫描和被扫描

表 10-5　BluetoothAdapter 类的常用方法

方 法 名 称	方 法 说 明
enable( )	打开蓝牙设备
disable( )	关闭蓝牙设备
startDiscovery( )	扫描蓝牙设备
cancelDiscovery( )	取消蓝牙扫描
IsEnabled( )	判断蓝牙是否打开
setName( )	设置蓝牙设备的名称

（2）BluetoothDevice

该类代表一个远程的蓝牙设备，可使用该类提供的方法请求远端蓝牙设备连接，或获取远端蓝牙设备的名称、地址、种类及绑定状态。表 10-6 列出了该类提供的常用常量，表 10-7 列出了该类提供的常用方法。

表 10-6　BluetoothDevice 类的常用常量

常 量 名 称	常 量 说 明
ACTION_FOUND	发现远程蓝牙设备
ACTION_BOUND_STATE_CHANGED	远程蓝牙设备连接状态发生改变
BOND_BOUND	蓝牙已绑定
BOND_BOUNDING	蓝牙绑定中

表 10-7　BluetoothDevice 类的常用方法

方 法 名 称	方 法 说 明
getAddress( )	返回蓝牙设备的硬件地址
getBoundState( )	获取蓝牙设备的连接状态
getName( )	获取蓝牙设备的名称

（3）BluetoothSocket

该类代表一个蓝牙的套接字接口，它是应用程序通过输入流和输出流与蓝牙设备进行通信的连接点。表 10-8 列出了该类提供的常用方法。

表 10-8　BluetoothSocket 类的常用方法

方 法 名 称	方 法 说 明
close( )	关闭端口
accept( )	返回一个已连接的 BluetoothSocket 对象

为了连接两个蓝牙设备，必须要有一个设备作为服务器。在服务器端，可使用 BluetoothServerSocket 类创建一个监听服务器端口。当远端蓝牙设备发出连接请求并且该连接已被服务器接受后，BluetoothServerSocket 将会返回一个 BluetoothSocket 对象。

2. 实现蓝牙通信的步骤

1) 获取本地设备的蓝牙。

```
BluetoothAdapter mAdapter=BluetoothAdapter.getDefaultAdapter( );
```

2) 打开蓝牙。

```
boolean result=mAdapter.enable( );
```

3) 查找其他蓝牙设备。可使用 BlueAdapter 的 startDiscovery( )方法请求系统搜索蓝牙设备。在搜索蓝牙设备的过程中，系统会发出三条广播：ACTION_DISCOVERY_START（蓝牙搜索开始）、ACTION_DISCOVERY_FINISHED（蓝牙搜索结束）和 ACTION_FOUND（找到蓝牙设备）。可以定义不同的 BroadcastReceiver 接收相应的广播消息。例如，下述代码创建了一个接收 ACTION_FOUND 广播的 BroadcastReceiver。

```
//创建一个接收 ACTION_FOUND 广播的 BroadcastReceiver
private final BroadcastReceiver mReceiver = new BroadcastReceiver ( ) {
    public void onReceive (Context context, Intent intent) {
        String action= intent.getAction( );
        //发现设备
        if (BluetoothDevice.ACTION FOUND.equals (action)) {
            //从 Intent 中获取设备对象
            BluetoothDevice device = intent.getParcelableExtra
            (BluetoothDevice.EXTRA DEVICE);
            //将设备名称和地址放入 Array Adapter, 以便在 ListView 中显示
            mArrayAdapter.add (device.getName( ) + "\n" + device.getAddress( ));
        } } };
//注册 BroadcastReceiver
IntentFilter filter = new IntentFilter (BluetoothDevice.ACTION FOUND);
reqisterReceiver (mReceiver, filter);       //不要忘记解除绑定
```

3. 蓝牙通信过程

(1) 建立蓝牙连接

只有当进行蓝牙通信的两个设备处在同一 RFCOMM Channel 并且都包含一个连接的 BluetoothSocket 时，两者之间才能建立连接。

处于蓝牙通信服务器端的设备可通过调用 BluetoothAdapter 的 listenUsingRfcommWithServiceRecord( )方法来获得一个 BluetoothServerSocket 对象；然后，使用 BluetoothServerSocket 的 accept( )方法来监听从客户端发出的蓝牙连接请求，蓝牙连接被接受后，该方法可返回一个代表蓝牙连接的 BluetoothSocket 对象。例如，可使用下述代码接收来自客户端的蓝牙

205

连接。

```
BluetoothAdapter mAdapter=BluetoothAdapter.getDefaultAdapter();
BluetoothServerSocket serversocket = mAdapter.listenUsingRfcommWithServiceRecord(serverSocketName, UUID);
BluetoothSocket clientsocket=serversocket.accept();
```

处于蓝牙通信服务器端的设备可通过调用 BluetoothDevice 的 createRfcommSocketToServiceRecord() 方法来获得一个代表蓝牙连接的 BluetoothSocket 对象；然后，使用 BluetoothSocket 的 connect() 方法向服务器端发出蓝牙连接请求。例如，可使用下述代码从客户端向服务器端发送蓝牙连接请求。

```
BluetoothDevice mmDevice;
BluetoothSocket clientsocket= mmDevice.createRfcommSocketToServiceRecord(UUID);
clientsocket.connect();
```

（2）发送、接收数据

蓝牙通信使用流的形式来传递数据。可使用 BluetoothSocket 的 getInputStream() 和 getOutputStream() 方法分别获得蓝牙连接的输入流和输出流；然后，调用 InputStream 的 read() 方法读取数据，调用 OutputStream 的 write() 方法写入数据。

（3）关闭蓝牙连接

当蓝牙通信完毕后，应使用 BluetoothSocket 的 close() 方法关闭蓝牙连接。

需要注意的是，当应用程序进行蓝牙通信时，还应从系统获得蓝牙访问权限。因此，还需要在 AndroidManifest.xml 清单文件中为其添加蓝牙访问权限。

```
<uses-permission android:name="android.permission.BLUETOOTH_ADMIN"/>
<uses-permission android:name="android.permission.BLUETOOTH"/>
```

10.6 WiFi 通信

Android 为支持 WiFi 通信开发提供了 android.net.WiFi 包，它包括下述基础类。

（1）ScanResult

该类主要通过对 WiFi 网络的扫描来获得设备周边的 WiFi 热点信息，包括 WiFi 接入点地址、名称、身份认证和信号强度等。表 10-9 列出了该类常用的用于存储 WiFi 信息的变量。

表 10-9　ScanResult 类的常用变量

变 量 名 称	变 量 说 明
BSSID	WiFi 热点的地址
SSID	WiFi 网络名称
capabilities	描述 WiFi 网络的相关信息，包括认证、密钥等
frequency	描述 WiFi 热点通信信道的频率

（2）WiFiConfiguration

该类主要用于设置 WiFi 网络。表 10-10 列出了该类常用的用于配置 WiFi 信息的变量。

表 10-10　WiFiConfiguration 类的常用变量

变 量 名 称	变 量 说 明
SSID	设置 WiFi 网络名称
priority	设置 WiFi 网络的优先级
status	描述 WiFi 网络的配置状态

（3）WiFiInfo

该类主要用于获得已经连接的 WiFi 网络的连接信息，包括网络连接状态、接入点 IP 地址、WiFi 连接速度、接入点 MAC 地址及网络 ID 等。表 10-11 列出了该类提供的用于获取 WiFi 连接信息的常用方法。

表 10-11　WiFiInfo 类的常用方法

方 法 名 称	方 法 说 明
getBSSID( )	获取 BSSID
getSSID( )	获取 SSID
getIpAddress( )	获取 IP 地址
getLinkSpeed( )	获取 WiFi 连接速度
getMacAddress( )	获取 MAC 地址

（4）WiFiManager

该类主要用于对 WiFi 连接进行管理。表 10-12 列出了该类提供的常用常量，表 10-13 列出了该类提供的常用方法。

表 10-12　WiFiManager 类的常用常量

常 量 名 称	常 量 说 明
WiFi_STATE_DISABLING	表示 WiFi 网卡正在关闭
WiFi_STATE_DISABLED	表示 WiFi 网卡不可用
WiFi_STATE_ENABLING	表示 WiFi 网卡正在打开
WiFi_STATE_ENABLED	表示 WiFi 网卡已经打开
WiFi_STATE_UNKNOWN	表示 WiFi 网卡状态未知

表 10-13　WiFiManager 类的常用方法

方 法 名 称	方 法 说 明
addNetwork( )	添加 WiFi 网络
disableNetwork( )	使一个 WiFi 网络失效
disconnect( )	断开 WiFi 连接
getconnectionInfo( )	获取当前 WiFi 连接信息
updateNetwork( )	更新 WiFi 连接信息

需要注意的是，当应用程序对 WiFi 进行操作时，还应从系统获得与网络相关的若干访问权限。因此，还需要在 AndroidManifest.xml 清单文件中为其添加网络访问权限。

```
<uses-permission android:name=" android.permission.CHANGE_NETWORK_STATUS"/>
<uses-permission android:name=" android.permission.CHANGE_WiFi_STATUS "/>
<uses-permission android:name=" android.permission.ACCESS_NETWORK_STATUS"/>
<uses-permission android:name=" android.permission.ACCESS_WiFi_STATUS"/>
```

10.7 小结

本章主要介绍了 Android 常用的网络通信技术，包括 Socket 通信、HTTP 通信、WebView 网络开发技术、蓝牙通信及 WiFi 通信。在上述网络通信技术中，HTTP 通信和 WebView 网络开发技术是需要重点掌握的知识。由于 Android 完全支持 JDK 网络编程中的 ServerSocket、Socket 和 HttpURLConnection 等工具类，因此有关 Java 网络编程的经验也完全适用于 Android。需要注意的是，当进行 Android 网络开发时，应为网络应用添加必要的网络访问权限。

10.8 习题

一、填空题

1. HttpURLConnection 继承自_____类。
2. Android 系统默认提供的内置浏览器使用的是_____引擎。它被封装为 Android SDK 的_____，可直接浏览网页内容。
3. HTTP 包含了_____和_____两种请求网络资源的方式。_____方式一般用于从服务器获取或查询资源信息。而_____方式则用于向服务器提交更新的资源信息。

二、判断题

1. HttpURLConnection 用于发送 HTTP 请求和获取 HTTP 响应。（   ）
2. Android 中的 WebView 控件是专门用于浏览网页的，其使用方法与其他控件一样。（   ）
3. Android 中要访问网络，必须在 AndroidManifest.xml 中注册网络访问权限。（   ）
4. HttpURLConnection 是抽象类，不能直接实例化对象，需要使用 URL 的 openConnection( ) 方法获得。（   ）
5. Android 内置的浏览器使用的是 WebView 引擎。（   ）

三、选择题（多选）

1. Android 针对 HTTP 实现网络通信的方式主要包括（   ）。

A. 使用 HttpURLConnection 实现
B. 使用 ServiceConnection 实现
C. 使用 HttpClient 实现
D. 使用 HttpConnection 实现

2. Android 中的 HttpURLConnection 中的输入/输出流操作被统一封装成（   ）。

A. HttpGet   B. HttpPost   C. HttpRequest   D. HttpResponse

四、简答题

1. 简述使用 HttpURLConnection 访问网络的步骤。
2. 简述 Socket 通信机制。
3. 简述建立基于 TCP 的 Server 端的步骤。

4. 简述建立基于 TCP 的 Client 端的步骤。

拓展阅读

倪光南

1984 年，中国科学院计算所成立了计算所公司（后来的联想），它是以转化所内科技成果为宗旨的"所办公司"。倪光南也将即将开发完成的联想式汉卡成果带入了计算所公司。1985 年，第一型联想式汉卡诞生，当时，软件是随着汉卡硬件送给用户的，但实际上软件和硬件的作用同样重要。

汉卡面世三年就为公司创造了 1200 多万元利润（包括退税）。在联想式汉卡的 10 年寿命期中，总共销售出 16 万套，利税上亿元。联想式汉卡还有另一项特殊的贡献，就是将"联想"这项技术的名称变成了品牌、变成了公司的名称。1989 年 11 月，计算所公司正式改名为联想，它是我国计算机行业最著名的品牌之一。

第 11 章 Android 传感器开发

大部分 Android 设备都带有内建的用于测量运动、方位及各种环境条件的传感器。这些传感器能够提供高精度、高准确性的原始数据，当用户需要监控设备的三维运动、位置或周围环境的变化时，这些传感器非常有用。本章将详细介绍由 Android 提供的传感器开发技术，包括与运动传感器相关的应用开发、与位置传感器相关的应用开发，以及与环境传感器相关的应用开发。

11.1 Android 传感器框架

1. Android 传感器

Android 平台主要支持 3 种类型的硬件传感器。

（1）运动传感器（Motion Sensor）

这种类型的传感器主要用于在三维空间测量加速力和旋转力，包括加速度传感器、重力传感器、陀螺仪和旋转向量传感器等。

（2）位置传感器（Position Sensor）

这种类型的传感器用于测量设备的物理位置，包括方向传感器和磁力计等。

（3）环境传感器（Environmental Sensor）

这种类型的传感器用于测量各种环境参量（如环境温度、气压和湿度等），包括气压计、光度计和温度计等。

Android 传感器框架提供了若干个类和接口来帮助应用程序开发与传感器相关的各种任务。例如，可以使用传感器框架完成下述任务。

1）获取当前设备支持的传感器类型。
2）获取某个传感器的具体信息，如最大范围、生产商、功耗和分辨率等。
3）从传感器获取原始信息，以及获取信息的频率。
4）注册或注销用于监测传感器变化的监听器。

为方便对传感器应用的开发，Android 的传感器框架将允许访问的传感器分为两类：硬件传感器和软件传感器。硬件传感器指内建在 Android 设备中的硬件，它们直接测量具体数据并将其传递给应用程序。软件传感器又叫作虚拟传感器或合成传感器。这类传感器不是以硬件方式存在于设备中的，而是由软件模拟而成，它们的数据来自一个或者多个硬件传感器。例如，线性加速度传感器和重力传感器就是两种典型的软件传感器。表 11-1 列出了 Android 平台常用的传感器类型。

表 11-1　Android 平台常用的传感器类型

传　感　器	类　　型	用　　途
TYPE_ACCELEROMETER	硬件传感器	加速度探测
TYPE_AMBIENT_TEMPERATURE	硬件传感器	监测环境温度
TYPE_GRAVITY	软件或硬件传感器	重力探测
TYPE_GYROSCOPE	硬件传感器	旋转探测
TYPE_LIGHT	硬件传感器	控制屏幕亮度
TYPE_LINEAR_ACCELERATION	软件或硬件传感器	探测某个方向的加速度
TYPE_MAGNETIC_FIELD	硬件传感器	创建罗盘
TYPE_ORIENTATION	软件传感器	探测设备方位
TYPE_PRESSURE	硬件传感器	探测空气压力变化
TYPE_PROXIMITY	硬件传感器	用于监测打电话时手机与耳朵的距离

2. Android 传感器的类和接口

Android 传感器框架在 android.hardware 包中，它主要包含以下的类和接口。

（1）SensorManager

该类被用于创建传感器服务实例。它提供了访问和浏览传感器的各种方法，可用于注册和注销传感器事件监听器并获取方向信息。此外，它还提供了若干常量，用于报告传感器的精度、数据获取率和校正传感器等。

（2）Sensor

该类被用作创建某个特定传感器的实例。它提供了用于确定传感器能力的各种方法。

（3）SensorEvent

该类被用作创建传感器事件对象。传感器事件对象包含传感器事件的相关信息，包括原始的传感器数据、传感器类型、产生的事件、事件精度及事件发生的时间戳等。

（4）SensorEventListener

该接口包含两个回调方法。当传感器的值发生改变或传感器的精度发生改变时，相关方法就会自动被调用。

通过传感器框架提供的 API，应用程序只需完成下述工作即可使用传感器。

1）标识传感器，并且明确传感器的功能。

2）监听传感器事件，并对相应事件进行处理。

11.1.1　标识传感器

识别传感器需要通过 SensorManager 对象来完成。可使用下述代码获取 SensorManager 的一个对象。

```
private SensorManager mSensorManager;
...
mSensorManager=(SensorManager)getSystemService(Context.SENSOR_SERVICE);
```

通过 SensorManager 获取当前设备的传感器列表的代码如下。

```
List<Sensor>deviceSensors=mSensorManager.getSensorList(Sensor.TYPE_ALL);
```

可使用 SensorManager 的 getDefaultSensor( ) 方法获取特定类型的传感器对象。以下代码给出了获取磁场传感器的方法。

```
if(mSensorManager.getDefaultSensor(sensor.TYPE_MAGNETIC_FIELD)!=null){
    //获取磁场传感器成功
}else{
    //获取磁场传感器失败
}
```

下面通过一个例子说明获取当前设备的重力传感器的过程。要求重力传感器的销售商是"GoogleInc.",如果满足该条件的传感器不存在,则尝试使用加速度传感器。

```
private SensorManager mSensorManager;
private Sensor mSensor;
...
mSensorManager=(SensorManager)getSystemService(Context.SENSOR_SERVICE);
//获取重力传感器
if(mSensorManager.getDefaultSensor(Sensor.TYPE_GRAVITY)!=null){
    List<Sensor>gravSensors=mSensorManager.getSensorList(Sensor.TYPE_GRAVITY)
    for(int i=0;i<gravSensors.size();i++){
        if((gravSensors.get(i).getVendor().contains("Google Inc."))){
            mSensor=gravSensors.get(i);
        }
    }
}
else{
    //获取加速度传感器
    if(mSensorManager.getDefaultSensor(Sensor.TYPE_ACCELEROMETER)!=null){
        mSensor = mSensorManager.getDefaultSensor(Sensor.TYPE_ACCELEROMETER);
    }
    else{
        //传感器获取失败
    }
}
```

11.1.2 传感器事件处理

传感器事件监听器接口提供两个方法,即 onAccuracyChanged() 和 onSensorChanged() 方法,分别对传感器的精度改变和传感器的数值改变事件进行处理。以下代码给出了从光线传感器获取数据的方法。

```
public class SensorActivity extends Activity implements SensorEventListener {
    private SensorManager mSensorManager;
    private Sensor mLight;

    @Override
    public final void onCreate(Bundle savedInstanceState) {
        super.onCreate(savedInstanceState);
        setContentView(R.layout.main);
        //获取光线传感器
        mSensorManager = (SensorManager) getSystemService(Context.SENSOR_SERVICE);
        mLight = mSensorManager.getDefaultSensor(Sensor.TYPE_LIGHT);
    }

    @Override
    protected void onResume() {
```

```
            super.onResume();
            //为光线传感器注册监听器
            mSensorManager.registerListener(this, mLight,
                            SensorManager.SENSOR_DELAY_NORMAL);
        }

        //当传感器精度改变时触发该方法
        @Override
        public final void onAccuracyChanged(Sensor sensor, int accuracy) {
            …
        }

        //当传感器的值改变时触发该方法
        @Override
        public final void onSensorChanged(SensorEvent event) {
            //光感度
            float lux = event.values[0];
        }

        @Override
        protected void onPause() {
            super.onPause();
            //为光线传感器取消注册监听器
            mSensorManager.unregisterListener(this);
        }
    }
```

代码解释：

第一段粗体标记的代码段给出了获取光线传感器的方法。可使用 SensorManager 的 getDefaultSensor() 方法获取特定类型的传感器对象。

第二段粗体标记的代码段给出了为光线传感器注册监听器的方法。可使用 SensorManager 的 registerListener() 方法为指定类型的传感器注册监听器。应用程序通过实现监听器接口即可获取传感器传回的数据。本例代码直接使用了 Activity 作为传感器的监听器，因此，在定义的 SensorActivity 类中实现了 SensorEventListener 接口中的两个方法——onAccuracyChanged() 和 onSensorChanged()。

第三段粗体标记的代码段给出了为光线传感器取消注册监听器的方法。可使用 SensorManager 的 unregisterListener() 方法取消已注册监听器。当 Activity 暂停时，应在 onPause() 方法中注销对传感器事件的监听。否则，即使 Activity 未显示，其监听器也会一直从传感器获取信息，这会导致电池电力的大量耗费。当 Activity 再次激活、显示时，可在 Activity 的 onResume() 方法中使用 SensorManager.registerListener() 方法重新注册传感器事件监听器。

11.2　Android 运动传感器的开发

目前，Android 支持的运动传感器主要有以下 3 种：加速度传感器、重力传感器和陀螺仪。

11.2.1　加速度传感器

加速度传感器的类型常量是 Sensor.TYPE_ACCELEROMETER。它将返回 3 个值，分别

代表手持设备在 x、y、z 3个方向的加速度。需要指出的是，传感器的坐标系统与屏幕的坐标系统不同：传感器坐标系统的 x 轴沿屏幕向右，y 轴沿屏幕向上，z 轴则垂直于屏幕向外。图 11-1 所示为传感器的坐标系统。

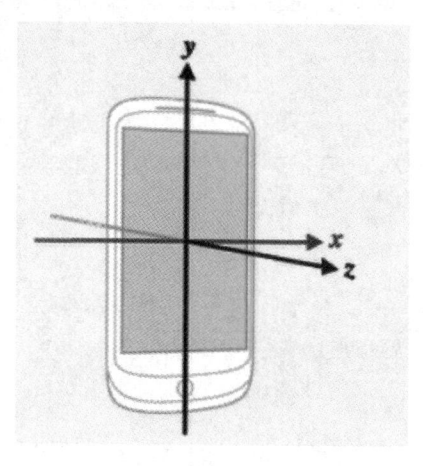

图 11-1 手持设备传感器坐标系统

使用下述代码可获得设备中的一个加速度传感器对象。

```
private SensorManager mSensorManager;
private Sensor mSensor;
...
mSensorManager = (SensorManager)getSystemService(Context.SENSOR_SERVICE);
mSensor = mSensorManager.getDefaultSensor(Sensor.TYPE_ACCELEROMETER);
```

使用下述代码可从传感器获取数据并计算3个方向的加速度。

```
public void onSensorChanged(SensorEvent event) {
    //本例 alpha 用公式 t / (t+dT)计算
    //其中, t 是低通滤波器时间常数
    //dT 表示传感器的采样频率

    final float alpha = 0.8;

    //用低通滤波器隔离重力
    gravity[0] = alpha * gravity[0] + (1 - alpha) * event.values[0];
    gravity[1] = alpha * gravity[1] + (1 - alpha) * event.values[1];
    gravity[2] = alpha * gravity[2] + (1 - alpha) * event.values[2];

    //用高通滤波器去除重力影响
    linear_acceleration[0] = event.values[0] - gravity[0];
    linear_acceleration[1] = event.values[1] - gravity[1];
    linear_acceleration[2] = event.values[2] - gravity[2];
}
```

11.2.2 重力传感器

重力传感器的类型常量是 Sensor.TYPE_GRAVITY。重力传感器与加速度传感器使用同一套坐标系，它会返回一个三维向量，分别用于表示 x、y、z 轴的重力大小。Android SDK 为了表示地球重力，专门定义了一个如下常量。

Publicstaticfinalfloat GRAVITY_EARTH = 9.80665f;

使用下述代码可获得设备中的一个重力传感器对象。

```
private SensorManager mSensorManager;
private Sensor mSensor;
...
mSensorManager = (SensorManager)getSystemService(Context.SENSOR_SERVICE);
mSensor = mSensorManager.getDefaultSensor(Sensor.TYPE_GRAVITY);
```

11.2.3 陀螺仪

陀螺仪的类型常量是 Sensor.TYPE_GYROSCOPE。陀螺仪用于感应移动设备的旋转角速度。陀螺仪传感器可返回设备绕 x、y、z 3 个坐标轴的旋转速度。旋转速度的单位是 rad/s。旋转速度为正值代表逆时针旋转，为负值代表顺时针旋转。

关于陀螺仪传感器返回的 3 个角速度的说明如下。
- Values[0]：绕 x 轴旋转的角速度。
- Values[1]：绕 y 轴旋转的角速度。
- Values[2]：绕 z 轴旋转的角速度。

使用下述代码可获得设备中的一个陀螺仪对象。

```
private SensorManager mSensorManager;
private Sensor mSensor;
...
mSensorManager = (SensorManager)getSystemService(Context.SENSOR_SERVICE);
mSensor = mSensorManager.getDefaultSensor(Sensor.TYPE_GYROSCOPE);
```

使用下述代码可从陀螺仪获取数据并计算 3 个方向的角速度。

```
//创建一个常量，以将 ns 转换为 s
private static final float NS2S = 1.0f / 1000000000.0f;
private final float[] deltaRotationVector = new float[4]();
private float timestamp;

public void onSensorChanged(SensorEvent event) {
    //根据陀螺仪样本数据计算后，该时间步长的增量旋转将乘以当前旋转量
    if (timestamp != 0) {
        final float dT = (event.timestamp - timestamp) * NS2S;
        //未进行归一化处理的旋转轴向量
        float axisX = event.values[0];
        float axisY = event.values[1];
        float axisZ = event.values[2];

        //计算样本的角速度
        float omegaMagnitude = sqrt(axisX * axisX + axisY * axisY + axisZ * axisZ);

        //如果旋转向量的长度足够大，则归一化为旋转轴单位向量
        if (omegaMagnitude > EPSILON) {
            axisX /= omegaMagnitude;
            axisY /= omegaMagnitude;
            axisZ /= omegaMagnitude;
        }
```

```
            //按时间步长围绕该轴与角速度进行积分，从而在时间步长内获得旋转增量。在将其转换
            //为旋转矩阵之前，应将增量旋转的轴角度转换为四元数
            float thetaOverTwo = omegaMagnitude * dT / 2.0f;
            float sinThetaOverTwo = sin(thetaOverTwo);
            float cosThetaOverTwo = cos(thetaOverTwo);
            deltaRotationVector[0] = sinThetaOverTwo * axisX;
            deltaRotationVector[1] = sinThetaOverTwo * axisY;
            deltaRotationVector[2] = sinThetaOverTwo * axisZ;
            deltaRotationVector[3] = cosThetaOverTwo;
        }
        timestamp = event.timestamp;
        float[] deltaRotationMatrix = new float[9];
        SensorManager.getRotationMatrixFromVector(deltaRotationMatrix, deltaRotationVector);
    }
```

11.3 Android 位置传感器的开发

目前，Android 支持的位置传感器主要有以下 3 种：磁场传感器、方位传感器和距离传感器。

11.3.1 磁场传感器

磁场传感器的类型常量是 Sensor.TYPE_MAGNETIC_FIELD。磁场传感器用于测量手持设备外部地球磁场的强度。磁场传感器会返回 3 个测量数据，分别代表周围磁场分解到 x、y、z 这 3 个方向的磁场分量。通常情况下，这些数据并不会直接使用，而是和旋转向量传感器、加速度传感器的数据一起用于计算设备的位置。

使用下述代码可获得设备中的一个磁场传感器对象。

```
private SensorManager mSensorManager;
private Sensor mSensor;
...
mSensorManager = (SensorManager) getSystemService(Context.SENSOR_SERVICE);
mSensor = mSensorManager.getDefaultSensor(Sensor.TYPE_MAGNETIC_FIELD);
```

11.3.2 方位传感器

方位传感器的类型常量是 Sensor.TYPE_ORIENTATION。方位传感器用于监测设备相对于地球坐标系的位置。方位传感器从 Android 2.2（API Level 8）就被淘汰，之后设备上的方位传感器都是软件传感器。方位传感器可以返回 3 个角度，通过这 3 个角度即可确定手持设备的摆放状态。

关于方位传感器返回的 3 个角度的说明如下。

- Values[0]：表示手持设备顶部朝向与正北方的夹角。当手持设备绕 z 轴旋转时，该角度值会发生改变。例如，当该角度为 0°时，表明手持设备顶部朝向正北；当该角度为 90°时，表明手持设备顶部朝向正东；当该角度为 180°时，表明手持设备顶部朝向正南；当该角度为 270°时，表明手持设备顶部朝向正西。
- Values[1]：表示倾斜度或手持设备翘起的程度。当手持设备绕 x 轴倾斜时，该角度值发生变化，该角度的取值范围为 -180°~180°。假设手持设备的屏幕朝上水平放置

在桌面上，如果桌面是完全水平的，该值应该是 0°。假如从手持设备顶部开始抬起，直到将手持设备沿 x 轴旋转 180°，在这个旋转过程中，该角度值会从 0°变化到 -180°。也就是说，从手持设备顶部抬起时，该角度的值会逐渐减小，直到等于-180°。如果从手持设备底部抬起，直到将手持设备沿 x 轴旋转 180°，该角度值会从 0°变化到 180°。也就是说，从手持设备底部抬起时，该角度的值会逐渐增大，直到等于 180°。

- Values[2]：表示手持设备左侧或右侧翘起的角度。当手持设备绕 y 轴倾斜时，该角度值发生变化。该角度的取值范围是-90°~90°。假设将手持设备的屏幕朝上水平放置在桌面上，如果桌面是完全水平的，该角度值应为 0°。假如将手持设备左侧逐渐抬起，直到将手持设备沿 y 轴旋转 90°，在这个旋转过程中，该角度值会从 0°变化到 -90°。也就是说，从手持设备左侧抬起时，该角度的值会逐渐减少，直到-90°。如果从手持设备右侧开始抬起，直到将手持设备沿 y 轴旋转 90°，该角度的值会从 0°变化到 90°。也就是说，从手持设备右侧抬起时，该角度的值会逐渐增大，直到等于 90°。

通过在应用程序中使用方向传感器，就可以检测手持设备的摆放状态。例如，手持设备顶部的朝向，手持设备的倾斜度等。借助方向传感器，可以开发出指南针、水平仪等传感器应用。

使用下述代码可获得设备中的一个方位传感器对象。

```
private SensorManager mSensorManager;
private Sensor mSensor;
...
mSensorManager = (SensorManager) getSystemService(Context.SENSOR_SERVICE);
mSensor = mSensorManager.getDefaultSensor(Sensor.TYPE_ORIENTATION);
```

使用下述代码可从方位传感器获取数据并计算三个方向的角度。

```
public class SensorActivity extends Activity implements SensorEventListener {
    private SensorManager mSensorManager;
    private Sensor mOrientation;

    @Override
    public void onCreate(Bundle savedInstanceState) {
        super.onCreate(savedInstanceState);
        setContentView(R.layout.main);

        mSensorManager = (SensorManager) getSystemService(Context.SENSOR_SERVICE);
        mOrientation = mSensorManager.getDefaultSensor(Sensor.TYPE_ORIENTATION);
    }

    @Override
    public void onAccuracyChanged(Sensor sensor, int accuracy) {
        //此处代码用于校准传感器精度
    }

    @Override
    protected void onResume() {
        super.onResume();
        mSensorManager.registerListener(this, mOrientation,
                        SensorManager.SENSOR_DELAY_NORMAL);
```

```java
    }

    @Override
    protected void onPause() {
        super.onPause();
        mSensorManager.unregisterListener(this);
    }

    @Override
    public void onSensorChanged(SensorEvent event) {
        float azimuth_angle = event.values[0];
        float pitch_angle = event.values[1];
        float roll_angle = event.values[2];
        //此处代码用于处理方向角
    }
}
```

11.3.3 距离传感器

距离传感器的类型常量是 Sensor.TYPE_PROXIMITY。距离传感器用于探测 Android 设备与其他物体的距离,如手机与耳朵的距离。使用下述代码可获得设备中的一个方位传感器对象。

```java
private SensorManager mSensorManager;
private Sensor mSensor;
...
mSensorManager = (SensorManager) getSystemService(Context.SENSOR_SERVICE);
mSensor = mSensorManager.getDefaultSensor(Sensor.TYPE_PROXIMITY);
```

使用下述代码可从距离传感器获取数据。

```java
public class SensorActivity extends Activity implements SensorEventListener {
    private SensorManager mSensorManager;
    private Sensor mProximity;

    @Override
    public final void onCreate(Bundle savedInstanceState) {
        super.onCreate(savedInstanceState);
        setContentView(R.layout.main);
        //获得一个传感器服务的实例,并使用该实例初始化传感器对象
        mSensorManager = (SensorManager) getSystemService(Context.SENSOR_SERVICE);
        mProximity = mSensorManager.getDefaultSensor(Sensor.TYPE_PROXIMITY);
    }

    @Override
    public final void onAccuracyChanged(Sensor sensor, int accuracy) {
        //此处代码用于校准传感器精度
    }

    @Override
    public final void onSensorChanged(SensorEvent event) {
        float distance = event.values[0];
        //此处代码用于处理传感器数据
```

```
        }
        @Override
        protected void onResume() {
            //为传感器注册一个监听器
            super.onResume();
            mSensorManager.registerListener(this, mProximity,
                            SensorManager.SENSOR_DELAY_NORMAL);
        }

        @Override
        protected void onPause() {
            //Activity被挂起时注销传感器
            super.onPause();
            mSensorManager.unregisterListener(this);
        }
    }
```

11.4　Android 环境传感器的开发

目前，Android 支持的环境传感器主要有以下 3 种：温度传感器、光线传感器和压力传感器。

11.4.1　温度传感器

温度传感器的类型常量是 Sensor.TEMPERATURE。温度传感器用于测量手持设备所处环境的温度。温度传感器会返回一个测量数据，代表手持设备周围的温度，单位是摄氏度（℃）。

使用下述代码可获得设备中的一个温度传感器对象。

```
private SensorManager mSensorManager;
private Sensor mSensor;
...
mSensorManager = (SensorManager)getSystemService(Context.SENSOR_SERVICE);
mSensor = mSensorManager.getDefaultSensor(Sensor.TEMPERATURE);
```

11.4.2　光线传感器

光线传感器的类型常量是 Sensor.LIGHT。光线传感器用于测量手持设备所处环境的光照强度。光线传感器会返回一个测量数据，代表手持设备周围的光照强度，单位是勒克斯（lux）。

使用下述代码可获得设备中的一个光线传感器对象。

```
private SensorManager mSensorManager;
private Sensor mSensor;
...
mSensorManager = (SensorManager)getSystemService(Context.SENSOR_SERVICE);
mSensor = mSensorManager.getDefaultSensor(Sensor.LIGHT);
```

11.4.3　压力传感器

压力传感器的类型常量是 Sensor.PRESSURE。压力传感器用于测量手持设备所处环境的压力。压力传感器会返回一个测量数据，代表手持设备周围的压力大小，单位是百帕斯卡（hPa）。

使用下述代码可获得设备中的一个压力传感器对象。

```java
private SensorManager mSensorManager;
private Sensor mSensor;
...
mSensorManager = (SensorManager) getSystemService(Context.SENSOR_SERVICE);
mSensor = mSensorManager.getDefaultSensor(Sensor.PRESSURE);
```

使用下述代码可从压力传感器获取数据。

```java
public class SensorActivity extends Activity implements SensorEventListener {
    private SensorManager mSensorManager;
    private Sensor mPressure;

    @Override
    public final void onCreate(Bundle savedInstanceState) {
        super.onCreate(savedInstanceState);
        setContentView(R.layout.main);
        //获得一个传感器服务的实例,并使用该实例初始化传感器对象
        mSensorManager = (SensorManager)
                        getSystemService(Context.SENSOR_SERVICE);
        mPressure = mSensorManager.getDefaultSensor(Sensor.TYPE_PRESSURE);
    }

    @Override
    public final void onAccuracyChanged(Sensor sensor, int accuracy) {
        //此处代码用于校准传感器精度
    }

    @Override
    public final void onSensorChanged(SensorEvent event) {
        float millibars_of_pressure = event.values[0];
        //此处代码用于处理传感器数据
    }

    @Override
    protected void onResume() {
        //为传感器注册一个监听器
        mSensorManager.registerListener(this, mPressure,
                        SensorManager.SENSOR_DELAY_NORMAL);
    }

    @Override
    protected void onPause() {
        //Activity 被挂起时注销传感器
        super.onPause();
        mSensorManager.unregisterListener(this);
    }
}
```

11.5 传感器应用开发综合案例

对传感器的支持是 Android 系统的特征之一,通过使用传感器可以很容易地开发出各种有趣的应用。本节使用传感器开发一个指南针应用。

第 11 章 Android 传感器开发

开发指南针的思路：先准备一张指南针图片，该图片的上方向指针指向正北；然后，利用方向传感器传回来的第一个参数值，该数值是手机绕 z 轴转过的角度（即手机顶部与正北的夹角），检测该夹角；最后，使指南针图片反转相应角度即可。

指南针应用程序的 MainActivity 代码如下。

```java
public class MainActivity extends Activity implements SensorEventListener
{
    //定义显示指南针的图片
    ImageView znzImage;
    //记录指南针图片转过的角度
    float currentDegree = 0.0f;
    //定义 Sensor 管理器
    SensorManager mSensorManager;
    @Override
    public void onCreate(Bundle savedInstanceState)
    {
        super.onCreate(savedInstanceState);
        setContentView(R.layout.main);
        //获取界面中显示指南针的图片
        znzImage = (ImageView) findViewById(R.id.znzImage);
        //获取传感器管理服务
        mSensorManager = (SensorManager)getSystemService(SENSOR_SERVICE);
    }
    @Override
    protected void onResume()
    {
        super.onResume();
        //为方向传感器注册监听器
        mSensorManager.registerListener(this,
                mSensorManager.getDefaultSensor(Sensor.TYPE_ORIENTATION),
                SensorManager.SENSOR_DELAY_GAME);
    }
    @Override
    protected void onPause()
    {
        //取消方向传感器注册
        mSensorManager.unregisterListener(this);
        super.onPause();
    }

    @Override
    public void onSensorChanged(SensorEvent event)
    {
        //获取触发 event 的传感器类型
        int sensorType = event.sensor.getType();
        switch (sensorType)
        {
            case Sensor.TYPE_ORIENTATION:
                //获取绕 z 轴转过的角度
                float degree = event.values[0];
                //创建旋转动画（反向转过 degree 度）
                RotateAnimation ra = new RotateAnimation(currentDegree,
```

```
                        -degree, Animation.RELATIVE_TO_SELF, 0.5f,
                        Animation.RELATIVE_TO_SELF, 0.5f);
            //设置动画的持续时间
            ra.setDuration(200);
            //运行动画
            znzImage.startAnimation(ra);
            currentDegree = -degree;
            break;
        }
    }

    @Override
    public void onAccuracyChanged(Sensor sensor, int accuracy)
    {

    }
}
```

代码解释:

用粗体标记的代码段给出了利用从方向传感器采集到的数据来旋转图片的方法。利用手机绕 z 轴转过的角度使指南针图片反向旋转,即可完成指南针应用程序的开发。

编译应用程序,将其下载到真机后运行,旋转手持设备即可测试指南针应用程序,如图 11-2 所示。

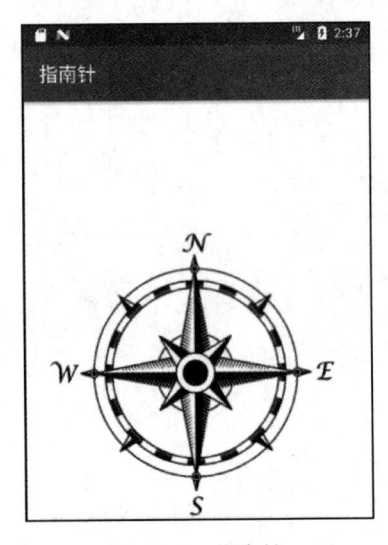

图 11-2　指南针

11.6　小结

本章主要介绍了 Android 传感器应用开发技术,包括运动传感器应用开发、位置传感器应用开发,以及环境传感器应用开发技术。在学习上述内容时,应重点掌握 Android SDK 提供的传感器开发框架,包括如何获取传感器对象、如何使用 SensorManager 为传感器注册监听器,以及如何使用 SensorListener 采集传感器数据。此外,还应了解由典型传感器采集到的数据内容及含义。

11.7 习题

一、填空题

1. Android 平台主要支持的硬件传感器有 3 种类型：_____、_____ 和 _____。
2. Android 支持的运动传感器主要有 3 种：_____、_____ 和 _____。
3. Android 支持的位置传感器主要有 3 种：_____、_____ 和 _____。
4. Android 支持的环境传感器主要有 3 种：_____、_____ 和 _____。

二、简答题

1. 简述 Android 平台主要支持的硬件传感器类型及其作用。
2. 简述方位传感器返回的 3 个角度的含义。

拓展阅读

中国光刻机的发展

1965 年开始，我国光刻机发展一直稳步前进。1972 年，成功实现了光刻掩膜版的制造工艺。1980 年，精度达到 3 μm 的分布式投影光刻机研制成功，已达到当时的国际主流水平。

我国光刻机的发展近几年一直受技术限制。其实这个限制，不是这几年才有的。从我国开始研发光刻机那一刻开始，这种限制就是一直存在的。虽然光刻机的未来道路充满挑战，但相信中国在这一领域还有很大的发展空间。

第 12 章 Android 应用的性能优化

编写 Android 应用程序不仅要考虑逻辑的正确性，同时还应考虑应用程序的流畅运行和健壮性。这其中包括系统资源的低占用、具有良好结构的程序代码（可读性好），以及程序代码具有良好的可重用性等。本章将详细介绍复杂 Android 应用程序的性能优化技术，包括布局优化技术、内存优化技术，以及与性能检测相关的测试工具的使用方法。

12.1 性能优化技术简介

代码编写的最优化原则：使代码尽可能保持最优是对应用程序性能优化的第一步，也是最重要的一步。最优化代码并没有固定的模式，但通常应遵循下述规则：应用程序代码应具有较好的可读性；在满足可读性的同时代码应尽可能简单，另一方面，以牺牲代码的可读性为代价来换取代码的简练却是不可取的；设计程序时应尽量采用模块化结构；如果进行团队开发，应尽量统一编码规范。

通常可以从下述角度优化 Android 应用程序。

（1）应用程序的容错性

容错性仍然属于编码的范畴，它直接决定了程序能否令用户满意。如果程序经常崩溃或出错，很难引起用户的兴趣。

（2）应用程序代码中方法的执行效率

应用程序代码最基本的调用单元是方法。因此，方法的执行效率也在很大程度上决定了程序整体的效率。虽然很多代码是经过优化的，但实际上却不一定能得到更高的执行效率。因此，要借助各种工具对程序中的核心方法进行调优。

（3）应用程序的系统资源消耗

尽管应用程序的执行效率很高，但是占用大量系统资源所换来的高效率在大多数情况下却是不可取的。因此，应仔细平衡应用程序的执行效率和资源消耗。

（4）优化 Android UI

不合理的 UI 设计也会占用大量系统资源，并且可能会在不同配置的手机上失真显示。例如，不同屏幕分辨率的手机需要相应分辨率的图像，但如果图像色彩过于绚丽，只使用相同分辨率的图像可能会造成 UI 的图像失真。

12.2 布局优化

Android 系统在渲染 UI 时将消耗大量的资源，设计良好的 UI 不仅应具有良好的视觉效果，还应具有良好的用户体验。

12.2.1 Android UI 渲染机制

如果要使人眼感觉到流畅的画面，就需要画面的绘制帧数至少达到 40 fps 或 60 fps 以上。Android 系统通过 VSYNC 信号触发对 UI 的渲染、重绘，其间隔时间是 16 ms，即画面的绘制帧数可达 60 fps。如果能够保证每次渲染画面的时间都保持在 16 ms 以内，那么用户观察到的 UI 将是非常流畅的。但这也就需要保证应用程序中所有与 UI 更新相关的逻辑在 16 ms 内执行完毕。如果某些逻辑不能在 16 ms 内完成，就会造成丢帧现象。例如，一次绘制任务耗时为 20 ms，那么在 16 ms 系统发出的 VSYNC 信号就无法绘制，该帧就会被系统丢弃。

Android 系统提供了检测 UI 渲染时间的工具。打开 Android 设置下的"开发者选项"，选择"Profile GPU Rending"工具，并选中"On screen as bars"选项，这时在屏幕上将显示一个条形图，如图 12-1 所示。

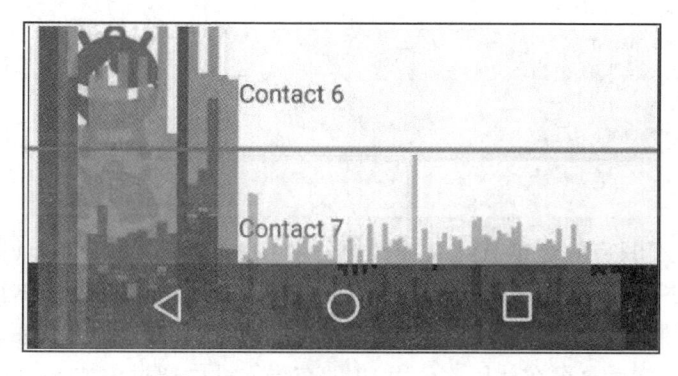

图 12-1　Profile GPU Rending 工具

渲染时间用柱状图展示，每条柱状图由三部分组成，分别为蓝、红、黄，代表渲染的三个不同阶段，通过分析这三个阶段的时间即可找到渲染时的性能瓶颈。

12.2.2 避免过度绘制

过度绘制会浪费很多的 CPU 和 GPU 资源。例如，Android 系统默认会绘制 Activity 的背景，如果再给布局绘制了重叠的背景，那么默认的 Activity 背景就是过度绘制。Android 系统在开发者选项中提供了一个检测工具——Enable GPU Overdraw。激活后，可通过界面上的颜色判断过度绘制的次数，如图 12-2 所示。

通过这个工具可以查看当前区域的绘制次数，应尽量做到增大 1X 区域，减少 4X+ 区域，以达到优化绘图层次的目的。

图 12-2　Enable GPU Overdraw 工具

12.2.3 优化布局层级

Android 系统对 View 的测量、布局和绘制都需要遍历 View 树。如果 View 树过高，就会影响其速度。Google 建议 View 树的结构不宜超过 10 层。优化布局的一个方法就是尽量降低 View 树的高度。

值得注意的是，在早期的 Android 版本中，Google 使用线性布局作为 Activity 的默认布局。但是，较新的 Android 版本使用相对布局作为默认布局，其原因就是通过扁平的相对布局降低 View 树的高度，从而达到提高布局的效率的目的。

在设计 UI 时，应根据界面布局的特点，选择不同的组件来减少布局嵌套的问题。

1. 使用<include>标签重用布局

为保持应用程序中所有 UI 都具有统一的风格，往往会使用一些公用的 UI。对于这些公用的 UI，如果采用代码复制的方法，不仅不利于后期对代码的维护，而且会增加代码的冗余。可通过定义一个公用的 UI，然后再在布局文件中使用<include>标签引用该公用 UI 的方法，达到重用 UI 的目的。

定义一个公用 UI 的布局文件，代码如下。

```xml
<?xml version="1.0" encoding="utf-8"?>
<TextView xmlns:android="http://schemas.android.com/apk/res/android"
    android:layout_width="0dp"
    android:layout_height="0dp"
    android:textSize="30sp"
    android:gravity="center"
    android:text="共通 UI">
</TextView>
```

代码解释：

本段代码定义了只有一个 TextView 控件的公用 UI。在该 UI 中，TextView 控件居中显示一段指定大小的文字。在公用 UI 中，可将 android:layout_width 和 android:layout_height 属性设置为 0 dp，以强制在引用该 UI 组件时重新对控件的宽度和高度进行设置。

定义完公用 UI 之后，可在使用该公用 UI 的布局文件中通过添加<include>标签，并将标签下的 layout 属性设置为公用 UI 的 ID，引用该组件。

```xml
<?xml version="1.0" encoding="utf-8"?>
<RelativeLayout xmlns:android="http://schemas.android.com/apk/res/android"
    xmlns:tools="http://schemas.android.com/tools"
    android:layout_width="match_parent"
    android:layout_height="match_parent"
    tools:context=".MainActivity">

    <TextView
        android:layout_width="wrap_content"
        android:layout_height="wrap_content"
        android:text="Hello World!" />
    <include layout="@layout/common_ui"
        android:layout_width="match_parent"
        android:layout_height="match_parent">
</RelativeLayout>
```

代码解释：

用粗体标记的代码段给出了在布局文件中引用公用 UI 的方法。只需将<include>标签下的 layout 属性设置为公用 UI 的 ID，即可将公用 UI 包含在界面布局中。引用公用 UI 后的界面如图 12-3 所示。

2. 使用<ViewStub>实现 View 的延迟加载

除通过<include>标签引用公用 UI，还可以使用<ViewStub>标签引用公用 UI，并实现对它的延迟加载。<ViewStub>是一个轻量级的组件，它的大小为 0，默认不可见。

图 12-3　引用公用 UI 后的界面

定义一个简单的布局文件作为公用 UI，代码如下。

```xml
<?xml version="1.0" encoding="utf-8"?>
<RelativeLayout xmlns:android="http://schemas.android.com/apk/res/android"
    xmlns:tools="http://schemas.android.com/tools"
    android:layout_width="match_parent"
    android:layout_height="match_parent"
    tools:context=".MainActivity">

<TextView
        android:id="@+id/tv"
        android:layout_width="wrap_content"
        android:layout_height="wrap_content"
        android:text="not often use" />
</RelativeLayout>
```

定义完公用 UI 之后，可在使用该公用 UI 的布局文件中通过添加<ViewStub>标签，并将标签下的 layout 属性设置为公用 UI 的 ID，引用该组件。

```xml
<?xml version="1.0" encoding="utf-8"?>
<RelativeLayout xmlns:android="http://schemas.android.com/apk/res/android"
    xmlns:tools="http://schemas.android.com/tools"
    android:layout_width="match_parent"
    android:layout_height="match_parent"
    tools:context=".MainActivity">

<TextView
        android:layout_width="wrap_content"
        android:layout_height="wrap_content"
        android:text="Hello World!" />
<ViewStub
        android:id="@+id/not_often_use"
        android:layout_width="match_parent"
        android:layout_height="wrap_content"
        android:layout_centerInParent="true"
        android:layout="@layout/common_ui" />
</RelativeLayout>
```

代码解释：

用粗体标记的代码段给出了在布局文件中引用公用 UI 的方法。只需将<ViewStub>标签下的 layout 属性设置为公用 UI 的 ID，即可将公用 UI 包含进界面布局中。

编译并运行程序，可以看到引用的组件没有加载显示出来。那么，如何将引用的布局显示出来呢？

首先，可在 Java 文件中使用 Context.findViewById( ) 方法查找到公用 UI，代码如下。

```
ViewStub viewStub = (ViewStub) findViewById(R.id.not_often_use);
```

然后，通过调用 ViewStub 的 setVisibility( ) 或者 inflate( ) 方法来显示公用组件，代码如下。

```
viewStub.setVisibility(View.VISIBLE);
View inflateView = viewStub.inflate();
```

setVisibility( ) 和 inflate( ) 方法都能够使 ViewStub 重新展开，并显示公用 UI。这两种方法的主要区别是 inflate( ) 方法可以返回引用的布局，从而可继续使用 View.findViewById( ) 方法查找到由公用 UI 包含的子控件。例如，可使用下述代码操作公用 UI 内的 TextView 控件。

```
View inflateView = viewStub.inflate();
TextView tv = (TextView) inflateView.findViewById(R.id.tv);
```

需要注意的是，使用<ViewStub>标签和设置 View.GONE 这两种方法在隐藏 View 控件上的区别：使用<ViewStub>标签的方法只有在显示 View 控件时，才去渲染 UI；而设置 View.GONE 的方法则在初始化布局树时就已经将 View 添加到布局上了。相比之下，使用<ViewStub>标签的布局具有更高的效率。

12.3 内存优化

12.3.1 Android 的内存

由于 Android 的沙箱机制，它为各个应用分配的内存大小是有限的。如果应用程序的内存过低就会触发 Android 系统的 LMK（Low Memory Killer）机制。Android 系统采用的是 Java 内存划分方式，它主要包括以下几个部分。

（1）寄存器

寄存器（Register）位于处理器内部，它是运行速度最快的存储器。在寄存器内的存储区域是由编译器在编译应用程序时自动分配的，无法使用代码方式来控制应用程序对寄存器的使用。

（2）栈

栈（Stack）位于 RAM 中，对栈中数据的访问速度仅次于寄存器。栈主要用于存放对象引用及基本的数据类型，不能存储 Java 对象。

（3）堆

堆（Heap）是一种通用的内存空间，它主要用于存储由 new 创建的对象和数组。在堆中分配的内存，由 Java 虚拟机的自动垃圾回收机制（GC）管理。

（4）静态存储区域

静态存储区域（Static Field）指的是在指定的内存区域存放应用程序运行期间一直使用

的数据。Java 在内存中专门划分了一个静态存储区域用于管理一些特殊的数据变量（如静态的数据变量）。

（5）常量池

JVM 虚拟机必须为每个被装载的数据类型维护一个常量池（Constant Pool）。常量池就是该类型所用到常量的一个有序集合，包括直接常量（如基本类型，String）和对其他类型、字段和方法的符号引用。

堆和栈是最容易混淆的两种存储结构。当定义了一个变量，Java 虚拟机就会在栈中为其分配内存空间，当该变量的作用域结束后，这部分内存空间会马上被重新分配。如果使用 new 的方式创建一个变量，那么 Android 就会在堆中为这个对象分配内存空间，即使该对象的作用域已经结束，这部分内存也不会立即被回收，而是等待系统 GC 进行回收。所谓的内存分析，即分析 Heap 中的内存状态。在程序中，可使用如下代码来获得堆的大小。

```
ActivityManager manager =（ActivityManager）getSystemService(Context.ACTIVITY_SERVICE);
int heapSize = manager.getLargeMemoryClass();
```

12.3.2 内存优化方法

可分别从 Bitmap 优化和代码优化两个角度来优化应用程序使用的内存。

1. Bitmap 优化

Bitmap 是造成内存占用过高甚至是 OOM（Out of Memory）的最大威胁。下面给出一些优化使用 Bitmap 的方法。

1）使用适当分辨率的图片。Android 系统在适配资源时会对不同分辨率文件夹下的图片进行缩放。如果图片分辨率与资源文件夹分辨率不匹配或者图片分辨率过高，就会导致系统消耗过多的内存资源。可根据应用程序的不同功能，为其选择合适大小的图片。例如，可在图片列表界面使用图片的缩略图，而在详细显示该图片时才显示原图；或者在对图像要求不高的地方，尽量降低图片精度。

2）及时回收内存。一旦使用完 Bitmap 后，应及时使用 bitmap.recycle() 方法释放内存资源。自 Android 3.0 之后，由于 Bitmap 被放置到了堆中，其内存资源由 GC 管理。

3）使用图片缓存。通过内存缓存和硬盘缓存可以更好地使用 Bitmap。

2. 代码优化

Android 应用程序主要是用 Java 语言编写的，可在代码的实现方式上有效地对堆内存进行优化。下面给出一些 Java 代码的内存优化方法。

1）使用 static 修饰符装饰常量。

2）使用静态工厂方法代替构造方法。

3）尽量使用静态方法。一般情况下，静态方法比普通方法提升约15%的访问速度。

4）如果一个变量可以定义为局部变量，尽量不要将其定义为类的成员变量。

5）减少不必要的对象。使用基础类型会比使用对象更加节省资源。此外，应避免频繁地创建短作用域的变量。

6）尽量不要使用枚举变量，少使用迭代器对象。

7）对 Cursor、Receiver、Sensor 和 File 等类型的对象，应特别注意对它们的创建、回收、注册和取消注册。

8）避免使用 IOC 框架。IOC 通常会使用注解和反射来实现；虽然，Java 语言对反射的效率已经进行了很好的优化，但大量使用反射依然会导致应用程序性能的下降。

9）可使用 RenderScript 和 openGL 执行复杂的绘图操作。

10）当执行大量、频繁的绘图操作时，可用 surfaceView 替代 View。

11）尽量使用视图缓存，而不要频繁地调用 inflate() 方法解析视图。

12.4 使用 TraceView 工具优化 App 性能

TraceView 是 Android SDK 内置的一个工具，它可以加载 Trace 文件，以图形的形式展示代码的执行时间、次数及调用栈，便于分析、优化应用程序的性能。

12.4.1 生成 TraceView 日志

TraceView 日志主要有两种生成方法：第一种方法是在 Java 代码内嵌入 Debug 类生成日志文件；第二种方法则是利用 Android Device Monitor 辅助工具生成日志文件。

1. 通过代码生成精确范围内的 TraceView 日志

在应用程序的 Java 代码内，可使用 Debug 类生成精确范围内的 TraceView 日志。Debug 类提供了 startMethodTracing() 方法用于开启 TraceView 监听，同时它还提供了 stopMethodTracing() 方法用于结束 TraceView 监听。当有日志跟踪要求时，可使用这两个方法包围需要监听的代码块。例如，可在 Activity 的 onCreate() 方法中调用 startMethodTracing() 方法开始监听，在 onDestory() 方法中调用 stopMethodTracing() 方法结束监听。

TraceView 日志默认保存在手持设备的 sdcard/dmtrace.trace 目录下。当 TraceView 监听结束后，可使用 adb 命令将日志文件导出到本地计算机，命令格式如下。

adb pull /sdcard/trace_log.trace /local/LOG/

2. 通过 Android Device Monitor 生成 TraceView 日志

Android Device Monitor 是一个独立的工具，可以对 Android 应用进行调试和分析。可按照下述步骤打开 Android Device Monitor 生成 TraceView 日志文件。

1）在菜单栏中选择"Tools"→"Android"→"Android Device Monitor"命令，打开 Android Device Monitor 工具，如图 12-4 所示。

图 12-4　打开 Android Device Monitor 工具

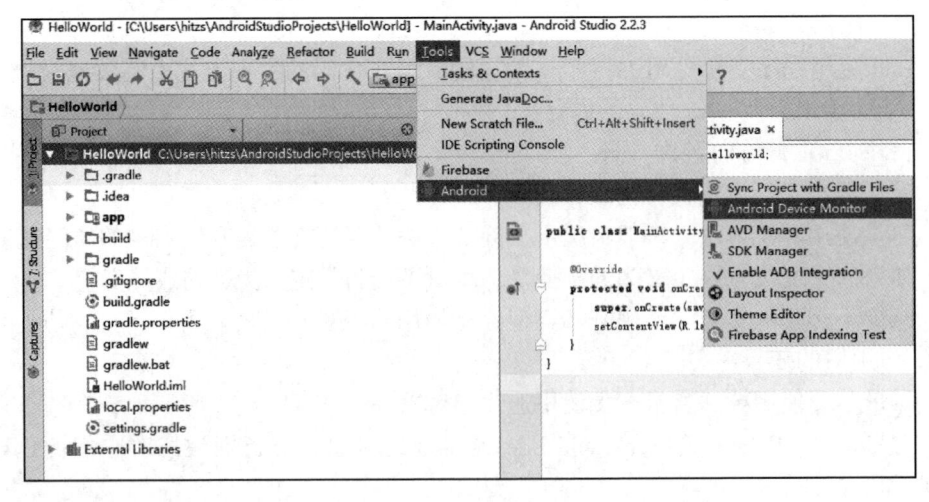

2）选中要调试的进程，单击工具栏中的"Start method profiling"按钮，选择监听模式，如图 12-5 所示。

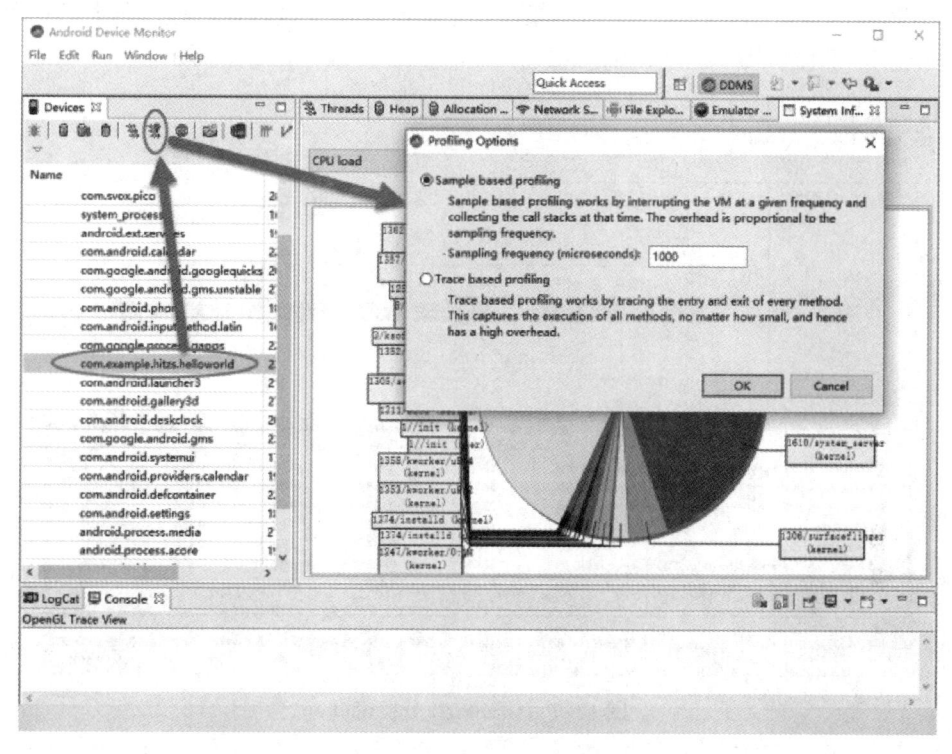

图 12-5　选择监听模式

3）TraceView 提供了两种监听模式：整体监听和抽样监听。整体监听跟随进程中各个方法的全部执行过程，这种方式资源消耗较大。抽样监听则是按照指定的频率对应用程序的执行状态进行抽样采集，以获得准确的样本数据，这种方式需要执行较长时间。当应用程序执行一段时间后，再次单击 Android Device Monitor 工具栏中的"Start method profiling"按钮，即可结束监听。

12.4.2　打开 TraceView 日志

在 Android Device Monitor 中，选择"File"→"Open File..."命令（见图 12-6），弹出文件选择对话框，在其中选中要打开的日志文件，即可将其打开。

图 12-6　打开 TraceView 日志文件

12.4.3 分析 TraceView 日志

TraceView 的分析窗口分为上下两个部分，上部窗口用于显示应用程序的执行时间（时间轴区域），下部窗口用于显示详细信息（Profile 区域），如图 12-7 所示。

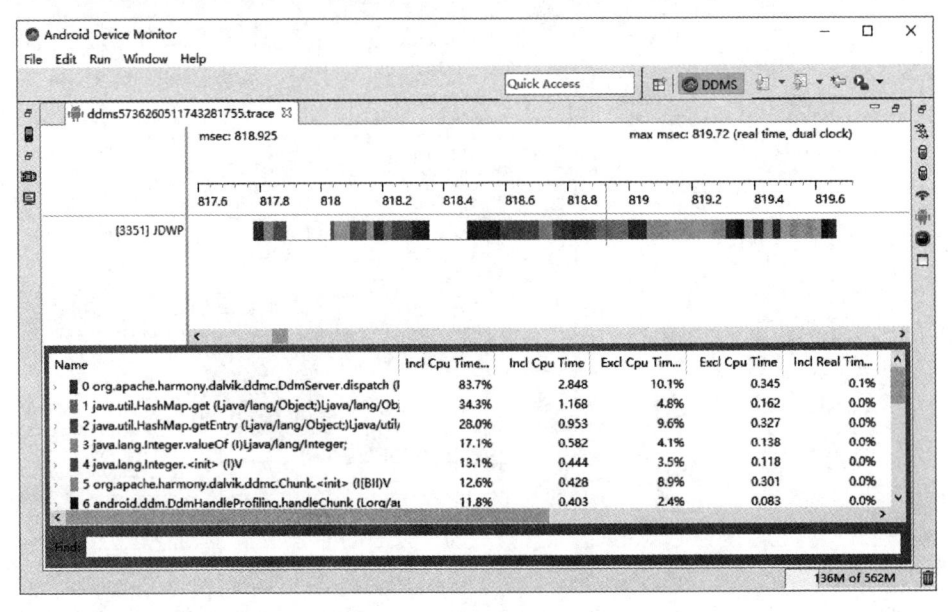

图 12-7 TraceView 分析窗口

1. 时间轴区域

时间轴区域显示了不同线程在不同时段内的执行情况。在时间轴中，每一行都代表一个独立的线程，使用鼠标滚轮可以放大时间轴。如图 12-8 所示，在时间轴中的不同色块代表了不同的执行方法，色块的长度则代表了方法的执行时间。

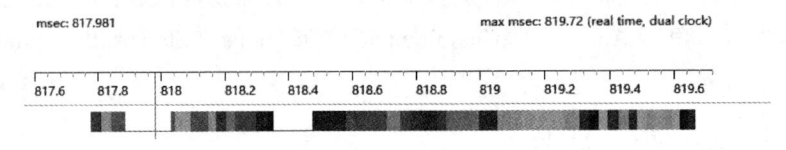

图 12-8 TraceView 时间轴

2. Profile 区域

Profile 区域显示了所选择的色块所代表的方法在该色块所处的时间段内的性能分析。如图 12-9 所示，在 Profile 区域主要显示下述信息。

1) Incl Cpu Time：表示某方法占用 CPU 的时间。
2) Excl Cpu Time：表示某方法（不包含子方法）占用 CPU 的时间。
3) Incl Real Time：表示某方法的真实执行时间。
4) Excl Real Time：表示某方法（不包含子方法）的真实执行时间。
5) Calls+RecurCalls：表示对某方法的调用次数和递归回调次数。

当对方法的执行时间进行分析时，通常是从 Incl Cpu Time 和 Calls+RecurCalls 开始分析的。如果某一方法占用时间过长，并且 Calls+RecurCalls 次数过少，那么就可以将该方法列为重点性能优化对象。

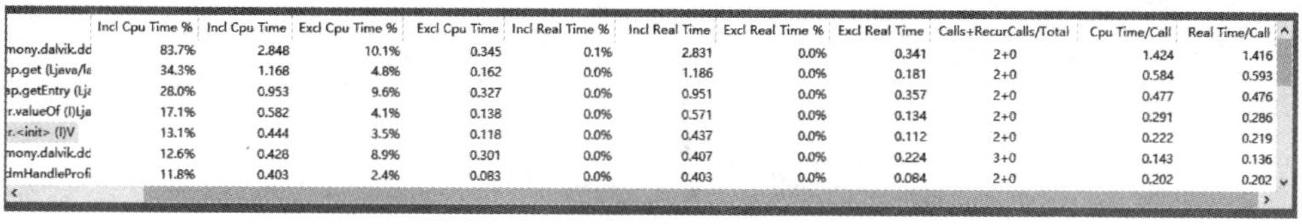

	Incl Cpu Time %	Incl Cpu Time	Excl Cpu Time %	Excl Cpu Time	Incl Real Time %	Incl Real Time	Excl Real Time %	Excl Real Time	Calls+RecurCalls/Total	Cpu Time/Call	Real Time/Call
mony.dalvik.dd	83.7%	2.848	10.1%	0.345	0.1%	2.831	0.0%	0.341	2+0	1.424	1.416
ap.get (Ljava/la	34.3%	1.168	4.8%	0.162	0.0%	1.186	0.0%	0.181	2+0	0.584	0.593
ap.getEntry (Lja	28.0%	0.953	9.6%	0.327	0.0%	0.951	0.0%	0.357	2+0	0.477	0.476
r.valueOf (I)Lja	17.1%	0.582	4.1%	0.138	0.0%	0.571	0.0%	0.134	2+0	0.291	0.286
r.<init> (I)V	13.1%	0.444	3.5%	0.118	0.0%	0.437	0.0%	0.112	2+0	0.222	0.219
mony.dalvik.dd	12.6%	0.428	8.9%	0.301	0.0%	0.407	0.0%	0.224	3+0	0.143	0.136
dmHandleProfi	11.8%	0.403	2.4%	0.083	0.0%	0.403	0.0%	0.084	2+0	0.202	0.202

图 12-9　Profile 区域

12.5　小结

本章主要介绍了 Android 应用的性能优化方法，包括布局优化技术、内存优化技术，以及与性能检测相关的测试工具的使用方法。在学习上述内容时，应重点掌握布局优化技术中优化布局层级的方法，包括如何使用< include>标签重用布局，以及如何使用<ViewStub>实现 View 的延迟加载。此外，还应了解 Android 应用程序的内存优化技术，以及相关性能检测工具的使用方法。

12.6　习题

1. 简述代码编写的最优化原则。
2. 简述优化布局层级的方法。
3. 列举使用 Bitmap 优化内存的方法。
4. 列举 Java 代码的内存优化方法。
5. 简述 TraceView 日志的两种主要生成方法。

拓展阅读

2024 年 3 月 13 日，美国国会众议院以“国家安全担忧”为由通过一项法案，要求 TikTok 母公司字节跳动剥离对 TikTok 的控制权，否则将禁止 TikTok 进入美国的手机应用商店和网络托管平台。有识之士在推文中称，“美国反对 TikTok 表明其政府虚伪且持双重标准。”美国政府针对 Tik Tok 的打压和制裁，反映了在数字时代各国竞争的新动态，也揭示了全球范围内数据安全和数字主权等议题的重要性。

参 考 文 献

［1］哈斯．安卓传奇：Android 缔造团队回忆录［M］．徐良，译．北京：电子工业出版社，2022．
［2］欧阳燊．Android App 开发入门与项目实战［M］．北京：清华大学出版社，2021．
［3］启舰．Android 自定义控件高级进阶与精彩实例［M］．北京：电子工业出版社，2020．
［4］刘望舒．Android 进阶指北［M］．北京：电子工业出版社，2020．
［5］黑马程序员．Android 项目实战［M］．2 版．北京：中国铁道出版社，2019．
［6］肖正兴．Android 移动应用开发［M］．北京：中国铁道出版社，2018．